AutoCAD 建筑制图实用教程

孔德志　谭晋鹏　编著

中国建筑工业出版社

图书在版编目（CIP）数据

AutoCAD 建筑制图实用教程/孔德志，谭晋鹏编著.
北京：中国建筑工业出版社，2009
ISBN 978-7-112-11313-2

Ⅰ. A… Ⅱ. ①孔…②谭… Ⅲ. 建筑制图-计算机
辅助设计-应用软件，AutoCAD-教材 Ⅳ. TU204

中国版本图书馆 CIP 数据核字（2009）第 169160 号

　　AutoCAD 是建筑 CAD 软件中的代表软件，新推出的 2010 版本在二维绘图和三维绘图方面，对功能都进行了补充和完善，通过 AutoCAD 软件，设计人员可以更加方便地进行建筑规划、方案设计以及施工图设计。

　　本书结合建筑制图技术和《房屋建筑制图统一标准》、《总图制图标准》、《建筑制图标准》、《房屋建筑 CAD 制图统一规则》为读者介绍了绘制建筑施工图的技术和方法，其中 1～4 章介绍了 AutoCAD 软件的一些基本操作方法、二维绘图技术、文字表格和尺寸创建技术等，第 5～10 章分别介绍了施工图中的常见图形、建筑总平面图、建筑平立剖面图和建筑详图的绘制，第 11 章介绍了 AutoCAD 的三维绘图技术，第 12 章介绍了建筑三维图形的建模和效果图的创建。

　　本书内容翔实，讲解清晰，紧密结合了建筑制图规范，适合作为中高等院校的建筑 CAD 制图课程的教材和建筑制图的培训教材，也适合于读者自学或作为建筑制图技术人员的参考书。

* * *

责任编辑：李天虹
责任设计：张政纲
责任校对：兰曼利　王雪竹

AutoCAD 建筑制图实用教程

孔德志　谭晋鹏　编著
*
中国建筑工业出版社出版、发行（北京西郊百万庄）
各地新华书店、建筑书店经销
霸州市顺浩图文科技发展有限公司制版
北京富生印刷厂印刷
*
开本：787×1092 毫米　1/16　印张：18¼　字数：456 千字
2009 年 10 月第一版　2011 年 4 月第三次印刷

定价：**36.00** 元（含光盘）
ISBN 978-7-112-11313-2
　　　（18536）

前　言

计算机辅助设计软件 CAD（Computer Aided Design）一问世，就以其快速、准确的优势，取代了手工绘图。使用 AutoCAD 专业软件绘制建筑图形，可以提高绘图精度，缩短设计周期，还可以成批量地生产建筑图形，缩短出图周期。在建筑设计行业中，熟练地掌握 AutoCAD 专业绘图软件，已经成为建筑设计师们必备的一项基本能力。

AutoCAD 2010 版本是 AutoDesk 公司新近推出的最新版本，新版本的功能非常强大，在二维绘图和三维绘图方面，对功能都进行了补充和完善，通过 AutoCAD 软件，设计人员可以进行建筑规划、方案设计以及施工图设计。

本书是一本详细地讲解 AutoCAD 在建筑制图中应用的图书，结合了建筑制图的相关专业技术，结合了《房屋建筑制图统一标准》（GB/T 50001—2001）、《总图制图标准》（GB/T 50103—2001）、《建筑制图标准》（GB/T 50104—2001）以及《房屋建筑 CAD 制图统一规则》（GB/T 18112—2000）这四个标准及相关的建筑设计规范，由浅入深地给读者介绍了建筑施工图绘制的各种基本技术，以及各种建筑施工图的绘制方法。

全书共分为 12 章，各章内容安排如下：

第 1 章介绍了 AutoCAD 2010 中文版操作界面的组成、命令输入的方式、绘图环境的创建、文件的基本操作、图层的使用、对象特性的修改、视图操作、图形的输出以及帮助的使用等内容，主要帮助读者对 AutoCAD 的基本使用方法有一个初步的了解。

第 2 章介绍了建筑制图中最基本的二维绘图技术和二维图形编辑技术，这些技术是绘制建筑图形的主要技术，需要读者重点掌握。

第 3 章介绍了建筑制图中需要用到的几个特殊的技术，包括图案填充、块、面域以及参数化建模。这些技术对于第 2 章的制图技术是一些额外的补充，有利于读者更快速，更方便地创建图形。

第 4 章介绍了建筑制图中的文字创建、表格创建以及尺寸标注创建技术，通过对相关制图规范的介绍，给读者演示了在 AutoCAD 中实现规范的方法，并根据规范创建了样板图。在样板图的基础上为读者阐述了建筑图纸中建筑总说明相关内容的创建方法。

第 5 章介绍了建筑制图中一些基本图形的绘制方法，这些基本图形包括制图规范规定的一些标准符号和制图中常用的图形，这些图形的创建要使用前面 4 章讲解的技术。

第 6 章介绍了建筑总平面图所表达的内容，以及绘制总平面图的一般绘制步骤，通过一个具体的总平面图的绘制给读者介绍了绘制思路和流程。

第 7 章到第 10 章分别介绍了建筑平立剖面图和建筑详图的绘制，对建筑规范中的一些要求进行了阐述，简要的讲解了绘制的一般过程，通过一套相对完整的图纸，给读者介绍了建筑平面图、立面图、剖面图、外墙身详图、楼梯详图、卫生间大样图、窗台详图等各种不同图纸的绘制方法。

第 11 章介绍了 AutoCAD 中绘制三维图形的技术，内容包括三维制图中的坐标系变换、视图操作、三维网格和三维实体图形的创建方法、三维实体的操作和编辑方法以及三维图形的渲染。

第 12 章介绍了使用 AutoCAD 绘制建筑制图中的单体家具、建筑单体模型以及小区三维模型的方法，并简要地说明了相机、路径动画的创建和使用。

本书内容翔实，讲解清晰，并且紧密结合建筑制图的特点详细介绍了 AutoCAD 2010 中文版的应用，具有非常强的实用性。考虑到绘图的整体性和连贯性，我们的图纸来自于一套完整的图纸，希望不但能教会读者最基本的绘图技术，而且能教会读者建筑施工图的绘制流程和绘制的思想。

本书既适合作为中高等院校的建筑 CAD 制图课程的教材和建筑制图的培训教材，也适合于读者自学或作为建筑制图技术人员的参考书。

在本书的编写过程中，王亮亮、杨志亮、汪州、席黎光、陈立力、汪珂、李林、陈胜、鲍旭、惠师广、许伟、陈俊华和葛爱琳等同志在整理材料方面给予了编者很大的帮助，在此，编者对他们表示衷心的感谢。

由于时间仓促，加之编者的水平有限，缺点和错误在所难免，恳请专家和广大读者不吝赐教和批评指正。

编　者

2009 年 6 月

目　录

第 1 章 AutoCAD 建筑制图技术基础

AutoCAD 软件作为工程行业的基本绘图软件,在整个的工程软件中占据着最重要的地位。可以说,AutoCAD 是最接近于手工绘图的软件,所不同的是,光标代替了我们的手。AutoCAD 制图使用了最基本的制图原理,也需要用户有最基本的制图知识以及几何关系的知识,如果用户有了这些基础,就可以开始学习 AutoCAD 了。

本章是全书的第一章,我们将引导读者对 AutoCAD 软件有一个大概的了解,了解一下软件的组成、软件的功能,以及这款软件如何操作。通过本章的学习,希望用户能够打开 AutoCAD 软件,对 AutoCAD 的一些工具、一些菜单有所认识,掌握建筑制图的基本技术。

1.1 启动 AutoCAD 2010

AutoCAD 2010 版本是 AutoDesk 公司推出的最新版本,在界面设计、三维建模和渲染等方面进行了加强,可以帮助用户更好地从事图形设计。

与所有安装在 Windows 操作系统的软件一样,用户可以通过以下几种方式打开 AutoCAD 2010:

(1) 在"开始"菜单中选择"程序"| Autodesk |AutoCAD 2010-Simplified Chinese | AutoCAD 2010 命令;

(2) 在"安装盘盘符:\Program Files \AutoCAD 2010"文件夹直接单击图标;

(3) 双击桌面的快捷方式。

启动 AutoCAD 2010,弹出"新功能专题研习"窗口。若选中"是"单选按钮,再单击"确认"按钮,则可以观看 AutoCAD 2010 的新功能介绍。

若选中其他单选按钮,再单击"确认"按钮,则进入 AutoCAD 2010 的"二维草图与注释"工作空间的绘图工作界面,效果如图 1-1 所示。

系统给用户提供了"二维草图与注释"、"AutoCAD 经典"和"三维建模"三种工作空间。所谓工作空间,是指由分组组织的菜单、工具栏、选项板和功能区控制面板组成的集合,通俗地说也就是我们可见到的一个软件操作界面的组织形式。对于老用户来说,比较习惯于传统的"AutoCAD 经典"工作空间的界面,它延续了 AutoCAD 从 R14 版本以来的一直保持的界面,用户可以通过单击如图 1-2 所示的按钮,在弹出的菜单中切换工作空间。

图 1-3 为传统的"AutoCAD 经典"工作空间的界面的效果,如果用户想进行三维图形的绘制,可以切换到"三维建模"工作空间,它的界面上提供了大量的与三维建模相关的界面项,与三维无关的界面项将被省去,方便了用户的操作。

1.1.1 界面组成

我们首先以"AutoCAD 经典"工作空间的界面为例,为用户介绍其界面组成。Auto-

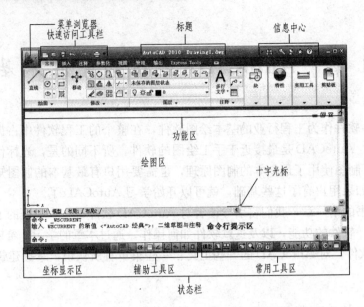

图 1-1 "二维草图与注释"工作空间的绘图工作界面

图 1-2 切换工作空间

CAD 2010 界面中的大部分元素的用法和功能与 Windows 软件一样，AutoCAD 2010 应用窗口主要包括以下元素：标题栏、菜单栏、工具栏、绘图区、命令行提示区、状态栏等。

1. 标题栏

标题栏位于软件主窗口最上方，在 2010 版本中由菜单浏览器、快速访问工具栏、标

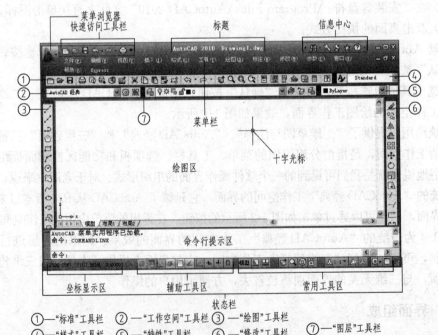

①—"标准"工具栏　②—"工作空间"工具栏　③—"绘图"工具栏
④—"样式"工具栏　⑤—"特性"工具栏　⑥—"修改"工具栏　⑦—"图层"工具栏

图 1-3 传统的"AutoCAD 经典"工作空间的界面

题、信息中心和最小化按钮、最大化（还原）按钮、关闭按钮组成。

菜单浏览器将菜单栏中常用的菜单命令都显示在一个位置，如图1-4所示，用户可以在菜单浏览器中查看最近使用过的文件和菜单命令，还可以查看打开文件的列表，菜单下有"最近使用的文档"和"打开文档"视图。

快速访问工具栏定义了一系列经常使用的工具，单击相应的按钮即可执行相应的操作，用户可以自定义快速访问工具，系统默认提供新建、打开、保存、打印、放弃和重做等六个快速访问工具，用户将光标移动到相应按钮上，会弹出功能提示。

信息中心可以帮助用户同时搜索多个源（例如帮助、新功能专题研习、网址和指定的文件），也可以搜索单个文件或位置。

标题显示了当前文档的名称，最小化按钮、最大化（还原）按钮、关闭按钮控制了应用程序和当前图形文件的最小化、最大化和关闭，效果如图1-5所示。

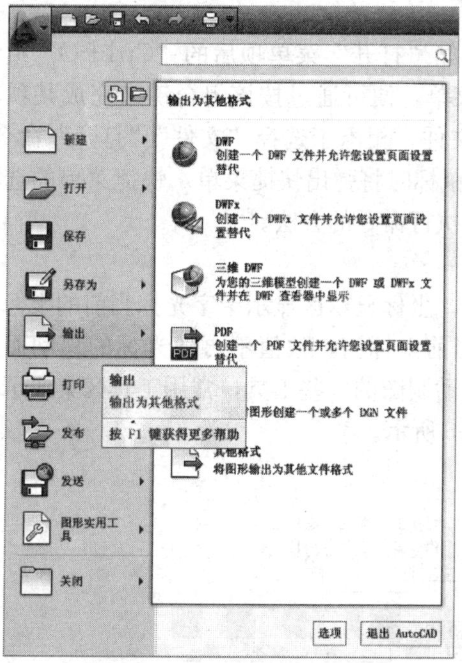

图 1-4　菜单浏览器效果

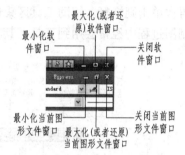

图 1-5　控制软件和图形文件的最大最小化

2. 工具栏

执行 AutoCAD 命令除了可以使用菜单外，还可以使用工具栏。工具栏是附着在窗口四周的长条，其中包含一些由图标表示的工具按钮，单击这些按钮则执行该按钮所代表的命令。

AutoCAD 2010 的工具栏采用浮动的放置方式，也就是说可以根据需要将它从原位置拖动，放置在其他位置上。工具栏可以放置在窗口中的任意位置，还可以通过自定义工具栏的方式改变工具栏中的内容，可以隐藏或显示某些工具栏，方便用户使用自己最常用的工具栏。另外，工具栏中的工具显示与否可以通过选择"工具"|"工具栏"|"AutoCAD"命令，在弹出的子菜单中控制相应工具栏的显示与否，也可以直接右击任意一个工具栏，在弹出的快捷菜单中选择是否选中即可。

3. 菜单栏

菜单栏通常位于标题栏下面，其中显示了可以使用的菜单命令。传统的 AutoCAD 包含11个主菜单项，用户也可以根据需要将自己或别人的自定义菜单加进去。新的2010版本增加了"参数"菜单项。单击任意菜单命令，将弹出一个下拉式菜单，可以选择其中的命令进行操作。

对于某些菜单项，如果后面跟有符号 ⋯，则表示选择该选项将会弹出一个对话框，以提供进一步的选择和设置。如果菜单项右面跟有一个实心的小三角形▶，则表明该菜单项尚有若干子菜单，将光标移到该菜单项上，将弹出子菜单。如果某个菜单命令是灰色的，则表示在当前的条件下该项功能不能使用。

选定主菜单项有两种方法，一种是使用鼠标，另一种是使用键盘，具体使用哪种方法可根据个人的喜好而定。每个菜单和菜单项都定义有快捷键。快捷键用下画线标出，如Save，表示如果该菜单项已经打开，只需按 S 键即可完成保存命令。下拉菜单中的子菜单项同样定义了快捷键。

在下拉菜单中的某些菜单项后还有组合键，如"打开"菜单项后的"Ctrl＋O"组合键。该组合键被称为快捷键，即不必打开下拉菜单，便可通过按该组合键来完成某项功能。例如，使用"Ctrl＋O"组合键来打开图形文件，相当于选择"文件"|"打开"命令。AutoCAD 2010 还提供了一种快捷菜单，当右击鼠标时将弹出快捷菜单。快捷菜单的选项因单击环境的不同而变化，快捷菜单提供了快速执行命令的方法。

4. 状态栏

状态栏位于 AutoCAD 2010 工作界面的底部，坐标显示区显示十字光标当前的坐标位置，鼠标左键单击一次，则呈灰度显示，固定当前坐标值，数值不再随光标的移动而改变，再次单击则恢复。辅助工具区集成了用于辅助制图的一些工具，常用工具区集成了一些在制图过程中经常会用到工具，其功能如图 1-6 所示。

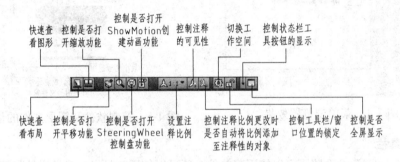

图 1-6　常用工具区各工具功能

5. 十字光标

十字光标用于定位点、选择和绘制对象，由定点设备（如鼠标、光笔）控制。当移动定点设备时，十字光标的位置会作相应的移动，这就像手工绘图中的笔一样方便，并且可以通过选择"工具"|"选项"命令，在弹出的"选项"对话框中改变十字光标的大小（默认大小是 5）。

6. 命令行提示区

命令行提示区是通过键盘输入的命令、数据等信息显示的地方，用户通过菜单和工具栏执行的命令也将在命令行中显示执行过程。每个图形文件都有自己的命令行，默认状态下，命令行位于系统窗口的下面，用户可以将其拖动到屏幕的任意位置。

7. 文本窗口

文本窗口是记录 AutoCAD 命令的窗口，是放大的命令行窗口，它记录了用户已执行的命令，也可以用来输入新命令。在 AutoCAD 2010 中，用户可以通过下面 3 种方式打开

文本窗口：选择"视图"|"显示"|"文本窗口"命令；在命令行中执行 TEXTSCR 命令；按 F2 键。

1.1.2　功能区的使用

在"二维草图与注释"工作空间，2010 版本新增了功能区，应该说，功能区就类似于 2008 版本的控制台，只是比控制台的功能有所增强。

功能区为与当前工作空间相关的操作提供了一个单一简洁的放置区域。使用功能区时无需显示多个工具栏，这使得应用程序窗口变得简洁有序。功能区由若干个选项卡组成，每个选项卡又由若干个面板组成，面板上放置了与面板名称相关的工具按钮，效果如图 1-7 所示。

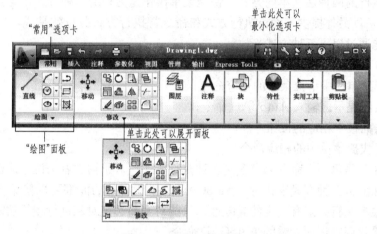

图 1-7　功能区功能演示

用户可以根据实际绘图的情况，将面板展开，也可以将选项卡最小化，仅保留面板标题，效果如图 1-8 所示。当然用户也可以再次单击"最小化为选项卡"按钮，仅保留选项卡的名称，效果如图 1-9 所示，这样就可以获得最大的工作区域。当然，用户如果想面板显示，只需要再次单击该按钮即可。

图 1-8　最小化保留面板标题

图 1-9　最小化保留选项卡标题

功能区可以水平显示、垂直显示或显示为浮动选项板。创建或打开图形时，默认情况下，在图形窗口的顶部将显示水平的功能区。用户可以在选项卡标题、面板标题或者功能区标题单击鼠标右键，会弹出相关的快捷菜单，从而可以对选项卡、面板或者功能区进行操作，可以控制显示、是否浮动等。

1.2 使用命令和变量

AutoCAD 是一款命令行驱动的绘图软件，因此命令对于 AutoCAD 来说，就是绘图的基石，要熟练地使用 AutoCAD 制图，就必须掌握如何使用命令。另外，AutoCAD 将操作环境和某些命令的值存储在系统变量中，因此，用户如果需要熟练地使用 AutoCAD 还需要掌握系统变量的使用。

1. 命令的执行

应该说，与其他的 Windows 系统应用软件相同，菜单栏菜单操作和工具栏按钮操作是完成命令执行的两种最基本的方式，快捷菜单操作是另外的一种方式，与其他软件不同的是，AutoCAD 另外提供了面板执行方式和命令行执行方式。也就是说，一个命令的执行，用户可能通过以下五种方式来执行：

(1) 单击工具栏中相应的按钮；

(2) 选择菜单栏中下拉菜单的相应命令；

(3) 在绘图提示区输入 AutoCAD 命令；

(4) 单击面板中相应的按钮；

(5) 执行快捷菜单中的相应命令。

当然，并不是每一个命令都存在这 5 种执行方式。对于初学者来说，建议用户使用菜单、工具栏和面板三种方式来执行，AutoCAD 几乎所有的功能都可以使用这三种方式来实现。快捷菜单执行方式有一定的局限性，只能对当前选定对象进行相关功能的实现，而命令行方式需要用户记住大量的 AutoCAD 命令。

2. 透明命令

一般来说，在进行一个操作的时候，不可以进行另外一个操作，一旦要进行下一个操作，则前一个操作中止。在 AutoCAD 中提供了一些操作命令，可以在其他操作进行过程中执行，我们把这些命令叫做透明命令。透明命令执行时，原来执行的命令不会中断。

一般来说，单独执行透明命令时，在绘图提示区中的命令前会出现单引号【'】，譬如"平移"命令【'_pan】，如果在其他命令执行过程中执行透明命令，会出现双大于号【≫】，当透明命令执行完毕后，其他命令还可以继续执行。

一般来说，需要初级用户重点掌握的是如下几个："缩放"命令、"平移"命令、"帮助"命令、"图层"相关命令、"查询"相关命令和"设计中心"相关命令。

3. 系统变量

系统变量一般不希望用户在绘图的时候随意改变，用户仅仅在对系统变量的含义相当熟悉了之后才能进行更改。修改系统变量的方法非常简单，只要在绘图提示区输入系统变量的名称，按回车键，命令行会提示用户输入新的变量值，用户输入新的变量值，按回车键，即完成变量的修改。

我们这里先介绍第一个系统变量 FILEDIA，它有两个值 0 和 1，0 表示我们在保存文件的时候不弹出任何对话框，所有的操作都在命令行中完成，1 表示执行相应的命令后，会弹出相应的对话框，操作在对话框中完成，不在命令行完成。用户可以修改该系统变量，然后在命令行输入 saveas 命令，看修改的效果。

我们为什么要以此变量为例进行讲解呢，主要是要告诉用户这样一个事情，对于 AutoCAD 来说，虽然它是一个命令行驱动的软件，很多操作完全用命令行来完成，根本不会出现像其他软件那样的那么多的对话框，但是还是有一部分功能需要对话框来实现的，虽然也可以用命令行全程实现，但是用对话框来实现可能会比较便捷，比较符合长期的人们形成的软件操作习惯。

4. 命令和系统变量执行的退出

命令和系统变量执行的退出很简单，如果执行完毕，按回车键即可，如果没有执行完毕，按 Ecs 键即可，有些命令行中提供了退出选项，用户执行相应的选项也可以退出命令和系统变量的执行。

1.3　绘图环境的设置

在用户使用 AutoCAD 绘图之前，首先要对绘图单位，以及绘图区域进行设置，以便能够确定绘制的图纸与实际尺寸的关系，便于用户绘图。

1.3.1　设置绘图单位

创建的所有对象都是根据图形单位进行测量的。开始绘图前，必须基于要绘制的图形确定一个图形单位代表的实际大小，然后据此惯例创建实际大小的图形。

选择"格式"|"单位"命令，弹出如图 1-10 所示的"图形单位"对话框，"长度"选项组设置测量的当前单位及当前单位的精度，"工程"和"建筑"格式提供英尺和英寸显示并假定每个图形单位表示一英寸，其他格式可表示任何真实世界单位。"角度"选项组设置当前角度格式和当前角度显示的精度。

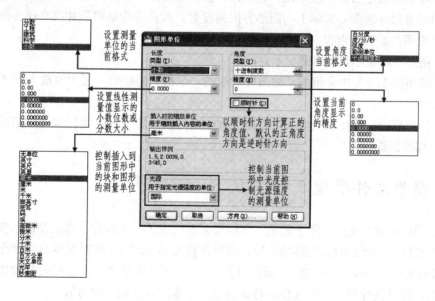

图 1-10　"图形单位"对话框

"插入时的缩放单位"控制插入到当前图形中的块和图形的测量单位。如果块或图形创建时使用的单位与该选项指定的单位不同，则在插入这些块或图形时，将对其按比例缩放。插入比例是源块或图形使用的单位与目标图形使用的单位之比。如果插入块时不按指定单位缩放，可以选择"无单位"。

单击"方向"按钮，弹出"方向控制"对话框，用于设置起始角度（0B）的方向。在 AutoCAD 的默认设置中，起始方向是指正东的方向，逆时针方向为角度增加的正方向。

用户可以选择东南西北任何一项作为起始方向，也可以选择"其他"单选按钮，并单击"拾取"按钮，在绘图区中拾取两个点通过两点的连线方向来确定起始方向。

1.3.2　设置绘图界限

在 AutoCAD 中指定的绘图区域也叫图形界限，这个图形界限是用户所设定的一个绘图范围，通常情况下，图形界限由左下点和右上点确定，由两点圈定的矩形区域就是图形界限。

选择"格式"|"图形界限"命令，命令行提示如下：

命令：LIMITS
重新设置模型空间界限：
指定左下角点或［开(ON)/关(OFF)］<0.0000,0.0000>://用定点设备拾取点或者输入坐标值定位图形界限左下角点
指定右上角点 <420.0000,297.0000>：　　　　　　　//用定点设备拾取点或者输入坐标值定位图形界限右上角点

对于以上用户命令，实际上与绘制矩形比较类似，如果用户对这个命令不甚理解，在学到第 2 章关于矩形的绘制时，就会理解了。

图形界限设置之后，一般来说，建议用户在设置的图形界限内制图，当然也不是说不可以在图形界限外制图，实际上，图形界限的设置，对我们绘制图形并没有什么影响，我们这里要说明的是三点内容：

（1）图形界限会影响栅格的显示；

（2）使用第 1.8 节中介绍的"缩放"命令的"全部"缩放时，最大能放大到图形界限设置的大小；

（3）图形界限一般用在我们实际绘制工程图的时候，那个时候我们就可以把图形界限设置为工程图图纸的大小。

1.4　图形文件管理

对于用户来讲，文件实际上就是一个结果，也代表了一个过程。未绘制图形前，要创建一个新文件，文件是图形依存的介质，用户在打开 AutoCAD 的时候就自动地创建一个新文件 Drawing1.dwg，同样地，图形绘制完成后，需要保存文件，这样绘制的图形才能保存下来，所以文件对于绘图来说，是让劳动成为事实存在的一种方式。

对于 AutoCAD 来说，文件操作的相关内容与其他的 Windows 应用软件类似，也存

在创建、保存、打开这几个过程，通过本章的学习，希望用户能够熟练掌握文件的相关操作。

1.4.1 创建新文件

在前面说到，第一次打开 AutoCAD 就自动创建了一个新文件，如果我们在 Auto-CAD 打开状态下创建新文件，则要通过以下的几种方式：选择"文件"|"新建"命令或者单击"标准"工具栏中的"新建"按钮 ⬚。

对于新建文件来说，创建的方式由 STARTUP 系统变量确定，当变量值为 0 时，显示如图 1-11 所示的"选择样板"对话框，打开对话框后，系统自动定位到 AutoCAD 安装目录的样板文件夹中，用户可以选择使用样板和选择不使用样板创建新图形。

图 1-11 "选择样板"对话框

当 STARTUP 为 1 时，新建文件时弹出如图 1-12 所示的"创建新图形"对话框。系统提供了从草图开始创建、使用样板创建和使用向导创建三种方式创建新图形。使用样板

图 1-12 "创建新图形"对话框

图 1-13 使用向导创建文件

创建与"选择样板"对话框的样板"打开"类似。

从草图开始创建，提供了如图 1-12 所示的英制和公制两种创建方式，与"选择样板"对话框的"无样板打开-公制"和"无样板打开-英制"类似。

使用向导提供了如图 1-13 所示的"高级设置"和"快速设置"两种创建方式，快速设置比高级设置少几个向导，仅设置单位和区域，我们以高级设置为例给读者介绍使用向导创建新文件的方法，如表 1-1 所示。

高级设置向导创建文件 　　　　　　　　　　　　　　　　　　表 1-1

向 导 说 明	向 导
"单位"向导用于指定单位的格式和精度。单位格式是用户输入以及程序显示坐标和测量时所采用的格式。单位精度指定用于显示线性测量值的小数位数和分数大小	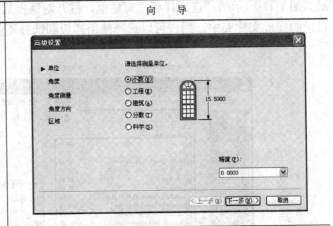
"角度"向导指示用户输入角度以及程序显示角度时所采用的格式	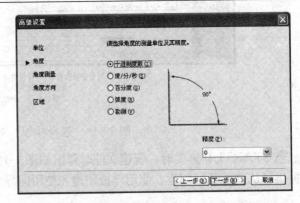
"角度测量"向导指示输入角的零度角方向。用户输入角度值时，程序将以这里设定的指南针方向开始逆时针或顺时针测量角度	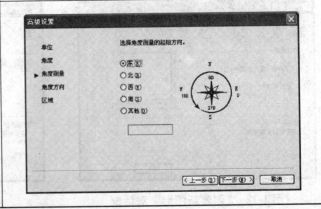

续表

向 导 说 明	向　　导
"角度方向"向导指示输入角的零度角方向以及程序显示正角度值的方向：逆时针或顺时针方向	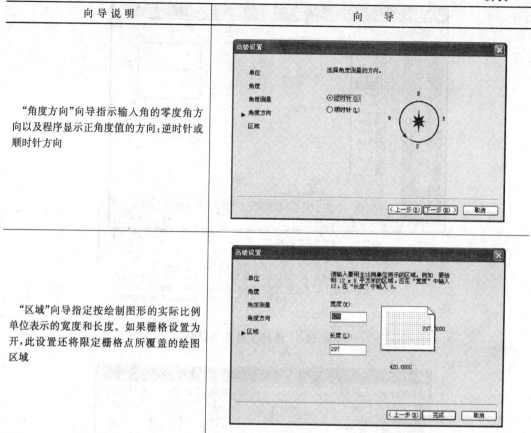
"区域"向导指定按绘制图形的实际比例单位表示的宽度和长度。如果栅格设置为开，此设置还将限定栅格点所覆盖的绘图区域	

当文件创建完成后，程序中就会显示以 DrawingX.dwg 命名的新图形文件，X 是一个数字，由前面新建了几个图形文件所决定。

1.4.2　打开文件

打开文件最简单的方式，是找到一个 AutoCAD 文件，直接双击打开即可。选择"文件"|"打开"命令或单击"标准"工具栏中的"打开"按钮 ，打开如图 1-14 所示的"选择文件"对话框，系统提供了"打开"、"以只读方式打开"、"局部打开"和"以只读方式局部打开"四种方式。

当以"打开"、"局部打开"方式打开图形时，可以对打开的图形进行编辑；当以"只读方式打开"、"以只读方式局部打开"方式打开图形时，则无法编辑打开的图形。

1.4.3　保存文件

如果第一次保存文件，选择"文件"|"保存"命令弹出如图 1-15 所示的"图形另存为"对话框，用户设置保存路径，保存的文件名称和类型，即可完成保存。默认情况下，文件以"AutoCAD2010 图形（*.dwg）"格式保存，用户可以在"文件类型"下拉列表框中选择其他格式保存。

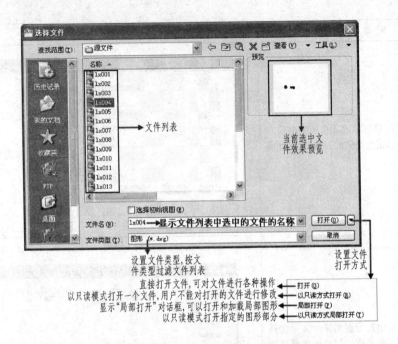

图1-14 "选择文件"对话框

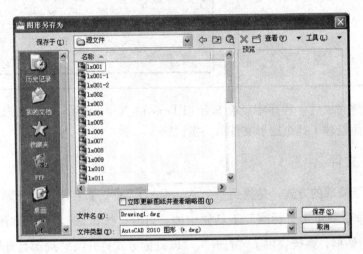

图1-15 "图形另存为"对话框

选择对话框中的"工具"|"安全选项"命令，弹出如图1-16所示的"安全选项"对话框，可以为保存的图形文件设置密码，下次打开文件时就需要用户输入设置的密码。

如果用户想在当前的文件基础上保存为另外的文件，则可以选择"文件"|"另存为"命令，同样弹出"图形另存为"对话框。

1.4.4 创建样板文件

在图1-15所示的对话框中，用户可以通过"文件类型"下拉列表设置文件类型，如图1-17所示。虽然下拉列表列出了多达12种选择，实际上给出了针对不同版本的保存文

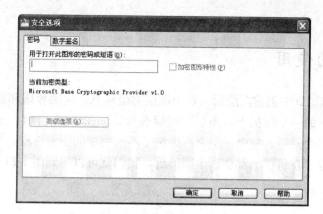

图 1-16 "安全选项"对话框

件,真正的保存文件类型为 dwg、dwt 和 dxf 三种,dwg 是最常见的文件保存形式,是 AutoCAD 的图形文件,dwt 是 AutoCAD 的样板文件,dxf 是 AutoCAD 绘图交换文件,用于 AutoCAD 与其他软件之间进行 CAD 数据交换的 CAD 数据文件格式,如果用户要把 AutoCAD 软件导入到其他 CAD 中,可以保存为这种格式。

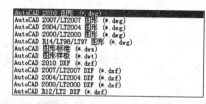

图 1-17 选择文件类型

图 1-18 保存样板文件

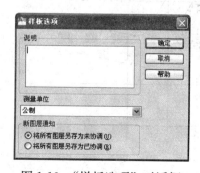

图 1-19 "样板选项"对话框

如果要保存为样板文件,则选择"AutoCAD 图形样板",当选择后,如图 1-18 保存路径自动定位到 AutoCAD 自身自带的样板文件夹中,输入样板的名称,单击"保存"按钮,弹出如图 1-19 所示的"样板选项"对话框,输入样板的说明,单击"确定"按钮,即可完成样板的创建。

样板创建完成后,就保存在 AutoCAD 程序自带样板的文件夹里,当然了,用户也可以保存在其他的目录下,用户如果要使用该样板,在打开文件时,选择该样板即可。

1.5　图层的使用

我们在 AutoCAD 中创建图层后，每个图层的坐标系、绘图界限和显示时的缩放倍数是相同的，在这样的一个前提下，图层才能够叠加。如图 1-20 所示，显示了建筑图纸总平面图中创建的四个图层，每个图层上都绘制了不同类型的图形对象，每一类对象有不同的颜色和其他特性。在每层上都创建了图形后，我们就可以得到图 1-21 所示的最终效果。

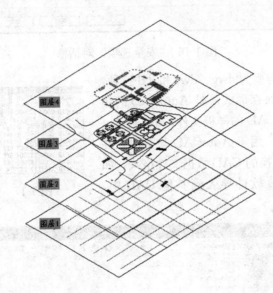

图 1-20　4 个图层示例

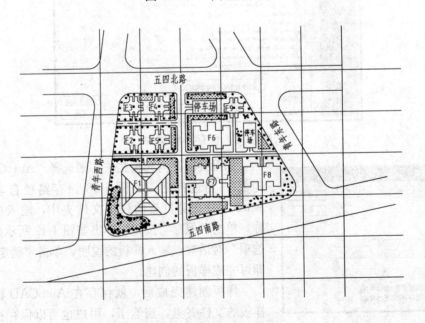

图 1-21　图层叠加效果

1.5.1　创建图层

选择"格式"|"图层"命令，弹出如图 1-22 所示"图层特性管理器"选项板，对图层的基本操作和管理都是在该对话框中完成的，各部分功能如表 1-2 所示。

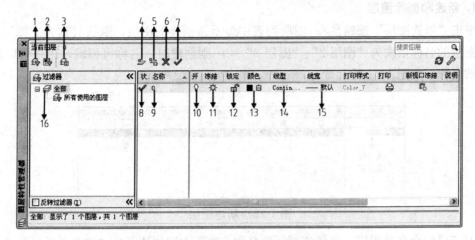

图 1-22　"图层特性管理器"选项板

"图层特性管理器"选项板功能说明　　　　　　　　　　　　表 1-2

序　号	名　　称	功　　能
1	"新建特性过滤器"按钮	显示"图层过滤器特性"对话框,从中可以根据图层的一个或多个特性创建图层过滤器
2	"新建组过滤器"按钮	创建图层过滤器,其中包含选择并添加到该过滤器的图层
3	"图层状态管理器"按钮	显示图层状态管理器,从中可以将图层的当前特性设置保存到一个命名图层状态中,以后可以再恢复这些设置
4	"新建图层"按钮	创建新图层
5	"在所有的视口中都被冻结的新图层"按钮	创建新图层,然后在所有现有布局视口中将其冻结
6	"删除图层"按钮	删除选定图层
7	"置为当前"按钮	将选定图层设置为当前图层
8	—	设置图层状态:图层过滤器、正在使用的图层、空图层或当前图层
9	—	显示图层或过滤器的名称,可对名称进行编辑
10	—	控制打开和关闭选定图层
11	—	控制是否冻结所有视口中选定的图层
12	—	控制锁定和解锁选定图层
13	—	显示"选择颜色"对话框更改与选定图层关联的颜色
14	—	显示"选择线型"对话框更改与选定图层关联的线型
15	—	显示"线宽"对话框更改与选定图层关联的线宽
16	—	显示图形中图层和过滤器的层次结构列表

在"图层特性管理器"选项板刚打开时，默认存在着一个 0 图层，有时候还存在一个 DEFPOINTS 图层，用户可以在这个基础上创建其他的图层，并对图层的特性进行修改，用户可以修改图层的名称、状态、开关、冻结、锁定、颜色、线型、线宽和打印状态等等。

1. 新建和删除图层

单击"新建图层"按钮，图层列表中显示新创建的图层，默认名称为"图层 1"，随后图层的名称依次为"图层 2"、"图层 3"……刚创建时，名称可编辑，用户可以输入图层的名称，如图 1-23 所示。

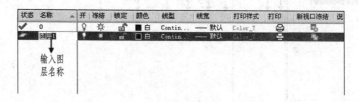

图 1-23　新建图层

对于已经命名的图层，选择该图层的名称，执行右键快捷菜单"重命名图层"或者鼠标单击，可以使名称进入可编辑状态，可输入新的名称。

用户在删除图层时，要注意，只能删除未被参照的图层，图层 0 和 DEFPOINTS、包含对象（包括块定义中的对象）的图层、当前图层以及依赖外部参照的图层都不可以被删除。

2. 设置颜色、线型和线宽

每个图层都可以设置本图层的颜色，这个颜色指该图层上面的图形对象的颜色。单击颜色特性图 27 标 ■ 白色 ，弹出如图 1-24 所示的"选择颜色"对话框，用户可以对该图层颜色进行设置。

"选择颜色"对话框有三个选项卡，"索引颜色"选项卡如图 1-24 所示，使用 255 种 AutoCAD 颜色索引（ACI）颜色指定颜色设置。

图 1-24　"索引颜色"选项卡

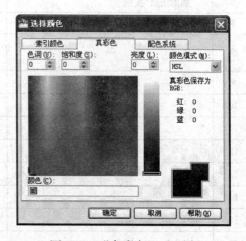

图 1-25　"真彩色"选项卡

"真彩色"选项卡如图 1-25 所示，使用真彩色（24 位颜色）指定颜色设置。使用真彩色功能时，可以使用一千六百多万种颜色。"真彩色"选项卡上的可用选项取决于指定的颜色模式（HSL 或 RGB）。

"配色系统"选项卡如图 1-26 所示，用户可以使用第三方配色系统或用户定义的配色系统指定颜色。

图层线型是指图层中绘制的图形对象的线型，AutoCAD 提供了标准的线型库，在一个或多个扩展名为 .lin 的线型定义文件中定义了线型。AutoCAD 中包含的 LIN 文件为 acad.lin 和 acadiso.lin。

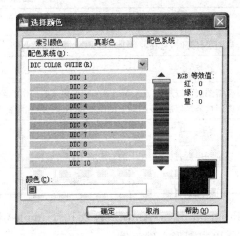

图 1-26 "配色系统"选项卡

单击线型特性图标 Continuous，弹出如图 1-27 所示的"选择线型"对话框，默认状态下，"线型"列表中仅 Continuous 一种线型。单击"加载"按钮，弹出"加载或重载线型"对话框，用户可以从"可用线型"列表框中选择所需要的线型，单击"确定"按钮返回"选择线型"对话框完成线型加载，选择需要的线型，单击"确定"按钮完成线型的设定。

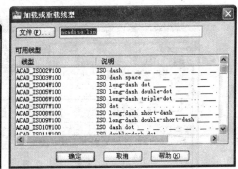

图 1-27 设置线型

图 1-28 设置线宽

单击线宽特性图标 —— 默认，弹出如图 1-28 所示的"线宽"对话框，在"线宽"列表框中选择线宽，单击"确定"按钮完成设置线宽操作。

3. 控制状态

用户可以通过单击相应的图标控制图层的相应状态，表 1-3 给读者演示了不同的图标控制的图层的状态，用户可以通过鼠标单击在左右两个状态间切换。

1.5.2 管理图层

在讲解管理图层之前，请用户首先打开"安装盘盘符：

图层状态的控制　　　　　　　　　　　　　　　　　　　　　　　　　表 1-3

图标 💡	图层处于打开状态	图标 💡	图层处于关闭状态
当图层打开时，它在屏幕上是可见的，并且可以打印。当图层关闭时，它是不可见的，并且不能打印			
图标 ☼	图层处于解冻状态	图标 ❋	图层处于冻结状态
冻结图层可以加快 ZOOM、PAN 和许多其他操作的运行速度，增强对象选择的性能并减少复杂图形的重生成时间。当图层被冻结以后，该图层上的图形将不能显示在屏幕上，不能被编辑，不能被打印输出			
图标 🔓	图层处于解锁状态	图标 🔒	图层处于锁定状态
锁定图层后，选定图层上的对象将不能被编辑修改，但仍然显示在屏幕上，能被打印输出			
图标 🖨	图层图形可打印	图标 🖨	图层图形不可打印

\Program Files\AutoCAD 2010\Sample\db_samp.dwg"文件，我们对于图层管理的操作将以本图形文件为例。

在读者阅读的时候，请着重理解图层特性过滤器、反特性过滤器以及新组过滤器的用法。

1. 图层特性过滤器

图层特性过滤器类似于一个过滤装置，通过过滤留下与过滤器定义的特性相同的图层，这些特性包括名称或其他图 1-29 中所示的相关特性。在"图层特性管理器"选项板的树状图中选定图层过滤器后，将在图层列表中显示符合过滤条件的图层。

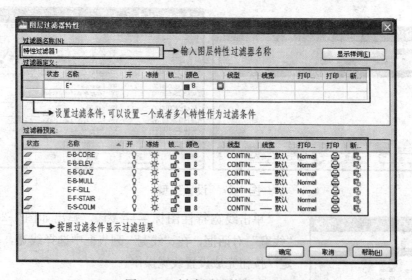

图 1-29　创建图层特性过滤器

我们按照图 1-29 设置过滤条件，两个过滤条件中"名称"设置为"E*"，表示图层名称中含有字母 E，且 E 为首字母，"颜色"设置为 8，表示图层的颜色为 8 号色，设置完成后，用户可以查看预览效果，单击"确定"按钮，完成过滤器的创建，图 1-30 演示了使用该过滤器过滤的效果，图 1-31 演示了反转过滤器的效果。

2. 新组过滤器

新组过滤器是指包括在定义时放入过滤器的图层，而不考虑其名称或特性。在创建完

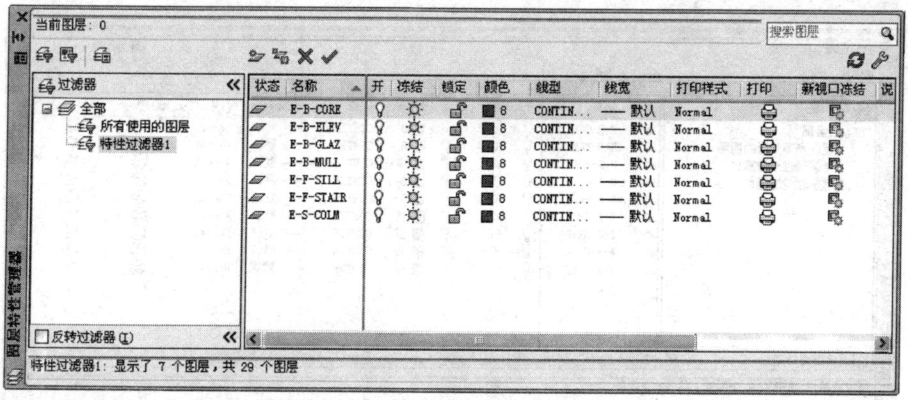

图 1-30　图层特性过滤器的使用

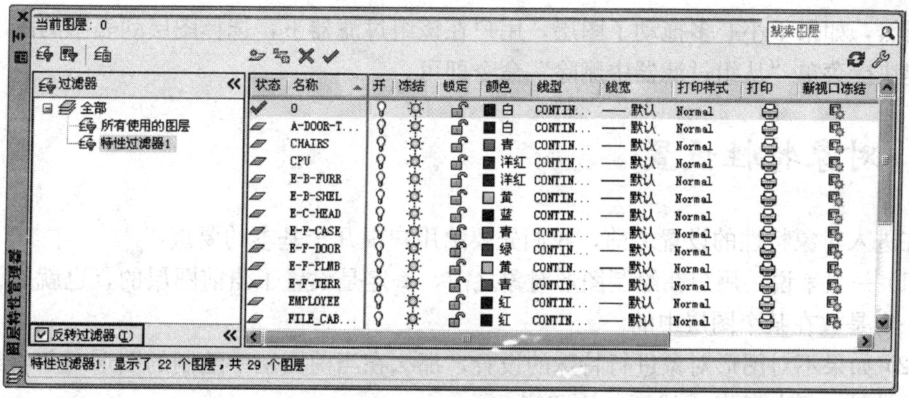

图 1-31　反转过滤器的使用

成新组过滤器后，用户可以通过两种方法添加图层，一种是使用右键快捷菜单，在快捷菜单中选择"选择图层"|"添加"命令，通过在绘图区选择对象添加图层，另外一种方法就是如图 1-32 所示切换到其他的过滤器中，使图层在列表中显示，拖动到组过滤器中即可，完成后的效果如图 1-33 所示。

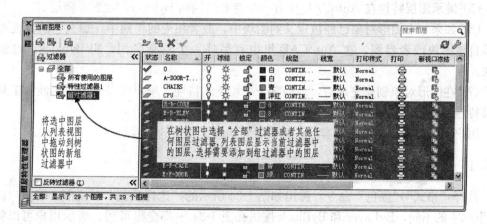

图 1-32　拖动图层到新组过滤器

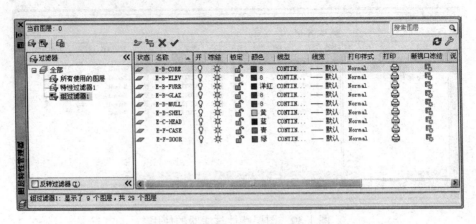

图 1-33　创建完成的新组过滤器

当然，如果不小心多拖动了图层，用户在该组过滤器下，选择图层列表中的图层，执行右键快捷菜单"从组过滤器中删除"命令即可。

1.6　对象特性设置

在进入对象特性的设置之前，我们先要给用户提几个基本的要点：

（1）一般来说，用户在绘制图形对象之前，一定是设置了当前图层的，也就是说图形对象一定是放在某个图层中的。

（2）如果不对图形对象进行特殊的设置，那么在当前图层中绘制的图形对象将继承该图层的特性，譬如颜色、线型、线宽等。

（3）当把一个对象从一个图层移动到另外一个图层时，如果不作特殊设置，该对象将继承另外一个图层的特性。将对象移出图层的方法很简单，选择该对象，在"图层"面板的图层列表中选择目标图层即可。

（4）在当前图层中绘制图形对象，如果预先设置了与图层设置不同的特性，那么该图形对象将使用预先设置，而图形对象仅继承未作预先设置的其他特性。

（5）继承图层特性在 AutoCAD 中有一个专有名词叫 Bylayer，也就是随层。

（6）如果一个图形对象已经被定义到图块中，或者相应的参照中，那么它的特性可以继承自该图块或者参照，在 AutoCAD 里也有另外一个专有名词，叫 Byblock，也就是随块。

（7）在图形对象创建完成后，已经赋予了相关的特性，用户可以使用"特性"工具栏对其特性进行相应的修改。

用户在了解了以上 7 点内容后，请读者开始阅读以下的内容。

1.6.1　颜色设置

选择"格式"|"颜色"命令，弹出如图 1-34 所示的"选择颜色"对话框，请用户注意与图 1-24 的不同，ByLayer 和 ByBlock 按钮在图 1-34 中都变得可用，表示用户可以将要绘制的图形对象的颜色设置为随层或者随块。

当然，用户也可以在如图 1-35 所示的"特性"工具栏的颜色下拉列表中设置相应的颜色，需要绘制的图形对象将显示设置的颜色。

请用户注意，这里的设置，仅对在设置完成后绘制的图形对象有效。

1.6.2　线型设置

选择"格式"|"线型"命令，弹出如图 1-36 所示的"线型管理器"对话框，用户从线型列表中选择需要的线型，置为当前，单击"确定"按钮，即可完成线型的设置。

图 1-34　设置对象颜色

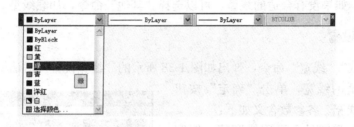

图 1-35　"特性"工具栏的颜色下拉列表

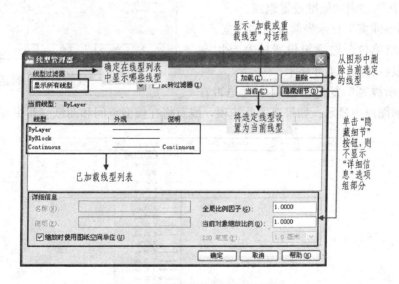

图 1-36　"线型管理器"对话框

另外，用户还可以对当前线型的其他参数进行设置，单击"显示细节"按钮会弹出"详细信息"选项组，各参数含义如下：

- "名称"文本框显示选定线型的名称，可以编辑该名称。
- "说明"文本框显示选定线型的说明，可以编辑该说明。
- "缩放时使用图纸空间单位"复选框控制是否按相同的比例在图纸空间和模型空间

缩放线型,当使用多个视口时,该选项很有用。

- "全局比例因子"文本框用于设置所有线型的全局缩放比例因子。
- "当前对象缩放比例"文本框用于设置新建对象的线型比例,生成的比例是全局比例因子与该对象比例因子的乘积。
- "ISO 笔宽"文本框表示将线型比例设置为标准 ISO 值列表中的一个。生成的比例是全局比例因子与该对象比例因子的乘积。

图 1-37 "特性"工具栏的线型下拉列表

当然,用户也可以在如图 1-37 所示的"特性"工具栏的线型下拉列表中设置相应的线型,需要绘制的图形对象将显示设置的线型,如果没有合适的线型,可以选择"其他"命令,加载线型。

1.6.3 线宽设置

选择"格式"|"线宽"命令,弹出如图 1-38 所示的"线宽设置"对话框,用户从线宽列表中选择合适的线宽,单击"确定"按钮即可设置当前线宽。各参数含义如下:

- "线宽"列表显示可用线宽值,线宽值由包括"ByLayer"、"ByBlock"和"默认"在内的标准设置组成。
- "当前线宽"显示当前选定的线宽。
- "列出单位"选项组设置线宽是以毫米显示还是以英寸显示。
- "显示线宽"复选框控制线宽是否在

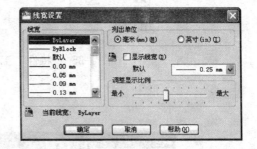

图 1-38 "线宽设置"对话框

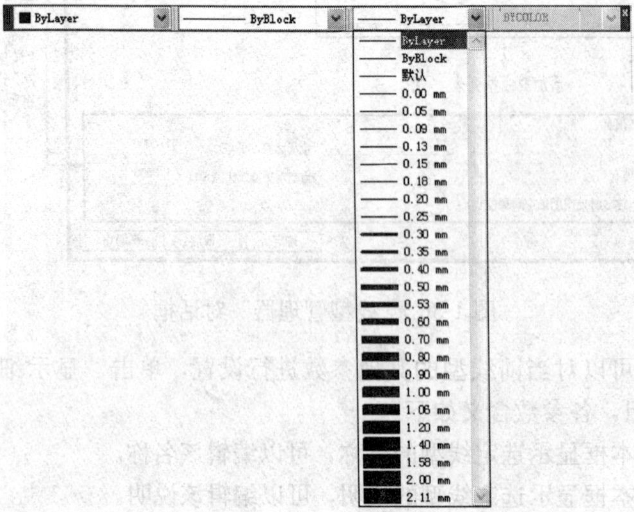

当前图形中显示。如果选择此选项,线宽将在模型空间和图纸空间中显示。

图 1-39 "特性"工具栏的线宽下拉列表

- "默认"下拉列表用于设置图层的默认线宽。
- "调整显示比例"滑块控制"模型"选项卡上线宽的显示比例。

当然，用户也可以在如图 1-39 所示的"特性"工具栏的线宽下拉列表中设置相应的线宽，需要绘制的图形对象将显示设置的线宽。

1.7　目标对象的选择

AutoCAD 提供了两种编辑图形的顺序：先输入命令，后选择要编辑的对象；先选择对象，然后进行编辑。这两种方法用户可以结合自己的习惯和命令要求灵活使用。

为了编辑方便，将一些对象组成一组，这些对象可以是一个，也可以是多个，称之为选择集。用户在进行复制、粘贴等编辑操作时，都需要选择对象，也就是构造选择集。建立了一个选择集以后，可以将这一组对象作为一个整体进行操作。

需要选择对象时，在命令行有提示，比如"选择对象："。根据命令的要求，用户选取线段、圆弧等对象，以进行后面的操作。

用户可以通过 3 种方式构造选择集：单击对象直接选择、窗口选择（左选）和交叉窗口选择（右选）。

（1）单击对象直接选择

当命令行提示"选择对象："时，绘图区出现拾取框光标，将光标移动到某个图形对象上，单击鼠标左键，则可以选择与光标有公共点的图形对象，被选中的对象呈高亮显示。

单击对象直接选择方式适合构造选择集的对象较少的情况，对于构造选择集的对象较多的情况就需要使用另外两种选择方式了。

（2）窗口选择（左选）

当需要选择的对象较多时，可以使用窗口选择方式，这种选择方式与 Windows 的窗口选择类似。首先单击鼠标左键，将光标沿右下方拖动，再次单击鼠标左键，形成选择框，选择框呈实线显示。被选择框完全包容的对象将被选择。

（3）交叉窗口选择（右选）

交叉窗口选择（右选）与窗口选择（左选）选择方式类似，所不同的是光标往左上移动形成选择框，选择框呈虚线，只要与交叉窗口相交或者被交叉窗口包容的对象，都将被选择。

选择对象的方法有很多种，当对象处于被选择状态时，该对象呈高亮显示。如果是先选择后编辑，则被选择的对象上还出现控制点，3 种选择方式在不同情况下的选择情况如表 1-4 所示。

在选择完图形对象后，用户可能还需要在选择集中添加或删除对象。需要添加图形对象时，可以采用如下方法：

- 按【Shift】键，单击要添加的图形对象。
- 使用直接单击对象选择方式选取要添加的图形对象。
- 在命令行中输入 A 命令，然后选择要添加的对象。

需要删除对象时，可以采用如下方法：

选择方式对比表　　　　　　　　　　　　　　　　　表 1-4

选 择 方 式	先选择后执行编辑命令		先执行编辑命令后选择	
单击对象直接选择	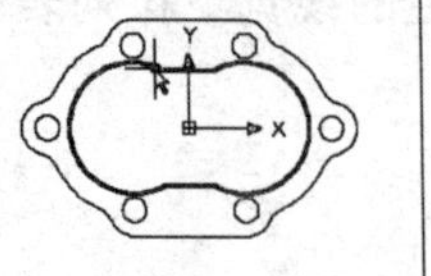	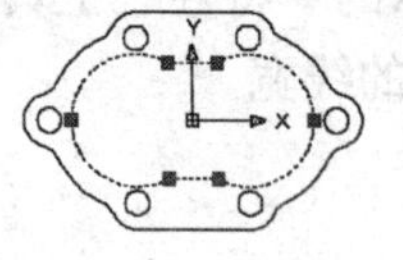	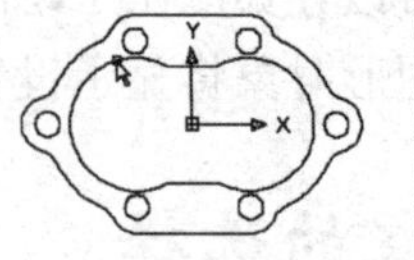	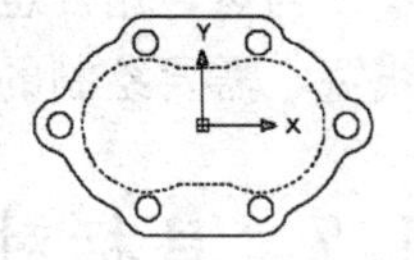
窗口选择（左选）	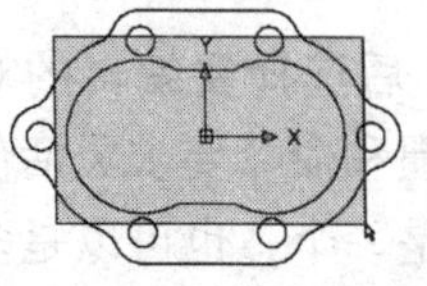	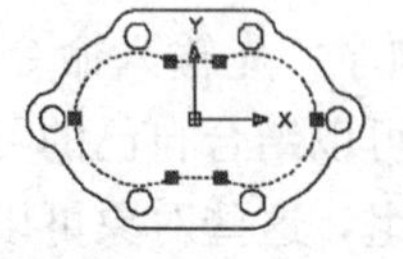	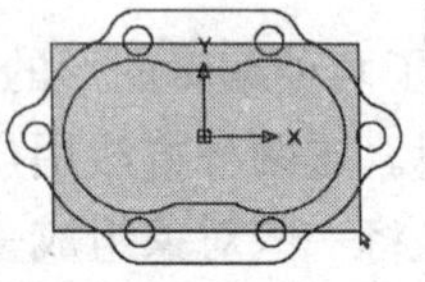	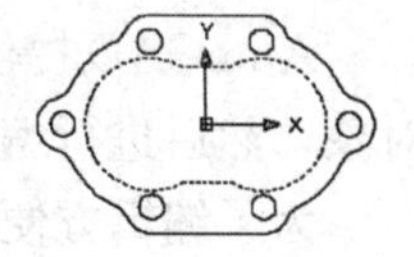
交叉窗口选择（右选）	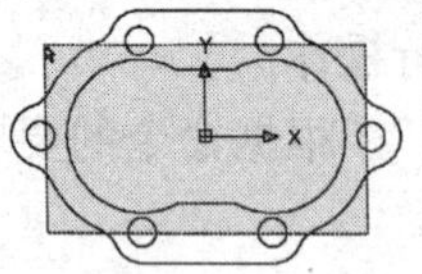	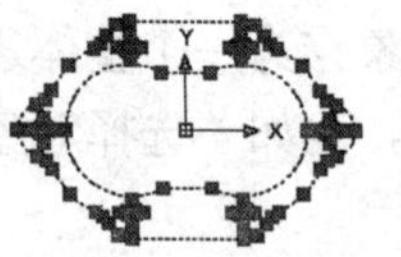	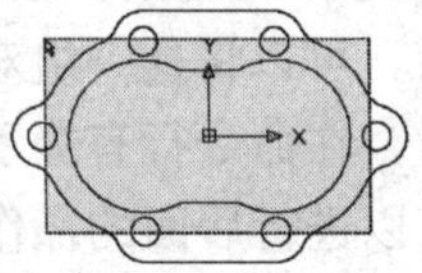	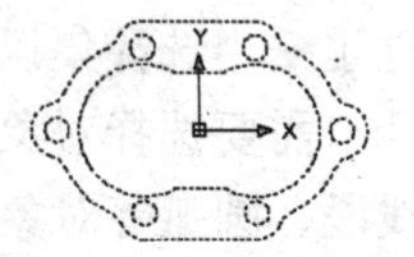

- 按【Shift】键，单击要删除的图形对象。
- 在命令行中输入 R 命令，然后选择要删除的对象。

1.8　快速缩放平移视图

如果要使整个视图显示在屏幕内，就要缩小视图；如果要在屏幕中显示一个局部对象，就要放大视图，这是视图的缩放操作。要在屏幕中显示当前视图不同区域的对象，就需要移动视图，这是视图的平移操作。AutoCAD 提供了视图缩放和视图平移功能，以方便用户观察和编辑图形对象。

1.8.1　缩放视图

选择"视图"|"缩放"命令，在弹出的级联菜单中选择合适的命令，或单击如图 1-40 所示的"缩放"工具栏中合适的按钮，或者在命令行中输入 ZOOM 命令，都可以执行相应的视图缩放操作。

图 1-40　"缩放"工具栏

在命令行中输入 ZOOM 命令，命令行提示如下：

命令：ZOOM
指定窗口的角点，输入比例因子（nX 或 nXP），或者
[全部(A)/中心(C)/动态(D)/范围(E)/上一个(P)/比例(S)/窗口(W)/对象(O)] <实时>：

命令行中不同的选项代表了不同的缩放方法，下面以命令行输入方式分别介绍几种常用的缩放方式：

（1）全部缩放

在命令行中输入 ZOOM 命令，然后在命令行提示中输入 A，按 Enter 键，则在视图

中将显示整个图形，并显示用户定义的图形界限和图形范围。

对图 1-41 进行全部缩放的效果如图 1-42 所示。

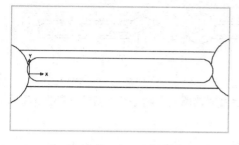 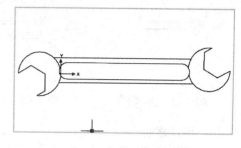

图 1-41   未全部缩放效果   图 1-42   全部缩放效果

（2）范围缩放

在命令行中输入 ZOOM 命令，然后在命令行提示中输入 E，按 Enter 键，则在视图中将尽可能大地、包含图形中所有对象的放大比例显示视图。视图包含已关闭图层上的对象，但不包含冻结图层上的对象。

对图 1-43 进行范围缩放的效果如图 1-44 所示。

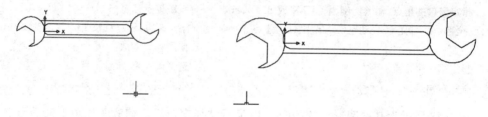

图 1-43   未进行范围缩放效果   图 1-44   进行范围缩放效果

（3）显示前一个视图

在命令行中输入 ZOOM 命令，然后在命令行提示中输入 P，按 Enter 键，则显示上一个视图。

（4）比例缩放

在命令行中输入 ZOOM 命令，然后在命令行提示中输入 S，按 Enter 键，命令行提示如下：

命令：ZOOM
指定窗口的角点,输入比例因子（nX 或 nXP）,或者
[全部(A)/中心(C)/动态(D)/范围(E)/上一个(P)/比例(S)/窗口(W)/对象(O)] ＜实时＞：s
输入比例因子(nX 或 nXP)：

这种缩放方式能够按照精确的比例缩放视图，按照要求输入比例后，系统将以当前视图中心为中心点进行比例缩放。系统提供了 3 种缩放方式，第 1 种是相对于图形界限的比例进行缩放，很少用；第 2 种是相对于当前视图的比例进行缩放，输入方式为 nX；第 3种是相对于图纸空间单位的比例进行缩放，输入方式为 nXP。图 1-45 所示是基准图，图1-46 所示是输入 2X 后的图形，图 1-47 所示是输入 2XP 后的图形。

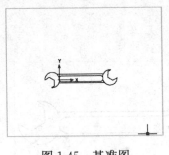

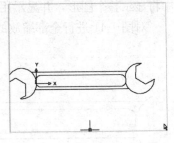

图 1-45　基准图　　　图 1-46　相对于当前视图　　　图 1-47　相对于图纸空间单位

（5）窗口缩放

窗口缩放方式用于缩放一个由两个对角点所确定的矩形区域，在图形中指定一个缩放区域，AutoCAD 将快速地放大包含在区域中的图形。窗口缩放使用非常频繁，但是仅能用来放大图形对象，不能缩小图形对象，而且窗口缩放是一种近似的操作，在图形复杂时可能要多次操作才能得到所要的效果。

在命令行中输入 ZOOM 命令，然后在命令行提示中输入 W，按 Enter 键，命令行提示如下：

命令：ZOOM	//输入缩放命令
指定窗口的角点，输入比例因子（nX 或 nXP），或者	//系统提示信息
［全部(A)/中心(C)/动态(D)/范围(E)/上一个(P)/比例(S)/窗口(W)/对象(O)］＜实时＞：w	
	//使用窗口缩放
指定第一个角点：	//选择图 1-49 所示 1 点
指定对角点：	//选择图 1-49 所示 2 点

图 1-48 所示为基准图形，按照图 1-49 所示选择窗口后，缩放图如图 1-50 所示。

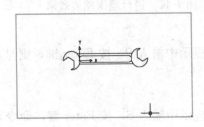

图 1-48　基准图形

图 1-49　选择窗口

（6）实时缩放

实时缩放开启后，视图会随着鼠标左键的操作同时进行缩放。当执行实时缩放后，光标将变成一个放大镜形状 Q^+，按住鼠标左键向上移动将放大视图，向下移动将缩小视图。如果鼠标移动到窗口的尽头，可以松开鼠标左键，将鼠标移回到绘图区域，然后再

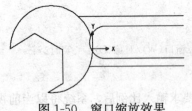

图 1-50　窗口缩放效果

按住鼠标左键拖动光标继续缩放。视图缩放完成后按 Esc 键或按 Enter 键完成视图的缩放。

在命令行中输入 ZOOM 命令，然后在命令行提示中直接按 Enter 键，或者单击"标

准"工具栏或者状态栏中的"实时缩放"按钮 🔍，即可对图形进行实时缩放。

1.8.2　平移视图

当在图形窗口中不能显示所有的图形时，就需要进行平移操作，以便用户查看图形的其他部分。

单击"标准"工具栏或者状态栏中的"实时平移"按钮 🖑，或选择"视图"|"平移"|"实时"命令，或在命令行中输入 PAN，然后按 Enter 键，光标都将变成手形 🖑，用户可以对图形对象进行实时平移。

当然，选择"视图"|"平移"命令，在弹出的级联菜单中还有其他平移菜单命令，同样可以进行平移的操作，不过这不太常用，这里不再赘述。

1.9　图形的输出

建筑图形的输出是整个设计过程的最后一步，即将设计的成果展示在图纸上。AutoCAD 2010 为用户提供了两种并行的工作空间：模型空间和图纸空间。一般来说，用户在模型空间进行图形设计，在图纸空间里进行打印输出，下面给读者讲解如何输出图形。

1.9.1　创建布局

在模型空间工作，能够创建任意类型的二维模型和三维模型，图纸空间实际上提供了模型的多个"快照"。一个布局代表一张可以使用各种比例显示一个或多个模型视图的图纸。

在图纸空间中，用户可以对图纸进行布局。布局是一种图纸空间环境，它模拟显示中的图纸页面，提供直观的打印设置，主要用来控制图形的输出，布局中所显示的图形与图纸页面上打印出来的图形完全一样。

在图纸空间中可以创建浮动视口，还可以添加标题栏或其他几何图形。另外，可以在图形中创建多个布局以显示不同视图，每个布局可以包含不同的打印比例和图纸尺寸。

在从 AutoCAD 2010 中建立一个新图形时，AutoCAD 会自动建立一个"模型"选项卡和两个"布局"选项卡，AutoCAD 2010 提供了从开始建立布局、利用样板建立布局和利用向导建立布局 3 种创建新布局的方法。

启动 AutoCAD 2010，创建一个新图形，系统会自动给该图形创建两个布局。在"布局 2"选项卡上右击鼠标，从弹出的快捷菜单中选择"新建布局"命令，系统会自动添加一个名为"布局 3"的布局。

一般不建议用户使用系统提供的样板来建立布局，系统提供的样板不符合中国的国标。用户可以通过向导来创建布局，选择"工具"|"向导"|"创建布局"命令，即可启动创建布局向导。

1.9.2 创建打印样式

打印样式用于修改打印图形的外观。在打印样式中，用户可以指定端点、连接和填充样式，也可以指定抖动、灰度、笔指定和淡显等输出效果。如果需要以不同的方式打印同一图形，也可以使用不同的打印样式。

用户可以在打印样式表中定义打印样式的特性，可以将它附着到"模型"标签和布局上去。如果给对象指定一种打印样式，然后将包含该打印样式定义的打印样式表删除，则该打印样式将不起作用。通过附着不同的打印样式表到布局上，可以创建不同外观的打印图纸。

选择"工具"|"向导"|"添加打印样式表"命令，可以启动添加打印样式表向导，创建新的打印样式表。选择"文件"|"打印样式管理器"命令，弹出 Plot Styles 窗口，用户可以在其中找到新定义的打印样式管理器，以及系统提供的打印样式管理器。

1.9.3 打印图形

选择"文件"|"打印"命令，弹出如图 1-51 所示的"打印"对话框，在该对话框中可以对打印的一些参数进行设置。

在"页面设置"选项组中的"名称"下拉列表框中可以选择所要应用的页面设置名称，也可以单击"添加"按钮添加其他的页面设置，如果没有进行页面设置，可以选择"无"选项。

在"打印机/绘图仪"选项组中的"名称"下拉列表框中可以选择要使用的绘图仪。选择"打印到文件"复选框，则图形输出到文件后再打印，而不是直接从绘图仪或者打印机打印。

在"图纸尺寸"选项组的下拉列表框中可以选择合适的图纸幅面，并且在右上角可以预览图纸幅面的大小。

在"打印区域"选项组中，用户可以通过 4 种方法来确定打印范围。"图形界限"选项表示打印布局时，将打印指定图纸尺寸的页边距内的所有内容，其原点从布局中的（0，0）点计算得出。从"模型"选项卡打印时，将打印图形界限定义的整个图形区域。"显示"选项表示打印选定的"模型"选项卡当前视口中的视图或布局中的当前图纸空间视图。"窗口"选项表示打印指定的图形的任何部分，这是直接在模型空间打印图形时最常用的方法。选择"窗口"选项后，命令行会提示用户在绘图区指定打印区域。"范围"选项用于打印图形的当前空间部分（该部分包含对象），当前空间内的所有几何图形都将被打印。

在"打印比例"选项组中，当选中"布满图纸"复选框后，其他选项显示为灰色，不能更改。取消"布满图纸"复选框，用户可以对比例进行设置。

单击"打印"对话框右下角的 ⊙ 按钮，则展开"打印"对话框，如图 1-52 所示。

在展开选项中，可以在"打印样式表"选项组的下拉列表框中选择合适的打印样式表，在"图纸方向"选项组中可以选择图形打印的方向和文字的位置，如果选中"上下颠倒打印"复选框，则打印内容将要反向。

单击"预览"按钮可以对打印图形效果进行预览，若对某些设置不满意可以返回修改。在预览中，按 Enter 键可以退出预览返回"打印"对话框，单击"确定"按钮进行打印。

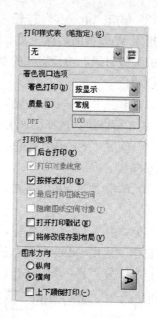

图 1-51 "打印"对话框   图 1-52 "打印"对话框展开部分

1.9.4 创建 Web 页

网上发布向导为创建包含 AutoCAD 图形的 dwf、JPEG 或 PNG 图像的格式化网页提供了简化的界面。

(1) dwf 格式不会压缩图形文件。

(2) JPEG 格式采用有损压缩，即丢弃一些数据以减小压缩文件的大小。

(3) PNG（便携式网络图形）格式采用无损压缩，即不丢失原始数据就可以减小文件的大小。

使用网上发布向导，即使不熟悉 HTML 编码，也可以快速且轻松地创建出精彩的格式化网页。创建网页之后，可以将其发布到 Internet 或 Intranet 上。

使用网上发布向导的操作步骤如下：

(1) 选择"文件"|"网上发布"命令，打开网上发布向导，如图 1-53 所示。

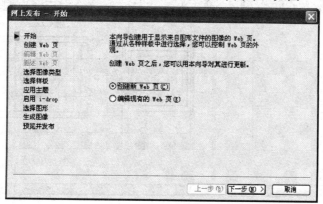

图 1-53 网上发布向导

（2）单击"下一步"按钮，继续执行向导。在"网上发布‐创建 Web 页"对话框中的"指定 Web 页的名称"文本框中输入 Web 文件名称，在"指定文件系统中 Web 页文件夹的上级目录"中设置文件的保存位置，在"提供显示在 Web 页上的说明"文本框中输入说明。

（3）单击"下一步"按钮，继续执行向导。选择一种图像类型，包括 dwf、JPEG 和 PNG 共 3 种格式；选择图像大小，包括小、中、大、极大 4 种大小，这里选择 dwf。

（4）单击"下一步"按钮，继续执行向导。选择 4 种样板中的一种，在右侧可以预览其基本样式。

（5）单击"下一步"按钮，继续执行向导。选择 7 种主题中的一种，在下侧可以预览其效果。

（6）单击"下一步"按钮，继续执行向导。为了方便他人使用创作的 AutoCAD 文件，建议选中"启用 i-drop"复选框。

（7）单击"下一步"按钮，继续执行向导。在"图形"下拉列表框中可以选择需要发布的图形文件，或者单击 ... 按钮打开"网上发布"对话框，从对话框里选择需要发布的图形对象，单击"添加"按钮将需要生成的图像添加到右侧的图像列表中。

（8）单击"下一步"按钮，继续执行向导。选择生成图像的方式。

（9）单击"下一步"按钮，继续执行向导。网上发布开始进行，弹出"打印作业进度"对话框，完成后，打开"网上发布-预览并发布"对话框。

（10）单击"预览"按钮，在 Internet Explorer 中预览 Web 页效果。

（11）单击"立即发布"按钮，打开"发布 Web"对话框，发布 Web 页。发布 Web 页后才可单击"发送电子邮件"按钮，启动发送电子邮件的软件发送邮件。

（12）单击"完成"按钮，结束页面的发布。

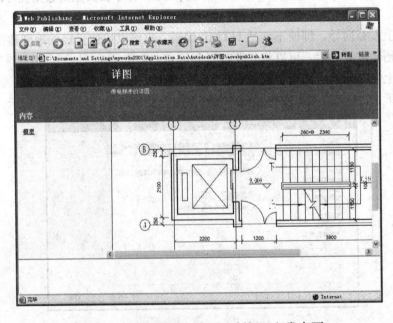

图 1-54　图像类型为 JPEG 时的 Web 发布页

　　如果在"网上发布-选择图像类型"向导文本框中设置为图像类型"JPEG"，图像大小为"小"，则发布出的 Web 页如图 1-54 所示。

1.10　获取帮助

　　选择"帮助"|"帮助"命令，或单击"标准"工具栏中的"帮助"按钮 ![help] ，或按 F1 键，弹出"帮助"对话框，包括"目录"、"索引"、"搜索"3 个选项卡，用户可以从中获取相应的帮助。

　　"目录"选项卡以主题和次主题列表的形式显示可用文档的概述，允许用户通过选择和展开主题进行浏览，当选择需要浏览的主题后，在右边的窗格中显示出相关的帮助信息。用户经常会用到的是"用户手册"和"命令手册"。

　　"索引"选项卡按字母顺序显示了与"目录"选项卡中的主题相关的关键字，在"键入要查找的关键字"文本框中输入要检索的帮助主题的前几个字母，列表框中会显示相应的帮助主题，选择所需的帮助主题，可在右边的窗格中显示出帮助信息。

　　"搜索"选项卡提供了在"索引"选项卡上列出的所有主题的关键字搜索。在"键入要搜索的文字"文本框中输入要搜索的主题包含的文字，单击"搜索"按钮，列表中列出该文字的主题，双击主题可在右边的窗格中显示出相关的帮助信息。

　　一般来说，"索引"和"搜索"选项卡是最常用的两个选项卡，譬如我们要搜索"帮助"的使用，我们如图 1-55 所示输入 help，则列出与帮助相关的主题，我们就可以学习如何使用帮助了。

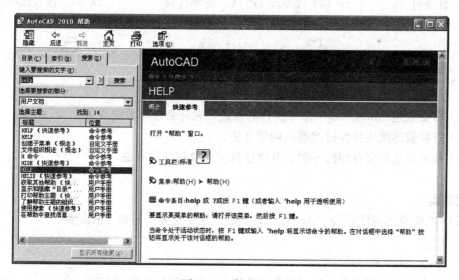

图 1-55　使用帮助

　　应该说，帮助功能对于初学用户来讲，有一定的效果，但是不大，对于很多问题，AutoCAD 的帮助仅仅给出了官方的解释，而没有给出用法，所以对于用户来说，挑选一本好的参考书实际上是最重要的。

1.11 习题

1.11.1 填空题

(1) AutoCAD 2010 提供了一些预设的工作空间，包括：＿＿＿、＿＿和＿＿＿。

(2) 当系统变量 STARTUP 设置为＿＿时，用户新建文件将弹出"选择样板"对话框。

(3) AutoCAD 的文件保存类型有＿＿、＿＿、＿＿三种。

(4) 用户在选择对象时，可以通过＿＿＿、＿＿＿、＿＿＿＿三种常见的选择方式选择对象。

(5) 在"二维草图与注释"工作空间中，用户主要通过＿＿＿进行各种操作。

1.11.2 选择题

(1) 在"二维草图与注释"空间中，＿＿界面元素不存在。

A. 工具栏　　　　　B. 菜单浏览器　　　C. 菜单栏　　　　　D. 功能区

(2) 下面的＿＿＿命令不是透明命令。

A. 缩放　　　　　　B. 平移　　　　　　C. 帮助　　　　　　D. 直线

(3) 下面的＿＿图层可以被删除。

A. 未被参照的图层　B. 0 图层　　　　　C. 定义了图块的图层　D. 当前图层

(4) ＿＿文件打开方式允许用户打开局部图形，但是不允许用户对图形进行编辑操作。

A. 直接打开　　　　B. 以只读方式打开　C. 局部打开　　　　D. 以只读方式局部打开

(5) 图层＿＿状态控制下，不允许对该图层的内容进行编辑。

A. 🖲　　　　　　　　B. ❋　　　　　　　C. 🔒　　　　　　　D. 🖶

1.11.3 简答题

(1) 简要叙述 AutoCAD 中命令执行的方式，区分命令与系统变量。

(2) 简要叙述图层特性过滤器的创建方法。

(3) 简要叙述对象特性的种类，并阐述修改对象特性的方法。

填空题答案

(1) "二维草图与注释"、"AutoCAD 经典""三维建模"三种工作空间

(2) 0

(3) dwg、dwt 和 dxf

(4) 单击对象直接选择、窗口选择（左选）、交叉窗口选择（右选）

(5) 功能区

选择题答案

(1) C　　(2) D　　(3) A　　(4) D　　(5) BC

第 2 章　建筑制图中的二维绘图技术

在建筑图形中，二维图形对象都是通过一些基本二维图形的绘制，以及在此基础上的编辑得到的。AutoCAD 提供了大量的基本图形绘制命令和二维图形编辑命令，用户通过这些命令的结合使用，可以方便而快速地绘制出二维图形对象。

本章旨在向用户介绍 AutoCAD 中平面坐标系的基本定义、二维平面图形的基本绘制和编辑方法，通过本章的学习，用户可以掌握 AutoCAD 中二维图形的基本绘制方法。

2.1　使用平面坐标系

在讲解绘制基本图形之前，需要读者先了解坐标的概念。对于每个点来说，其位置都是由坐标所决定的，每一个坐标唯一地确定一个点。在平面制图中，读者主要会使用到笛卡儿坐标系和极坐标，用户可以在指定坐标时任选一种使用。

所谓笛卡儿坐标系，有 3 个轴，即 X 轴、Y 轴和 Z 轴。输入坐标值时，需要指示沿 X 轴、Y 轴和 Z 轴相对于坐标系原点 $(0, 0, 0)$ 或者其他点的距离（以单位表示）及其方向（正或负）。在平面制图中，可以省略 Z 轴的距离和方向。

所谓极坐标系，是指用数字代表距离、用角度代表方向来确定点的位置，角度为该点与原点和前一点的连线和 X 轴的夹角，规定角度以 X 轴的正方向为 0°，按逆时针方向增大。如果距离值为正，则代表与方向相同，为负则代表与方向相反，距离和角度之间用"<"号分开。

笛卡儿坐标系和极坐标系都又可分为绝对和相对坐标系。下面分别讲解：

（1）绝对坐标

所谓绝对坐标，表示以当前坐标系的原点为基点的，绝对笛卡儿坐标系，表示输入的坐标值，是相对于原点 $(0, 0, 0)$ 而确定的，表示方法为 (X, Y, Z)。绝对极坐标系表示方法为 $(\rho < \theta)$，其中 ρ 表示点到原点的距离，θ 表示点与原点的连线与 X 轴正方向的角度。

（2）相对坐标

所谓相对坐标是以前一个输入点为输入坐标点的参考点，取它的位移增量。相对笛卡儿坐标形式为 ΔX、ΔY、ΔZ，输入方法为 $(@\Delta X, \Delta Y, \Delta Z)$；相对极坐标系表示方法为 $(@\Delta\rho < \theta)$。其中，"@"表示输入的为相对坐标值，ΔX、ΔY、ΔZ 分别表示坐标点相对于前一个点分别在 X、Y、Z 方向上的增量，$\Delta\rho$ 表示坐标点相对于前一个输入点的距离，θ 表示坐标点与前一个输入点的连线与 X 轴正方向的角度。

表 2-1 中列出了一些坐标，读者可以通过后面的解释对笛卡儿坐标系和极坐标系有个比较清晰的认识。

笛卡儿坐标系和极坐标系说明　　　　　　　　　　　　　　　**表 2-1**

坐标形式	说　明	图例说明
$(20,30,50)$	表示 X 方向与原点距离为 20,Y 方向与原点距离为 30,Z 方向与原点距离为 50,在平面图中与 Z 方向距离表现不出来	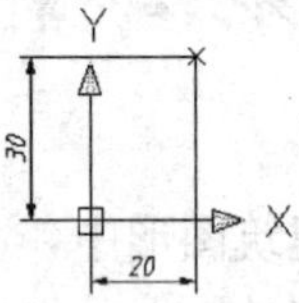
$(@20,30,50)$	表示 X 方向,与点 A 距离为 20,Y 方向与点 A 距离为 30,Z 方向与点 A 距离为 50,转换为与原点的距离就是,在 X、Y、Z 方向距离分别为 $20+5=25$,$30+3=33$,$50+6=56$	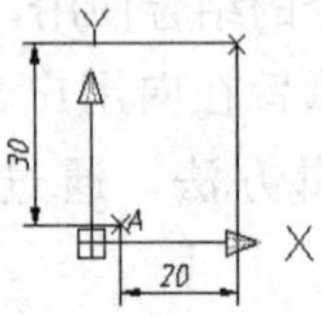
$(40<30)$	表示点与原点的距离为 40,与 X 轴正方向的角度为 30 度,这里的度数使用十进制的度数表示法	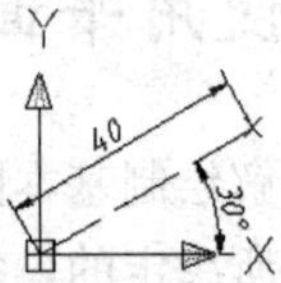
$(@40<\pi/4)$	表示点与点 A 的距离为 40,点与点 A 的连线与 X 轴正方向的角度为 $\pi/4$,也就是 45 度,这里需要读者注意的是,虽然坐标的形式可以表示为 $\pi/4$ 的形式,但是 AutoCAD 在输入坐标的时候并不支持这样的输入,需要读者将 $\pi/4$ 转换为十进制、度/分/秒、百分度或者弧度表示法,最经常使用的还是十进制表示法	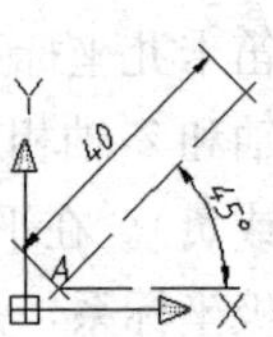
$(-40<-30)$	表示点与原点的距离为 40,点与原点的连线与 X 轴正方向成 30 度角。这里距离值也为负值,所以请读者要特别与下面的坐标进行对比	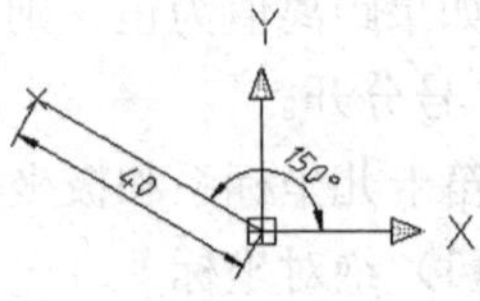
$(40<-30)$	表示点与原点的距离为 40,点与原点的连线与 X 轴正方向成 -30 度角,也就是 330 度角	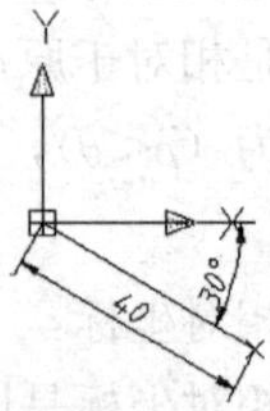
$(@40,-10)$	表示点与点 A 在 X 轴方向的距离为 40,在 Y 轴方向的距离为 -10,在 Z 轴方向的距离为 0,所以这里省略,同样地,在绝对坐标系中,省略 Z 轴坐标,表示该坐标为 0	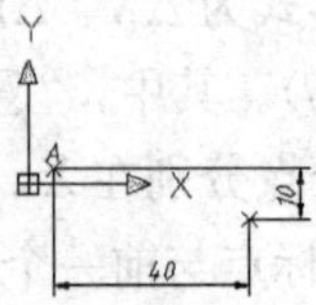

　　注：相对坐标的前一输入点均为点 A,坐标为 (5, 3, 6)。

2.2 基本绘图命令

我们在后面的介绍中，将采用读者比较熟悉的"AutoCAD 经典"工作空间给读者演示 AutoCAD 的操作。在"AutoCAD 经典"工作空间的界面中，用户可以通过如图 2-1 所示的"绘图"工具栏或者通过如图 2-2 所示的"绘图"菜单的子菜单命令绘制各种常见的基本图形，当然用户也可以直接在状态栏中输入命令，表 2-2 列出了工具栏按钮、菜单和命令的相应说明。

图 2-1 "绘图"工具栏   图 2-2 "绘图"菜单

基本绘图命令功能说明   表 2-2

按钮	对应命令	菜单操作	功 能
	LINE	绘图|直线	绘制一条或者多条相连的直线段
	XLINE	绘图|构造线	绘制构造线，向两个方向无限延伸的直线称为构造线
	PLINE	绘图|多段线	绘制多段线
	POLYGON	绘图|正多边形	绘制正三角形、正方形等正多边形
	RECTANGLE	绘图|矩形	绘制日常所说的长方形
	ARC	绘图|圆弧	绘制圆弧，圆弧是圆的一部分
	CIRCLE	绘图|圆	绘制圆
	REVCLOUD	绘图|修订云线	绘制修订云线，建筑制图中很少用
	SPLINE	绘图|样条曲线	绘制样条曲线
	ELLIPSE	绘图|椭圆	绘制椭圆

续表

按钮	对应命令	菜单操作	功　　能
	ELLIPSE	绘图|椭圆|圆弧	绘制椭圆弧
	INSERT	插入|块	弹出"插入"对话框，插入块
	BLOCK	绘图|块|创建	弹出"块定义"对话框，定义新的图块
	POINT	绘图|点	创建多个点
	BHATCH	绘图|图案填充	创建填充图案
	GRADIENT	绘图|渐变色	创建渐变色
	REGION	绘图|面域	创建面域
	TABLE	绘图|表格	创建表格
A	MTEXT	绘图|文字|多行文字	创建多行文字

2.2.1　绘制直线

直线是 AutoCAD 中最基本的图形，也是绘图过程中用得最多的图形，执行 LINE 命令后，命令行提示如下：

命令：_line
指定第一点：//通过坐标方式或者光标拾取方式确定直线第一点 A
指定下一点或[放弃(U)]：//通过其他方式确定直线第二点 B
指定下一点或[放弃(U)]：//以上一点为起点绘制第二条直线，该点为第二条直线的第二点 C
指定下一点或[闭合(C)/放弃(U)]：//以上一点为起点绘制第三条直线，该点为第三条直线的第二点，以此类推，这里按回车键，效果如图2-3所示

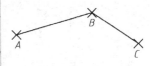

图 2-3　绘制直线

2.2.2　绘制构造线

构造线可用做创建其他对象的参照，执行 XLINE 命令，命令行提示如下：

命令：_xline
指定点或[水平(H)/垂直(V)/角度(A)/二等分(B)/偏移(O)]：

命令行给出了 6 种绘制构造线的方法，如表 2-3 所示：

绘制构造线方式　　　　　　　　　　　　　　　　　表 2-3

方法一："指定通过点"方式通过的两点来确定构造线	
命令：_xine 指定或[水平(H)/垂直(V)/角度(A)/二等分(B)/偏移(O)]：30，40//指定点 A 坐标 指定通过点：60,50//指定构造线通过的第二点 B，两点确定一条构造线 指定通过点：//以上面命令行指定的第一点为第一点，以该点为第二点可以绘制另外一条构造线，按回车键，可以完成构造线的绘制，以此类推	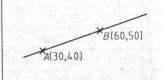

续表

方法二："水平(H)"方式能够创建一条经过指定点并且与当前 UCS 的 X 轴平行的构造线	
命令:_xline 指定点或[水平(H)/垂直(V)/角度(A)/二等分(B)/偏移(O)]:h//输入 h 指定通过点:30,40//指定第 1 条水平构造线所要经过的点,这里指定 A 点坐标 指定通过点:60,50//指定第 2 条水平构造线所要经过的点,这里纸里指定 B 点坐标 指定通过点://以此类推,如果不想绘制其他构造线了,按回车键	

方法三："垂直(V)"方式能够创建一条经过指定点并且与当前 UCS 的 X 轴平行的构造线	
命令:_xline 指定点或[水平(H)/垂直(V)/角度(A)/二等分(B)/偏移(O)]:v//输入 v 指定通过点:30,40//指定第 1 垂直构造线所要经过的点,这里指定 A 点坐标 指定通过点:60,50//指定第 2 条垂直构造线所要经过的点,这里指定 B 点坐标 指定通过点://以此类推,如果不想绘制其他构造线了,按回车键	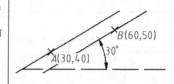

方法四："角度(A)"方式可以创建一条与参照线或水平轴成指定角度,并经过指定一点的构造线	
命令:_xline 指定点或[水平(H)/垂直(V)/角度(A)/二等分(B)/偏移(O)]:a//输入 a 输入构造线的角度(0)或[参照(R)]:3//直接输入构造线的角度,这里输入 30 指定通过点:30,40//指定第 1 条构造线要经过的点,这里指定 A 点坐标 指定通过点:60,50//指定第 2 条构造线要经过的点,这里指定 B 点坐标 指定通过点://以此类推,如果不想绘制其他构造线了,按回车键	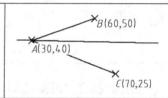

方法五："二等分(B)"方式可以创建一条等分某一角度的构造线	
命令:_xline 指定点或[水平(H)/垂直(V)/角度(A)/二等分(B)/偏移(O)]:b//输入 b 指定角的顶点:30,40//指定角的顶点,这里指定为 A 点坐标 指定角的起点:60,50//指定角的起点,这里指定为 B 点坐标 指定角的端点:70,25//指定角的端点,这里指定为 C 点坐标 指定角的端点://按回车键,完成构造线的绘制	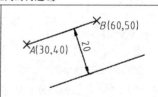

方法六："偏移(O)"方式可以创建平行于一条基线一定距离的构造线	
命令:_xline 指定点或[水平(H)/垂直(07V)/角度(A)/二等分(B)/偏移(O)]:o 心输入 o 指定偏移距离或[通过(T)]<20.0000>:20//输入偏移的距离 选择直线对象://选择所要偏移的直线对象,这里选择连接点 AB 的直线 指定向哪侧偏移://在:AB 直线的下方指定一点 选择直线对象:* 取消 * //按 Ese 或者回车键,均完成构造线的绘制	

2.2.3　绘制多段线

多段线是作为单个对象创建的相互连接的序列线段,用户可以创建直线段、弧线段或两者的组合线段。多段线是一个单一的对象,执行 PLINE 命令,命令行提示如下:

> 命令:_pline
> 指定起点://指定多段线的第 1 点
> 当前线宽为 0.0000//提示当前线宽,第 1 次使用显示默认线宽 0,多次使用显示上一次线宽
> 指定下一个点或[圆弧(A)/半宽(H)/长度(L)/放弃(U)/宽度(W)]://依次指定多段线的下一个点,或者输入其他的选项
> 指定下一点或[圆弧(A)/闭合(C)/半宽(H)/长度(L)/放弃(U)/宽度(W)]:

在命令行中，除"圆弧（A）"选项是线型转换参数外，其他参数都是对当前绘制的多段线属性进行设置，表 2-4 对各个属性进行解释说明。

多段线属性设置说明 表 2-4

选项	命　令　行	说　明	图　例
半宽（H）	… 指定起点半宽＜0.0000＞:2 指定端点半宽＜2.0000＞:4 …	用于指定从多段线线段的中心到其一边的宽度	
长度（L）	… 指定直线的长度:20 …	用于在与前一线段相同的角度方向上绘制指定长度的直线段	
放弃（U）	—	用于删除最近一次添加到多段线上的直线段或者弧线	—
宽度（W）	… 指定起点宽度＜0.0000＞:4 指定端点宽度＜4.0000＞:8 …	用于设置指定下一条直线段或者弧线的宽度	
闭合（C）	—	从指定的最后一点到起点绘制直线段或者弧线，从而创建闭合的多段线	

当用户执行"圆弧（A）"选项时，多段线命令行转入绘制圆弧线段的过程，命令行提示如下：

> 命令:_pline
> 指定起点:
> 当前线宽为 0.0000
> 指定下一个点或[圆弧(A)/半宽(H)/长度(L)/放弃(U)/宽度(W)]:a//输入 a,表示绘制圆弧线段
> 指定圆弧的端点或
> [角度(A)/圆心(CE)/方向(D)/半宽(H)/直线(L)/半径(R)/第二个点(S)/放弃(U)/宽度(W)]://
> 指定圆弧的端点或者输入其他选项

这里圆弧的绘制方法与"ARC"命令绘制圆弧类似，参见 2.2.6 节。

对于多段线，用户可以使用 PEDIT 命令对多段线进行编辑，该命令可以通过选择"修改"|"对象"|"多段线"命令执行，命令执行后，提示如下：

> 命令:pedit
> 选择多段线或[多条(M)]://选择一条多段线或输入 m 选择其他类型的图线
> 输入选项[闭合(C)/合并(J)/宽度(W)/编辑顶点(E)/拟合(F)/样条曲线(S)/非曲线化(D)/线型生成(L)/放弃(U)]://输入各种选项,对图线进行编辑

该功能常用来将其他类型的图线转换为多段线，或者将多条图线合并为一条多段线。

对于"合并（J）"选项来说，用于将与非闭合的多段线的任意一端相连的线段、弧线以及其他多段线，加到该多段线上，构成一个新的多段线。要连接到指定多段线上的对象必须与当前多段线有共同的端点。

当选择的多段线不是多段线，或者选择了多条图线，这些图线不全是多段线时，使用PEDIT 命令，将这些图线转换为多段线，以便读者进行其他的操作，这种用法在创建面域、创建三维图形的时候特别有用。

2.2.4　创建正多边形

执行 POLYGON 命令后，命令行提示如下：

> 命令：_polygon 输入边的数目<4>://指定正多边形的边数
> 指定正多边形的中心点或[边(E)]://指定正多边形的中心点或者输入 e,使用边绘制法
> 输入选项[内接于圆(I)/外切于圆(C)]<I>://确认绘制多边形的方式
> 指定圆的半径://输入圆半径

系统提供了 3 种绘制正多边形的方法，如表 2-5 所示：

正多边形三种绘制方式说明　　　　　　　　　　　　表 2-5

内接于圆法：所谓内接圆法，是指多边形的顶点均位于假设圆的弧上，多边形内接于圆，绘制时需要指定多边形中心点、边数和半径三个要素。

命令：_polygon 输入边的数目<6>：6//输入多边形的边数　指定正多边形的中心点或[边(E)]://拾取正多边形的中心点　输入选项[内接于圆(I)/外切于圆(C)]<I>://输入 I,表示使用内接于圆法绘制正多边形　指定圆的半径：25//输入正多边形外接圆的半径

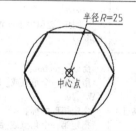

外切于圆法：所谓外切于圆法，是指多边形的各边与假设圆相切，圆内切于多边形，绘制时需要指定多边形的中心点、边数和半径三个要素。

命令：_polygon 输入边的数目<6>：6//输入多边形的边数　指定正多边形的中心点或[边(E)]://拾取多边形的中心点　输入选项[内接于圆(I)/外切于圆(C)]<I>：c//输入 c,表示使用外切于圆法绘制正多边形　指定圆的半径：25//输入内切圆的半径,按回车键,完成绘制

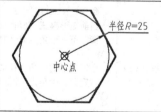

边长方式：所谓边长方式，是指通过指定第一条边的两个端点来定义正多边形，绘制时需要指定多边形边数、一条边的第一个端点和第二个端点位置三个要素。

命令：_polygon 输入边的数目<6>：6//输入多边形的边数　指定正多边形的中心点或[边(E)]：e//输入 e,表示采用边长方式绘制正多边形　指定边的第一个端点://拾取正多边形第一条边的第一个端点 1　指定边的第二个端点：@25,0//拾取正多边形第一条边的第一个端点 2,这里输入相对坐标

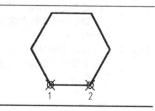

2.2.5 绘制矩形

执行 RECTANGLE 命令，命令行提示如下：

> 命令：_rectang
> 指定第一个角点或[倒角(C)/标高(E)/圆角(F)/厚度(T)/宽度(W)]://指定矩形第一个角点坐标
> 指定另一个角点或[面积(A)/尺寸(D)/旋转(R)]://指定矩形的第二个角点坐标

从命令行提示可以看出，无论绘制什么样的矩形，首先都要指定矩形的第一个角点，当然，在指定第一个角点之前，可以先设定所绘制矩形的一些参数。"[倒角（C）/标高（E）/圆角（F）/厚度（T）/宽度（W）]"用于设定矩形的绘制参数，"[面积（A）/尺寸（D）/旋转（R）]"用于设定矩形的绘制方式。表 2-6 说明了各个绘制参数的含义。

矩形绘制各参数含义　　　　　　　　　　　　　　表 2-6

参数选项	命　令　行	图例说明
倒角(C)	命令：_rectang 当前矩形模式：倒角＝0,0000 x 0.0000 指定第一个角点或[倒角(C)/标高(E)/圆角(F)/厚度(T)/宽度(W)]：c 指定矩形的第一个倒角距离<0.0000>：10 指定矩形的第二个倒角距离<0.0000>：5 指定第一个角点或[倒角(C)/标高(E)/圆角(F)/厚度(T)/宽度(W)]： …… ("倒角"选项用于设置矩形倒角的值，即从两个边上分别切去的长度。)	
标高(E)	命令：_rectang 指定第一个角点或[倒角(C)/标高(E)/圆角(F)/厚度(T)/宽度(W)]：e 指定矩形的标高<0.0000>：20 指定第一个角点或[倒角(C)/标高(E)/圆角(F)/厚度(T)/宽度(W)]： ……	
圆角(F)	命令：_rectang 当前矩形模式：倒角＝10.0000 x 5.0000 指定第一个角点或[倒角(C)/标高(E)/圆角(F)/厚度(T)/宽度(W)]：f 指定矩形的圆角半径<0.0000>：10 指定第一个角点或[倒角(C)/标高(E)/圆角(F)/厚度(T)/宽度(W)]： …… ("圆角"选项用于设置矩形 4 个圆角的半径。)	
厚度(T)	命令：_rectang 指定第一个角点或[倒角(C)/标高(E)/圆角(F)/厚度(T)/宽度(W)]：t 指定矩形的厚度<0.0000>：10 指定第一个角点或[倒角(C)/标高(E)/圆角(F)/厚度(T)/宽度(W)]： ……	

续表

参数选项	命 令 行	图例说明
宽度(W)	命令:_rectang 指定第一个角点或[倒角(C)/标高(E)/圆角(F)/厚度(T)/宽度(W)]:w 指定矩形的线宽<0.0000>:10 指定第一个角点或[倒角(C)/标高(E)/圆角(F)/厚度(T)/宽度(W)]: …… ("宽度"选项用于设置矩形的线宽。)	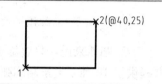

用户在绘制矩形之前，可以先对表 2-6 所示的各个参数进行设定，设定完成之后可以开始矩形的绘制，可以选择不同的方式来绘制矩形，表 2-7 显示了不同的绘制方式。

不同矩形绘制方式 表 2-7

两个角点绘制矩形:通过指定两个角点的位置是绘制矩形的最基本的方式

命令:_rectang 指定第一个角点或[倒角(C)/标高(E)/圆角(F)/厚度(T)/宽度(W)]://指定矩形的第一个角点 1 指定另一个角点或[面积(A)/尺寸(D)/旋转(R)]:@40,25//输入另一个角点 2 的相对坐标,按回车键,完成矩形的绘制。当然,用户也可以输入绝对坐标,或者使用极坐标法来绘制,坐标的采用根据绘制图形时的已知条件而定。	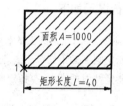

面积法绘制矩形:利用第一个角点、矩形面积和矩形长度三个要素,或者第一个角点、矩形面积和矩形宽度三个要素来绘制矩形

命令:_rectang 指定第一个角点或[倒角(C)/标高(E)/圆角(F)/厚度(T)/宽度(W)]://指定矩形的第一个角点 1 指定另一个角点或[面积(A)/尺寸(D)/旋转(R)]:a//输入 a,表示使用面积法绘制矩形 输入以当前单位计算的矩形面积<100.0000>:1000//输入矩形的面积 计算矩形标注时依据[长度(L)/宽度(W)]<长度>:l//采用矩形长度确定矩形 输入矩形长度<40.0000>:40//输入矩形长度,按回车键,完成绘制。	

尺寸法绘制矩形:通过矩形的第一个角点、矩形的长度、矩形的宽度以及矩形另一个角点的方向四个要素来确定矩形

命令_rectang 指定第一个角点或[倒角(C)/标高(E)/圆角(F)/厚度(T)/宽度(W)]://指定矩形的第一个角点 1 指定另一个角点或[面积(A)/尺寸(D)/旋转(R)]:d//输入 d,使用尺寸法绘制矩形 指定矩形的长度<40.0000>:40//输入矩形的长度 指定矩形的宽度<25.0000>:25//输入矩形的宽度 指定另一个角点或[面积(A)/尺寸(D)/旋转(R)]://拾取点 2,从而确定矩形的方向	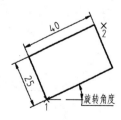

旋转矩形:指绘制具有一定旋转角度的矩形,其角度为矩形的长边与坐标系 *X* 轴正方向的夹角,逆时针为正

命令:_rectang 指定第一个角点或[倒角(C)/标高(E)/圆角(F)/厚度(T)/宽度(W)]://指定矩形第一个角点 1 指定另一个角点或[面积(A)/尺寸(D)/旋转(R)]:r//输入 r,表示设置矩形的旋转角度 指定旋转角度或[拾取点(P)]<0>:25//输入旋转角度 25 指定另一个角点或[面积(A)/尺寸(D)/旋转(R)]:d//输入 d,表示采用尺寸法绘制矩形 指定矩形的长度<40.0000>:40 指定矩形的宽度<25.0000>:25 指定另一个角点或[面积(A)/尺寸(D)/旋转(R)]://指定另一个角点 2	

2.2.6 绘制圆弧

使用"绘图"|"圆弧"命令绘制圆弧时，会弹出如图 2-4 所示的子菜单，执行不同的子菜单命令，会出现不同的命令行。

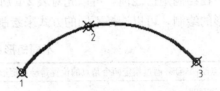

图 2-4 圆弧子菜单   图 2-5 三点法绘制圆弧

对于圆弧来说，只要给定了三个要素就可以绘制出相应的圆弧，AutoCAD 为用户一共提供了 10 种 4 类绘制圆弧的方法，下面分别介绍。

(1) 三点

该方法要求指定圆弧的起点、端点以及圆弧上的另外其他任意一点，该命令执行后，命令行提示如下：

> 命令：_arc 指定圆弧的起点或[圆心(C)]://指定圆弧的起点，这里指定为点 1
> 指定圆弧的第二个点或[圆心(C)/端点(E)]://指定圆弧的第二点，这里指定为点 2
> 指定圆弧的端点://指定圆弧的端点，这里指定为点 3，效果如图 2-5 所示

(2) 起点，圆心，端点、角度、弦长中的任一参数

该方法要求指定圆弧的起点、圆心以及端点、角度、弦长中的任一参数，该命令执行后，命令行提示如下：

> 命令：_arc 指定圆弧的起点或[圆心(C)]://指定圆弧的起点，这里指定为点 1
> 指定圆弧的第二个点或[圆心(C)/端点(E)]:_c 指定圆弧的圆心://指定圆弧的圆心点 3
> 指定圆弧的端点或[角度(A)/弦长(L)]://指定另一参数，效果如图 2-6 所示

(3) 起点，端点，包含角、方向、半径中的任一参数

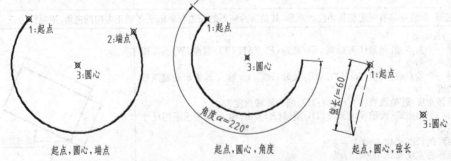

图 2-6 起点，圆心，端点、角度、弦长中的任一参数绘制圆弧

该方法要求指定圆弧的起点、端点以及圆弧的包含角、方向、半径中的任一参数，该命令执行后，命令行提示如下：

> 命令：_arc 指定圆弧的起点或[圆心(C)]://指定圆弧的起点 1
> 指定圆弧的第二个点或[圆心(C)/端点(E)]:_e
> 指定圆弧的端点://指定圆弧的端点 2
> 指定圆弧的圆心或[角度(A)/方向(D)/半径(R)]://输入另一参数,效果如图 2-7 所示

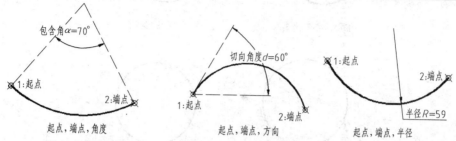

图 2-7　起点，端点，包含角、方向、半径中的任一参数绘制圆弧

（4）圆心，起点，端点、包含角角度、弦长中的任一参数

该方法要求指定圆弧的圆心、起点以及圆弧的端点、包含角角度、弦长中的任一参数，该命令执行后，命令行提示如下：

> 命令：_arc 指定圆弧的起点或[圆心(C)]:_c 指定圆弧的圆心://指定圆弧的圆心点 1
> 指定圆弧的起点://指定圆弧的起点点 2
> 指定圆弧的端点或[角度(A)/弦长(L)]://输入另一参数,效果如图 2-8 所示

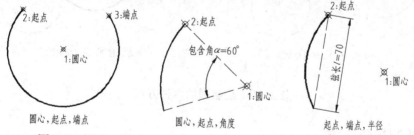

图 2-8　圆心，起点，端点、包含角角度、弦长中的任一参数

2.2.7　绘制圆

执行 CIRCLE 命令后，命令行提示如下：

> 命令：_circle 指定圆的圆心或[三点(3P)/两点(2P)/相切、相切、半径(T)]:.//用户可指定相应的方式创建圆

如果通过菜单命令，会弹出如图 2-9 所示的子菜单，执行不同的子菜单命令，会出现不同的命令行。

对于圆绘制来说，系统提供了指定圆心和半径、指定圆心和直径、两点定义直径、三点定义圆周、两个切点加一个半径

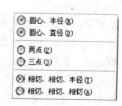

图 2-9　圆命令子菜单

以及三个切点等 6 种绘制圆的方式，用户根据命令行提示输入相应的参数即可，图 2-10 演示了不同的绘制方式需要确定的参数效果。

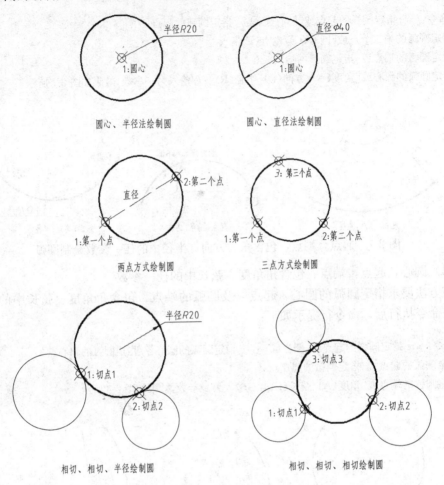

圆心、半径法绘制圆　　　　　圆心、直径法绘制圆

两点方式绘制圆　　　　　三点方式绘制圆

相切、相切、半径绘制圆　　　　　相切、相切、相切绘制圆

图 2-10　绘制圆的六种方式

2.2.8　绘制样条曲线

样条曲线是通过一系列指定点的光滑曲线。在 AutoCAD 中，一般通过指定样条曲线的控制点和起点，以及终点的切线方向来绘制样条曲线。

执行"样条曲线"命令后，命令行提示如下：

命令：_spline
指定第一个点或[对象(O)]：//指定样条曲线的起点，图 2-11 所示点 2
指定下一点：//指定样条曲线的控制点，图 2-11 所示点 3
指定下一点或[闭合(C)/拟合公差(F)]<起点切向>：//指定控制点，图 2-11 所示点 4
指定下一点或[闭合(C)/拟合公差(F)]<起点切向>：//指定控制点，图 2-11 所示点 5
指定下一点或[闭合(C)/拟合公差(F)]<起点切向>：//指定控制点，图 2-11 所示点 6
指定下一点或[闭合(C)/拟合公差(F)]<起点切向>：//按回车键，开始指定切线方向

指定起点切向://指定点 1，点 21 连线为起点切向
指定端点切向://指定点 7，点 67 连线为端点切向

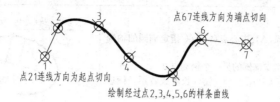

图 2-11　绘制过点 2，3，4，5，6 的样条曲线

当然，在指定起点和端点切向的时候，用户可以不指定切向，直接按回车键，则系统会计算默认切向。

选择"修改"|"对象"|"样条曲线"命令，可以对样条曲线编辑，可以删除、增加、移动曲线上的拟合点，可以打开、闭合的样条曲线，可以改变起点和终点切向，可以改变样条曲线的拟合公差等。

执行 SPLINEDIT 命令后，命令行提示如下：

命令：_splinedit
选择样条曲线://选择需要编辑的样条曲线
输入选项[拟合数据(F)/闭合(C)/移动顶点(M)/精度(R)/反转(E)/放弃(U)]://输入样条曲线编辑选项

SPLINEDIT 命令有 6 个选项，各选项含义如下：

（1）"拟合数据（F）"：该选项主要是对样条曲线的拟合点、起点以及端点进行拟合编辑。

（2）"闭合（C）"：该选项用于闭合开放的样条曲线，并使之在端点处相切连续（光滑）。

（3）"移动顶点（M）"：该选项用于移动样条曲线控制点到其他位置，改变样条曲线的形状，同时清除样条曲线的拟合点。

（4）"精度（R）"：该选项用于对样条曲线的定义进行细化。

（5）"反转（E）"：该选项用于将样条曲线方向反向，不影响样条曲线的控制点和拟合点。

（6）"放弃（U）"：该选项用于取消最后一步的编辑操作。

2.2.9　绘制椭圆

执行"椭圆"命令后，命令行提示如下：

命令：_ellipse
指定椭圆的轴端点或[圆弧(A)/中心点(C)]://输入不同的参数，进入不同的绘制模式

对于椭圆来说，系统提供了 4 种方式用于绘制精确的椭圆，表 2-8 演示了四种不同的绘制方式。

一条轴的两个端点和另一条轴半径：该方式按照默认的顺序就可以依次指定长轴的两个端点和另一条半轴的长度，其中长轴是通过两个端点来确定的，已经限定了两个自由度，只需要给出另外一个半轴的长度就可以确定椭圆。

| 命令：_ellipse
指定椭圆的轴端点或[圆弧(A)/中心点(C)]://指定椭圆的轴端点1
指定轴的另一个端点://指定椭圆的另一个轴端点2
指定另一条半轴长度或[旋转(R)]:15//输入长度或者用光标选择另一条半轴长度 | 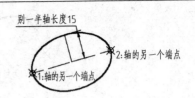 |

一条轴的两个端点和旋转角度：这种方式实际上相当于将一个圆在空间上绕长轴转动一个角度以后投影在二维平面上。

| 命令：_ellipse
指定椭圆的轴端点或[圆弧(A)/中心点(C)]://拾取点1为轴端点
指定轴的另一个端点://拾取点2为轴的另一个端点
指定另一条半轴长度或[旋转(R)]:r//输入 r，表示采用旋转方式绘制椭圆
指定绕长轴旋转的角度:60//输入旋转角度，按回车键 | 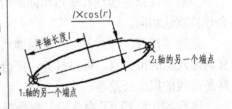 |

中心点、一条轴端点和另一条半轴长度：这种方式需要依次指定椭圆的中心点，一条轴的端点，以及另外一条半轴的长度。

| 命令：_ellipse
指定椭圆的轴端点或[圆弧(A)/中心点(C)]:c//采用中心点方式绘制椭圆
指定椭圆的中心点://拾取点1为椭圆中心点
指定轴的端点://拾取点2为椭圆一条轴端点
指定另一条举轴长度或[旋转(R)]:15//输入椭圆另一条轴的半径15 | 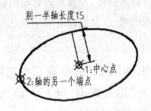 |

中心点、一条轴端点和旋转角度：这种方式需要依次指定椭圆的中心点，一条轴的端点，以及投影的旋转角度。

| 命令：_ellipse
指定椭圆的轴端点或[圆弧(A)/中心点(C)]:c//输入 c，要求指定椭圆中心点
指定椭圆的中心点://指定点1为中心点
指定轴的端点://指定点2为椭圆轴的端点
指定另一条半轴长度或[旋转(R)]:r//输入 r，设置旋转的角度
指定绕长轴旋转的角度:60//输入旋转角度60 | 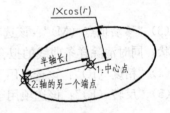 |

2.2.10　绘制椭圆｜圆弧

椭圆弧可以认为是椭圆的一部分，执行"椭圆弧"命令后，命令行提示如下：

命令：_ellipse
指定椭圆的轴端点或[圆弧(A)/中心点(C)]:_a//表示绘制椭圆弧

指定椭圆弧的轴端点或[中心点(C)]:
指定轴的另一个端点:　　　　　　　←——中间过程与绘制椭圆类似。
指定另一条半轴长度或[旋转(R)]:15

指定起始角度或[参数(P)]://输入椭圆弧起始角度
指定终止角度或[参数(P)/包含角度(I)]://输入椭圆弧终止角度

从命令行我们可以看出，椭圆弧的命令行实际上是在椭圆命令行的基础上，首先输入 a 表示要绘制的是椭圆弧，并在命令行的最后指定椭圆弧的起始和终止角度，其中间过程与绘制椭圆是相同的，因此我们接下来将使用一个轴的两个端点以及另一半轴长度方法来讲解椭圆弧的绘制。

对于椭圆弧角度的确认，有三种方式，第一种使用直接指定的方式，通过起始角度和终止角度确定，效果如图 2-12 所示。第二种是采用参数的方式，不常用。第三种使用包含角方式绘制，效果如图 2-13 所示。

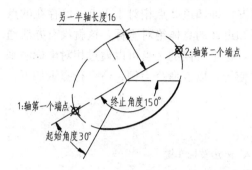

图 2-12 指定椭圆弧起始终止角度

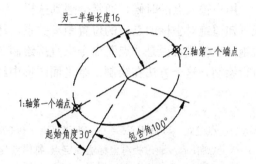

图 2-13 指定椭圆弧包含角

2.2.11 绘制点

点是二维绘图中最基本的图形，也是绘制图形时最重要的参照，因为一个点就确定了一个坐标，所以点的确定与绘制是二维绘图最基本的技能。

1. 设置点样式

在默认情况下，用户在 AutoCAD 绘图区绘制的点都是不可见的，为了使图形中的点有很好的可见性，用户可以相对于屏幕或使用绝对单位设置点的样式和大小。

选择"格式"|"点样式"命令，弹出如图 2-14 所示的"点样式"对话框，在该对话框中可以设置点的表现形状和点大小，系统提供了 20 种点的样式供用户选择。

在对话框中，"相对于屏幕设置大小"单选按钮用于按屏幕尺寸的百分比设置点的显示大小。当进行缩放时，点的显示大小并不改变，"点大小"文本框变成 点大小(S): 5.0000 % ，可以输入百分比。"按绝对单位设置大小"单选按钮用于按指定的实际单位设置点显示的大小。当进行缩放时，AutoCAD 显示的点的大小随之改变，"点大小"文本框变成 点大小(S): 5.0000 单位 ，可以输入点大小

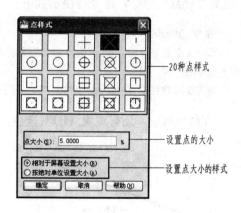

图 2-14 "点样式"对话框

的实际值。

2. 创建点

执行 POINT 命令后，命令行提示如下：

命令:_point
当前点模式： PDMODE＝0　PDSIZE＝0.0000//系统提示信息，PDMODE 和 PDSIZE 系统变量控制点对象的外观，一般情况下，用户不用修改这两个系统变量，如果需要修改点的外观，可以通过"点样式"对话框来完成
指定点://要求用户输入点的坐标

在输入第一个点的坐标时，必须输入绝对坐标，以后的点可以使用相对坐标输入。

用户输入点的时候，通常会遇到这样一种情况，即知道 2 点相对于 1 点（已存在的点或者知道绝对坐标的点）的位置距离关系，却不知道 2 的具体绝对坐标，这就没有办法通过绝对坐标或者说是"点"命令来直接绘制 2 点，这个时候的 2 点可以通过相对坐标法来进行绘制，这个方法在绘制二维平面图形中经常使用，以点命令为例，命令行提示如下：

命令:_point
当前点模式： PDMODE＝0　PDSIZE＝0.0000
指定点:from//通过相对坐标法确定点，都需要先输入 from，按回车键
基点://输入作为参考点的绝对坐标或者捕捉参考点，即 1 点
＜偏移＞://输入目标点相对于参考点的相对位置关系，即相对坐标，即 2 相对于 A 的坐标

在菜单命令中，还有"绘图"|"点"|"多点"命令，使用此命令，可以连续绘制多个点。

3. 定数等分点

选择"绘图"|"点"|"定数等分"命令或者在命令行中输入 DIVIDE 命令可以执行"定数等分点"命令，命令行提示如下：

命令:_divide
选择要定数等分的对象://选择需要等分的对象，对象是直线、圆弧、样条曲线、圆、椭圆和多段线等几种类型中的一种
输入线段数目或[块(B)]:5//输入需要分段的数目，这里输入 5，效果如图 2-15 所示

在命令行中，还有"块（B）"选项，表示可以定数等分插入图块。

线段数目为5

图 2-15　将直线等分为 5 段

线段长度为40

图 2-16　定距等分圆弧

4. 定距等分点

选择"绘图"|"点"|"定距等分"命令或者在命令行中输入 MEASURE 命令可以执行"定距等分点"命令，命令行提示如下：

命令：_measure

选择要定距等分的对象：//选择需要定距等分的对象，对象类型与定距等分类似

指定线段长度或[块(B)]：40//输入每一段的线段长度，效果如图 2-16 所示

2.2.12　绘制多线

多线由 1 至 16 条平行线组成，这些平行线称为元素或者图元。通过指定每个元素距多线原点的偏移量可以确定元素的位置。用户可以自己创建和保存多线样式，或者使用包含两个元素的默认样式 Standard。用户还可以设置每个元素的颜色、线型，以及显示或隐藏多线的接头。

1．创建多线样式

选择"格式"|"多线样式"命令，弹出如图 2-17 所示的"多线样式"对话框，在该对话框中用户可以设置自己的多线样式。

图 2-17　"多线样式"对话框　　　　　图 2-18　"保存多线样式"对话框

在该对话框中，各常用参数含义如表 2-9 所示。

"多线样式"对话框参数含义表　　　　表 2-9

参　数	说　明
"当前多线样式"	显示当前正在使用的多线样式
"样式"列表框	显示已经创建好的多线样式
"预览"框	显示当前选中的多线样式的形状
"说明"文本框	显示当前多线样式附加的说明和描述
"置为当前"按钮	单击该按钮，将当前"样式"列表中所选择的多线样式，设置为后续创建的多线的当前多线样式
"新建"按钮	单击该按钮显示"创建新的多线样式"对话框，可以创建新的多线样式
"修改"按钮	单击该按钮显示"修改多线样式"对话框，从中可以修改选定的多线样式
"重命名"按钮	单击该按钮可以在"样式"列表中直接重新命名当前选定的多线样式

参　数	说　明
"删除"按钮	单击该按钮可以从"样式"列表中删除当前选定的多线样式,此操作并不会删除 MLN 文件中的样式
"加载"按钮	单击该按钮显示"加载多线样式"对话框,可以从指定的 MLN 文件加载多线样式
"保存"按钮	单击该按钮,将弹出"保存多线样式"对话框,用户可以将多线样式保存或复制到多线库(MLN)文件。如果指定了一个已存在的 MLN 文件,新样式定义将添加到此文件中,并且不会删除其中已有的定义,默认文件名是 acad. mln

　　单击"多线样式"对话框中的"新建"按钮后弹出如图 2-18 所示的"创建新的多线样式"对话框。"新样式名"对话框用于设置多线新样式名称,"基础样式"下拉列表设置参考样式,新创建的多线样式继承基础样式的参数设置,设置完成后,单击"继续"按钮,弹出如图 2-19 所示的"新建多线样式"对话框。

图 2-19　"新建多线样式"对话框

　　"封口"选项组用于设置多线起点和终点的封闭形式。

　　"显示连接"复选框用于设置多线每个部分的端点上连接线的显示。

　　"图元"选项组可以设置多线图元的特性。图元特性包括每条直线元素的偏移量、颜色和线型。单击"添加"按钮可以将新的多线元素添加到多线样式中,单击按钮后,如图 2-20 所示在图元列表中会自动出现偏移为 0 的图元。在"偏移"文本框可以设置该图元的偏移量,如图 2-21 所示,输入值会即时地反映在图元列表中,偏移量可以是正值,也可以是负值。"颜色"下拉列表框可以选择需要的元素颜色,在下拉列表中选择"选择颜色"命令,可以弹出"选择颜色"对话框设置颜色。单击"线型"按钮,弹出"选择线型"对话框,可以从该对话框中选择已经加载的线型,或按需要加载线型。单击"删除"按钮可以从当前的多线样式中删除选定的图元。

2. 绘制多线

　　选择"绘图"|"多线"命令或在命令行中输入 MLINE 命令,命令行提示如下:

命令:mline
当前设置:对正＝上,比例＝20.00,样式＝STANDARD//提示当前多线设置及参数设置

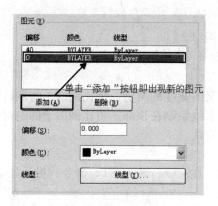

图 2-20　添加新图元

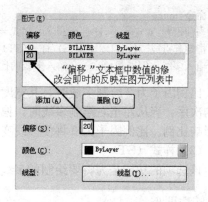

图 2-21　设置图元偏移

指定起点或[对正(J)/比例(S)/样式(ST)]://指定多线起始点或修改多线设置
指定下一点://指定下一点
指定下一点或[放弃(U)]://指定下一点或取消
指定下一点或[闭合(C)/放弃(U)]://指定下一点、闭合或取消

　　在命令行提示中，"指定起点"、"指定下一点"以及"闭合（C）/放弃（U）"等选项与直线绘制命令是一致的，这里不再赘述，主要讲解"对正（J）"、"比例（S）"、"样式（ST）"3 个选项的使用。

　　（1）对正（J）

　　该选项的功能是确定如何在指定的点之间绘制多线，控制将要绘制的多线相对于光标的位置。在命令行输入 J，命令行提示如下：

命令:mline
当前设置:对正＝上,比例＝20.00,样式＝STANDARD
指定起点或[对正(J)/比例(S)/样式(ST)]: j//输入 j,设置对正方式
输入对正类型[上(T)/无(Z)/下(B)]<上>://选择对正方式

　　mline 命令有三种对正方式：上（T）、无（Z）和下（B），使用三种对正方式绘图的效果如图 2-22 所示。

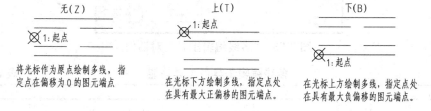

图 2-22　对正样式示意图

　　（2）比例（S）

　　该选项的功能控制多线的全局宽度，设置实际绘制时多线的宽度，以偏移量的倍数表示。在命令行输入 S，命令行提示如下：

```
命令:mline
当前设置:对正=上,比例=20.00,样式=STANDARD
指定起点或[对正(J)/比例(S)/样式(ST)]:s//输入 s,设置比例大小
输入多线比例<20.00>://输入多线的比例值
```

比例因子为 2 绘制多线时,其宽度是样式定义的宽度的两倍。负比例因子将翻转偏移线的次序:当从左至右绘制多线时,偏移最小的多线绘制在顶部。负比例因子的绝对值也会影响比例。比例因子为 0 将使多线变为单一的直线。

(3) 样式(ST)

该选项的功能是为将要绘制的多线指定样式。在命令行输入 ST,命令行提示如下:

```
命令:mline
当前设置:对正=上,比例=20.00,样式=STANDARD
指定起点或[对正(J)/比例(S)/样式(ST)]:st//输入 st,设置多线样式
输入多线样式名或"?"://输入存在并加载的样式名,或输入"?"
```

输入"?"后,弹出一个文本窗口,将显示出当前图形文件已经创建的多线样式,缺省的样式为 Standard。

3. 编辑多线

选择"修改"|"对象"|"多线"命令,或在命令行输入 mledit 命令,弹出如图 2-23 所示的"多线编辑工具"对话框。在此对话框中,可以对十字形、T 字形及有拐角和顶点的多线进行编辑,还可以截断和连接多线,一共提供了 16 个编辑工具,各工具的具体使用方法,见表 2-10 所示。

图 2-23 "多线编辑工具"对话框

多线编辑工具各工具功能 表 2-10

参 数	说 明
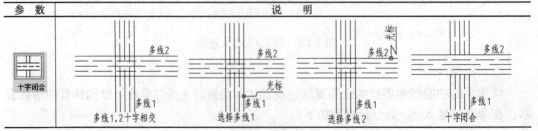	

续表

参　数	说　明

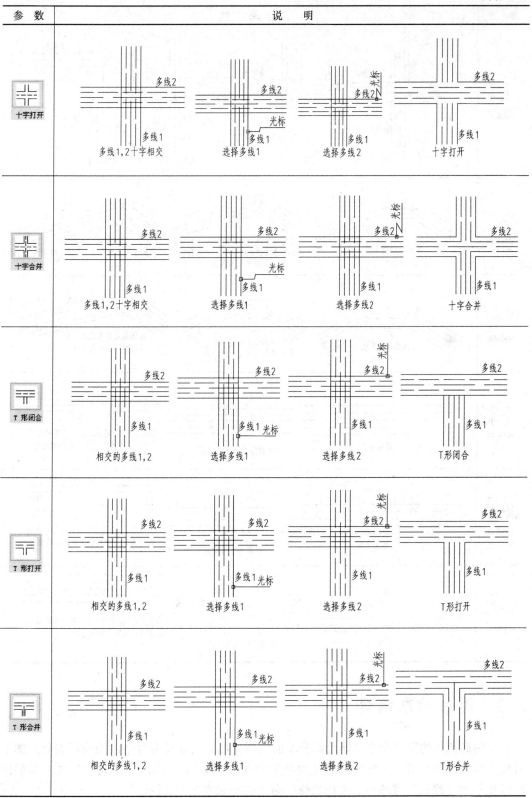

参 数	说 明

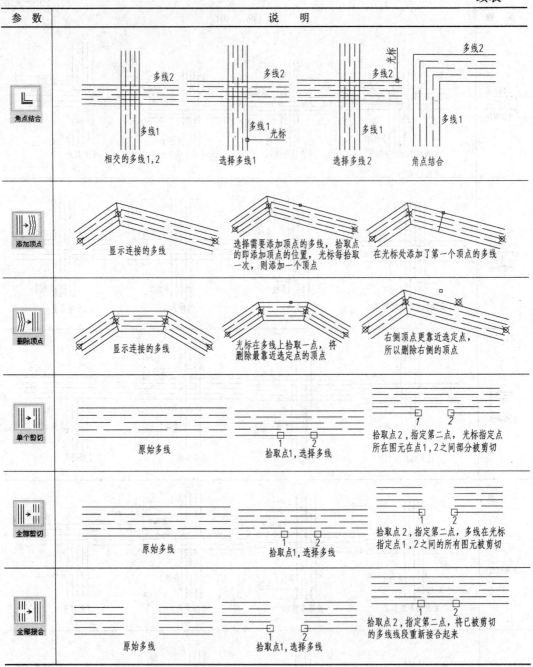

2.3 图形对象编辑

　　使用最基本的绘图命令只能绘制简单的图形，如果需要绘制复杂的图形就需要对图形对象进行修改和编辑。对象编辑命令主要集中在如图 2-24 所示的"修改"工具栏和如图 2-25 所示的"修改"菜单中。常用的修改命令功能如表 2-11 所示。

特性 (P)
特性匹配 (M)
更改为 ByLayer (B)
对象 (Q) ▶
剪裁 (C) ▶
注释性对象比例 (Q) ▶
删除
复制 (Y)
镜像 (I)
偏移 (S)
阵列 (A)...
移动 (Y)
旋转 (R)
缩放 (L)
拉伸 (H)
拉长 (G)
修剪 (T)
延伸 (D)
打断 (K)
合并 (J)
倒角 (C)
圆角 (F)
三维操作 (3) ▶
实体编辑 (N) ▶
网格编辑 (M) ▶
更改空间 (S)
分解 (X)

图 2-24 "修改"工具栏 　　　　　　　　　图 2-25 "修改"菜单

对象编辑命令功能说明 　　　　　　　　　表 2-11

按钮	对应命令	菜单操作	功　能
	ERASE	修改|删除	将图形对象从绘图区删除
	COPY	修改|复制	可以从原对象以指定的角度和方向创建对象的副本
	MIRROR	修改|镜像	创建相对于某一对称轴的对象副本
	OFFSET	修改|偏移	根据指定距离或通过点,创建一个与原有图形对象平行或具有同心结构的形体
	ARRAY	修改|阵列	按矩形或者环形有规律的复制对象
	ARRAY	修改|移动	将图形对象从一个位置按照一定的角度和距离移动到另外一个位置
	ROTATE	修改|旋转	指绕指定基点旋转图形中的对象
	SCALE	修改|缩放	通过一定的方式在 X、Y 和 Z 方向按比例放大或缩小对象
	STRETCH	修改|拉伸	以交叉窗口或交叉多边形选择拉伸对象,选择窗口外的部分不会有任何改变;选择窗口内的部分会随选择窗口的移动而移动,但也不会有形状的改变,只有与选择窗口相交的部分会被拉伸
	TRIM	修改|修剪	将选定的对象在指定边界一侧的部分剪切掉

按钮	对应命令	菜单操作	功　能
--/	EXTEND	修改|延伸	将选定的对象延伸至指定的边界上
⌐→	—	—	将一个图形从打断点一分为二
⌐□	BREAK	修改|打断	通过打断点将所选的对象分成两部分，或删除对象上的某一部分
-++	JOIN	修改|合并	将几个对象合并为一个完整的对象，或者将一个开放的对象闭合
◿	CHAMFER	修改|倒角	使用成角的直线连接两个对象
◿	FILLET	修改|圆角	使用与对象相切并且具有指定半径的圆弧连接两个对象
◫	EXPLODE	修改|分解	合成对象分解为多个单一的组成对象

2.3.1　复制

执行 COPY 命令后，命令行提示如下：

命令：_copy
选择对象：//拾取图 2-26a 点 2
指定对角点：找到 1 个//拾取图 2-26a 点 3
选择对象：//按回车键，完成对象选择
当前设置：复制模式＝多个//系统提示信息，当前复制模式为多个
指定基点或[位移(D)/模式(O)]<位移>：//拾取图 2-26a 点 1
指定第二个点或<使用第一个点作为位移>：//拾取图 2-26b 点 4
指定第二个点或[退出(E)/放弃(U)]<退出>：//拾取图 2-26c 点 5
指定第二个点或[退出(E)/放弃(U)]<退出>：//按回车键，完成复制

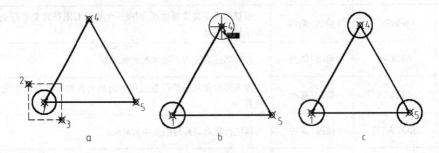

图 2-26　多个复制效果

在上面的命令行中，读者可能注意到了命令行中的系统提示复制模式，对于复制来说，存在多个复制和单个复制两种模式，由选项"模式（O）"来设定。

2.3.2　镜像

执行 MIRROR 命令行后，命令行提示如下：

命令:_mirror

选择对象://拾取图 2-27a 中的点 1

指定对角点:找到 4 个//拾取图 2-27a 中的点 2

选择对象://按回车键,完成对象选择

指定镜像线的第一点://拾取图 2-27b 中的点 3

指定镜像线的第二点://拾取图 2-27b 中的点 4

要删除源对象吗?［是(Y)/否(N)］<N>://按回车键,完成镜像,效果如图 2-27c 所示

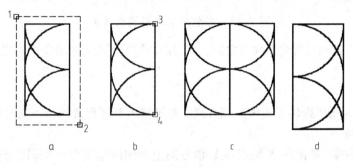

图 2-27　镜像操作

对于镜像命令行来说,镜像完成后可以删除源对象,也可以不删除源对象,在上面的命令行中,我们直接按回车键,使用了默认设置,不删除源对象,如果输入 y,即可删除源对象,删除后的效果如图 2-27d 所示。

2.3.3　偏移

执行 OFFSET 命令,命令行提示如下:

命令:_offset

当前设置:删除源=否　图层=源　OFFSETGAPTYPE=0

指定偏移距离或［通过(T)/删除(E)/图层(L)］<5.0000>:5//输入偏移距离

选择要偏移的对象,或［退出(E)/放弃(U)］<退出>://拾取图 2-28a 中的点 1

指定要偏移的那一侧上的点,或［退出(E)/多个(M)/放弃(U)］<退出>://拾取图 2-28a 中的点 5

选择要偏移的对象,或［退出(E)/放弃(U)］<退出>://拾取图 2-28a 中的点 2

指定要偏移的那一侧上的点,或［退出(E)/多个(M)/放弃(U)］<退出>://拾取图 2-28a 中的点 6

选择要偏移的对象,或［退出(E)/放弃(U)］<退出>://拾取图 2-28a 中的点 3

指定要偏移的那一侧上的点,或［退出(E)/多个(M)/放弃(U)］<退出>://拾取图 2-28a 中的点 7

选择要偏移的对象,或［退出(E)/放弃(U)］<退出>://拾取图 2-28a 中的点 4

指定要偏移的那一侧上的点,或［退出(E)/多个(M)/放弃(U)］<退出>://拾取图 2-28a 中的点 8

选择要偏移的对象,或［退出(E)/放弃(U)］<退出>://按回车键,完成偏移,偏移后的效果如图 2-28c

所示

需要提醒读者注意的是,对于"指定要偏移的那一侧上的点"的指定,只要保证方向性的正确就可以,并不限定在某一点,譬如将点 1 所在的直线偏移,不一定要拾取点 5,拾取任意一个在直线以下的即可将该直线向下偏移 5。

在偏移命令行中,有"通过(T)"、"删除(E)"、"图层(L)"三个比较重要的选项。"通过(T)"选项表示创建通过指定点的对象;"删除(E)"选项表示偏移源对象后将其删

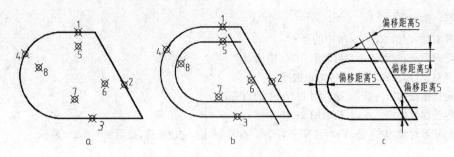

图 2-28　多个基本图形偏移效果

除；"图层（L)"选项设置将偏移对象创建在当前图层上还是源对象所在的图层上。

2.3.4　阵列

AutoCAD 为用户提供了两种阵列方式：矩形阵列和环形阵列，下面分别讲解。

1. 矩形阵列

所谓矩形阵列，是指在 X 轴或在 Y 轴方向上等间距绘制多个相同的图形。执行"阵列"命令，弹出如图 2-29 所示的"阵列"对话框，选择"矩形阵列"单选按钮，则可以进行对象的矩形阵列操作。对话框中的参数含义如表 2-12 所示。

矩形阵列参数含义　　　　　　　　　　　　　　　　　　　　表 2-12

参　数	含　义
"选择对象"按钮	单击该按钮，可以切换到绘图区选择需要阵列的对象
"行"文本框	指定阵列行数，Y 方向为行
"列"文本框	指定阵列列数，X 方向为列
"行偏移"文本框	指定阵列的行间距。如果输入间距为负值，阵列将从上往下布置行
"列偏移"文本框	指定阵列的列间距。如果输入间距为负值，阵列将从右向左布置列
"阵列角度"文本框	指定阵列的角度

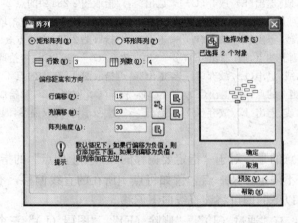

图 2-29　矩形阵列对话框

按照图 2-29 的设置，使用窗选方式选择点 1 和 2 围成的区域的对象作为阵列对象，阵列效果如图 2-30 所示。

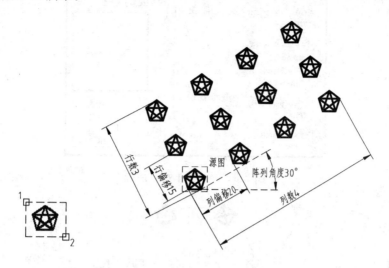

图 2-30　阵列角度为 30°的矩形阵列

2. 环形阵列

所谓环形阵列，是指围绕一个中心创建多个相同的图形。选择"环形阵列"单选按钮时，对话框效果如图 2-31 所示，则可以进行对象的环形阵列操作。对话框中的参数含义如表 2-13 所示。

环形阵列参数含义　　　　　　　　　　　　　　　　　　表 2-13

参　　数	含　　义
"中心点"选项	指定环形阵列的中心点。可在文本框直接输入 X 和 Y 坐标值，或单击"拾取中心点"按钮 在绘图区指定中心点
"方法"下拉列表	设置定位对象所用的方法。提供了三种方式，不同的方式，会导致"方法和值"选项组中的其他文本框为灰度不可用
"项目总数"文本框	设置在结果阵列中显示的对象数目
"填充角度"文本框	通过定义阵列中第一个和最后一个元素的基点之间的包含角来设置阵列大小。正值逆时针，负值顺时针
"项目间角度"文本框	设置相邻阵列对象的基点和阵列中心之间的包含角
"复制时旋转项目"复选框	设定环形阵列中的图形是否旋转

例如需要对图 2-32a 中点 1、2 窗选的对象进行环形阵列，阵列中心点为点 3，则设置填充角度为 360°和 170°的效果分别如图 2-32b、c 所示。这里需要提醒读者注意的是，我们选择了"复制时旋转项目"复选框。

2.3.5　移动

执行 MOVE 命令后，命令行提示如下：

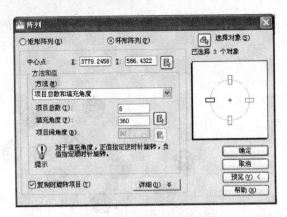

图 2-31　环形阵列对话框

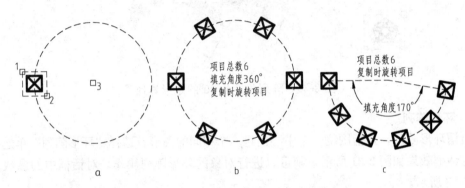

图 2-32　项目总数和填充角度填充效果

命令：_move
选择对象：//拾取图 2-33a 中的点 3
指定对角点：找到 2 个//拾取图 2-33a 中的点 4，则选择到所有对象
选择对象：//按回车键，完成选择
指定基点或 [位移(D)] <位移>：//拾取图 2-33b 中的点 1
指定第二个点或 <使用第一个点作为位移>：//拾取图 2-33c 中的点 2，完成移动

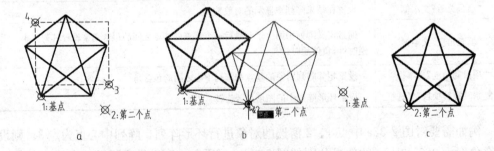

图 2-33　指定第二点移动对象

2.3.6　旋转

执行 ROTATE 命令后，命令行提示如下：

命令：_rotate

UCS 当前的正角方向：ANGDIR＝逆时针　　ANGBASE＝0

选择对象：//拾取图 2-34a 中的点 2

指定对角点：找到 2 个//拾取图 2-34a 中的点 3

选择对象：//按回车键，完成选择

指定基点：//拾取图 2-34a 中的点 1，进入旋转角度待输入状态 b

指定旋转角度，或[复制(C)/参照(R)]＜0＞：33//输入角度，按回车键，效果如图 2-34c 所示

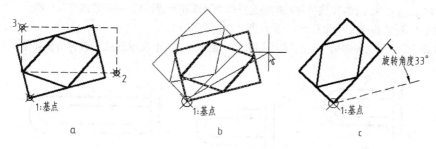

图 2-34　指定旋转角度旋转对象

在命令行中，还有"复制（C）"和"参照（R）"两个选项。"复制（C）"选项表示创建要旋转的选定对象的副本；"参照（R）"选项表示将对象从指定的角度旋转到新的绝对角度，绝对角度可以直接输入，也可以通过两点来指定。

2.3.7　缩放

缩放有两种，一种是通过比例因子缩放，另一种是通过参照缩放，所谓比例因子缩放，是指按指定的比例放大或缩小选定对象的尺寸。执行 SCALE 命令，命令行提示如下：

命令：_scale

选择对象：找到 1 个//拾取图 2-35a 所示的点 1，选择 30×40 的矩形

选择对象：//按回车键，完成对象选择

指定基点：//拾取图 2-35a 的点 2 为基点

指定比例因子或[复制(C)/参照(R)]＜1.0000＞：0.5//输入比例因子，按回车键，效果如图 2-35b

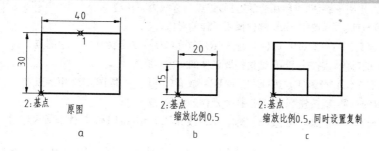

图 2-35　比例缩放

命令行中的选项"参照（R）"，表示按参照长度和指定的新长度缩放所选对象，命令行中也有"复制（C）"选项，可以创建要缩放对象的副本。

2.3.8　拉伸

执行 STRETCH 命令后，命令行提示如下：

命令:_stretch
以交叉窗口或交叉多边形选择要拉伸的对象…
选择对象://拾取图 2-36a 中的点 1
指定对角点:找到 6 个//拾取图 2-36a 中的点 2
选择对象://按回车键,完成拉伸对象的选择两个圆弧在选择框内,四条直线与窗口相交
指定基点或[位移(D)]<位移>://拾取图 2-36b 所示的点 3
指定第二个点或<使用第一个点作为位移>://拾取图 2-36b 所示的点 4,拉伸效果如图 2-36c

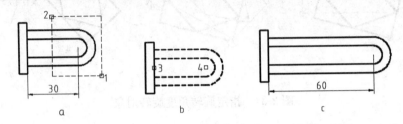

图 2-36　拉伸对象

2.3.9　修剪

在"修剪"命令中，有两类对象：剪切边和要修剪的对象。直线、射线、圆弧、椭圆弧、二维或三维多段线、构造线和填充区域等均可以作为剪切边；直线、射线、圆弧、椭圆弧、二维或三维多段线、构造线及样条曲线等可以作为要修剪的对象。

执行 TRIM 命令，命令行提示如下：

命令:_trim
当前设置:投影=UCS,边=无
选择剪切边…
选择对象或<全部选择>:找到 1 个//拾取图 2-37 中的点 1
选择对象://按回车键,完成剪切边的选择,过点 1 直线为剪切边
选择要修剪的对象,或按住 Shift 键选择要延伸的对象,或
[栏选(F)/窗交(C)/投影(P)/边(E)/删除(R)/放弃(U)]://拾取图 2-37 中的点 2
选择要修剪的对象,或按住 Shift 键选择要延伸的对象,或
[栏选(F)/窗交(C)/投影(P)/边(E)/删除(R)/放弃(U)]://拾取图 2-37 中的点 3
选择要修剪的对象,或按住 Shift 键选择要延伸的对象,或
[栏选(F)/窗交(C)/投影(P)/边(E)/删除(R)/放弃(U)]://按回车键,修剪效果如图 2-37c 所示

这里要提醒读者注意的是，对于修剪的对象，拾取的点一定要落在需要修剪掉的那部分图线上。继续使用"修剪"命令，可以拾取经过点 4 的直线为剪切边，修剪掉经过点 5 的直线的落在点 5 那一侧的图线，最终效果如图 2-37f 所示。

命令行中的其他选项的含义如下：

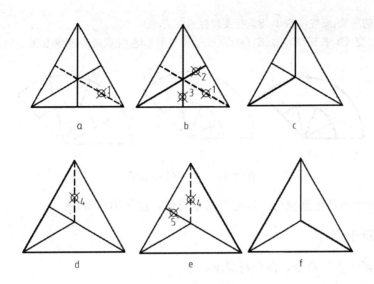

图 2-37　逐个修剪对象

"窗交（C）"选项：是针对选择要修剪的对象而言的，指选择矩形区域内部或与之相交的对象将被修剪掉。

"栏选（F）"选项：是针对选择要修剪的对象而言的，指与选择栏相交的所有对象将被修剪。

"边（E）"选项：延伸边剪切模式是用在剪切边并不通过要修剪的对象的情况下，这个时候，可以将要修剪的对象在剪切边的延长边处进行修剪。

"删除"选项：指在执行"修剪"命令之后，命令行会提示用户是否需要删除一些不需要的对象，这样的方式可以帮助用户在不离开修剪命令行的前提下实现删除操作。

2.3.10　延伸

"延伸"命令两个重要的对象是边界边和要延伸的对象，边界边可以是直线、射线、圆弧、椭圆弧、圆、椭圆、二维或三维多段线、构造线和区域等图形，要延伸的对象可以是直线、射线、圆弧、椭圆弧、非封闭的二维或三维多段线等。执行 EXTEND 命令，命令行提示如下：

```
命令：_extend
当前设置：投影＝UCS,边＝无
选择边界的边 …
选择对象或＜全部选择＞：找到 1 个//拾取图 2-38a 的点 1
选择对象://按回车键，完成对象选择
选择要延伸的对象，或按住 Shift 键选择要修剪的对象，或
[栏选(F)/窗交(C)/投影(P)/边(E)/放弃(U)]://拾取图 2-38b 的点 2
选择要延伸的对象，或按住 Shift 键选择要修剪的对象，或
[栏选(F)/窗交(C)/投影(P)/边(E)/放弃(U)]://拾取图 2-38b 的点 3
选择要延伸的对象，或按住 Shift 键选择要修剪的对象，或
[栏选(F)/窗交(C)/投影(P)/边(E)/放弃(U)]://拾取图 2-38b 的点 4
```

选择要延伸的对象，或按住 Shift 键选择要修剪的对象，或

［栏选（F）/窗交（C）/投影（P）/边（E）/放弃（U）］://按回车键，完成延伸，效果如图 2-38c

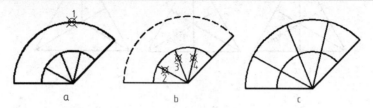

图 2-38　常规延伸对象

"延伸"命令的其他选项与"修剪"命令类似，这里不再赘述。

2.3.11　打断于点

执行"打断于点"命令，命令行提示如下：

命令:_break 选择对象://拾取图 2-39a 中的点 1

指定第二个打断点或［第一点（F）］:_f//系统自动输入

指定第一个打断点:////拾取图 2-39a 中的点 2，为第一个打断点

指定第二个打断点:@//系统自动输入@，用户按回车键即可，效果如图 2-39b 所示

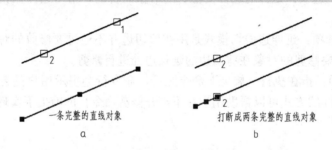

图 2-39　打断于点操作

2.3.12　打断

执行 BREAK 命令后，命令行提示如下：

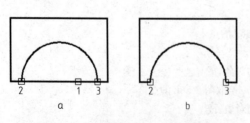

图 2-40　重新指定第一点打断对象

命令:_break 选择对象://拾取图 2-40a 中的点 1

指定第二个打断点或［第一点（F）］:f//输入 f，表示重新拾取第一个打断点

指定第一个打断点://拾取点 2，圆弧与直线的交点为第一个打断点

指定第二个打断点://拾取点 3，圆弧与直线的另一个交点为第二个打断点，打断效果如图 2-40b 所示

需要注意的是，如果不重新指定第一个打断点，则拾取点为第一个打断点。

2.3.13 倒角

通常的倒角方式，也是默认的倒角方式是通过设置距离确定倒角，也就是命令行中的"距离（D）"选项，该选项用于设置倒角至选定边端点的距离，其命令行提示如下：

命令：_chamfer
（"修剪"模式）当前倒角距离 1＝0.0000，距离 2＝0.0000
选择第一条直线或[放弃(U)/多段线(P)/距离(D)/角度(A)/修剪(T)/方式(E)/多个(M)]：d//输入 d，对两个倒角距离进行设定
指定第一个倒角距离＜0.0000＞：10//设定第一个倒角距离
指定第二个倒角距离＜10.0000＞：5//设定第二个倒角距离
选择第一条直线或[放弃(U)/多段线(P)/距离(D)/角度（A）/修剪（T）/方式(E)/多个(M)]：//拾取图 2-41a 中的点 1，则经过点 1 的直线为第一个倒角距离倒角
选择第二条直线，或按住 Shift 键选择要应用角点的直线：//拾取图 2-41a 中的点 2，则经过点 2 的直线以第二个倒角距离倒角，倒角效果如图 2-41b 所示

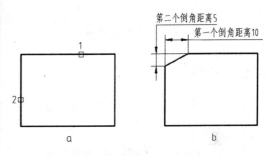

图 2-41 通过倒角距离进行倒角

命令行中的"角度(A)"方式表示用第一条线的倒角距离和角度设置第二条线的倒角距离，"多段线(P)"选项表示对整个二维多段线倒角，"修剪(T)"选项表示是否将选定的边修剪到倒角直线的端点，"多个(M)"选项表示连续为多组对象进行倒角操作。

2.3.14 圆角

与倒角类似，常规的圆角操作，需要首先设置圆角半径，其命令行提示如下：

命令：_fillet
当前设置：模式＝修剪，半径＝0.0000
选择第一个对象或[放弃(U)/多段线(P)/半径(R)/修剪(T)/多个(M)]：r//输入 r，设置圆角半径
指定圆角半径＜0.0000＞：10//输入圆角半径 10
选择第一个对象或[放弃(U)/多段线(P)/半径(R)/修剪(T)/多个(M)]：//拾取图 2-42a 中的点 1
选择第二个对象，或按住 Shift 键选择要应用角点的对象：//拾取图 2-42a 中的点 2，效果如图 2-42b 所示

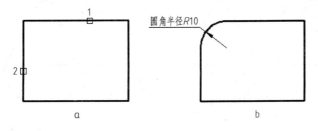

图 2-42 设置圆角半径进行圆角操作

同样，圆角操作也可以直接对多段线进行操作，也可以进行多组圆角操作，与"倒角"类似。

2.3.15 合并

执行 JOIN 命令后，命令行提示如下：

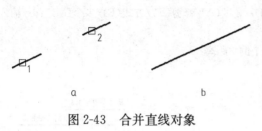

图 2-43　合并直线对象

> 命令：_join 选择源对象：//拾取图 2-43a 所示的点 1
>
> 选择要合并到源的直线：　找到 1 个//拾取图 2-43a 所示的点 2
>
> 选择要合并到源的直线：//按回车键，则经过点 2 的直线合并到经过点 1 的直线上，合并为一条完整的直线，效果如图 2-43b 所示
>
> 已将 1 条直线合并到源

2.3.16 分解

执行"分解"命令后，命令行提示如下：

命令：_explode
选择对象：找到 1 个//选择需要分解的对象
…
选择对象：//按回车键，则所选择的对象均分解为最小单位的单一对象

2.3.17 拉长

选择"修改"|"拉长"命令，可以修改对象的长度和圆弧的包含角，最常规的，也是默认的拉长方式是"增量（DE）"，其命令行提示如下：

> 命令：_lengthen
> 选择对象或[增量(DE)/百分数(P)/全部(T)/动态(DY)]：de//输入 de，表示使用增量方式拉长
> 输入长度增量或[角度(A)]<20.0000>：20//输入增量长度 20
> 选择要修改的对象或[放弃(U)]：//拾取图 2-44a 中的点 1，点 1 位于直线的右侧，则右侧拉长
> 选择要修改的对象或[放弃(U)]：//拾取图 2-44b 中的点 2，点 2 位于直线的左侧，则左侧拉长
> 选择要修改的对象或[放弃(U)]：//按回车键，完成拉长，拾取点 1，拉长效果如图 2-44b 所示，拾取点 2，拉长效果如图 2-44c 所示

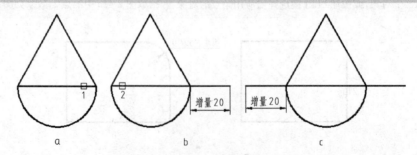

图 2-44　通过增量长度拉长对象

从增量的命令行可以看出，以指定的增量修改对象的长度，该增量从距离选择点最近的端点处开始测量。另外，正值扩展对象，负值修剪对象。

除了增量方式外，命令行还提供了其他几种方式，其中"百分数（P）"选项表示通过指定对象总长度的百分数设置对象长度，"全部（T）"方式表示通过指定从固定端点测量的总长度的绝对值来设置选定对象的长度，"动态（DY）"方式表示打开动态拖动模式，通过拖动选定对象的端点之一来改变其长度，其他端点保持不变。

2.3.18　对齐

选择"修改"|"三维操作"|"对齐"命令，可以在平面中将对象与其他对象对齐，命令行提示如下：

```
命令:_align
选择对象:找到 1 个//拾取图 2-45a 中的点 1,选择经过点 1 的多段线
选择对象://按回车键,完成选择
指定第一个源点://拾取图 2-45a 中的点 2
指定第一个目标点://拾取图 2-45a 中的点 3,这样,点 2 将与点 3 重合
指定第二个源点://拾取图 2-45a 中的点 4
指定第二个目标点://拾取图 2-45a 中的点 5
指定第三个源点或<继续>://按回车键,完成点选择
是否基于对齐点缩放对象?［是(Y)/否(N)]<否>://按回车键,表示不缩放对象,效果如图 2-45c
```

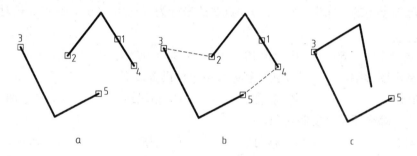

图 2-45　对齐对象

通过以上命令行的操作可以看出，当不缩放对象的时候，第一个源点和第一个目标点

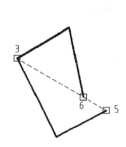

图 2-46　源点和目标点
　　　　位置关系

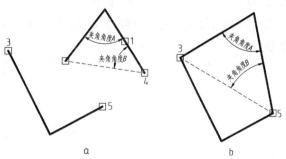

图 2-47　通过缩放对象来对齐对象

将会重合，第二个源点将尽量去靠近第二个目标点，如果不能重合，将落在两个目标点的连线上，效果如图 2-46 所示。

以上只是不缩放对象的效果，如果缩放对象，则源点所在的对象将通过缩放来适应目标点所在对象，使得第一个源点和第一个目标点重合，第二个源点和第二个目标点重合，图形的大小和位置会发生变化，而图形的形状并不发生变化，效果如图 2-47 所示。

2.4 习题

2.4.1 填空题

(1) 所谓笛卡儿坐标系，有 3 个轴，即____、____和____。

(2) 所谓极坐标系，规定角度以____的正方向为 0°，按____增大。

(3) 创建正多边形有三种方式____、____和____。

(4) 使用____命令，可以将其他图线转换为多段线，并可以将多条相连的图线转换为多段线。

(5) ____命令，可以将圆弧还原成圆。

2.4.2 选择题

(1) 已知点 1 的坐标为 (30，50)，点 2 的坐标为 (−10，20)，则点 2 相对于点 1 的坐标为____。

A. (@−40，−30)　　　B. (@40，30)　　　C. (@20，70)　　　D. (@−20，−70)

(2) 基本图形中，____可以在绘制过程中直接设置线宽。

A. 直线　　　　　　B. 多线　　　　　　C. 多段线　　　　　D. 样条曲线

(3) ____命令不可以复制对象。

A. 阵列　　　　　　B. 移动　　　　　　C. 缩放　　　　　　D. 旋转

(4) 已知一个半径为 60 的圆，在此基础上可以使用____命令绘制一个半径为 30 的同心圆。

A. 复制　　　　　　B. 偏移　　　　　　C. 阵列　　　　　　D. 缩放

(5) 对下图的矩形进行拉伸操作，拉伸对象如图所示，矩形的四条边中，边____的长度会改变。

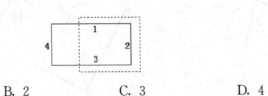

A. 1　　　　　　　　B. 2　　　　　　　　C. 3　　　　　　　　D. 4

2.4.3 上机题

1. 使用基本绘图命令和二维编辑命令创建如图 2-48 所示的基本图形。

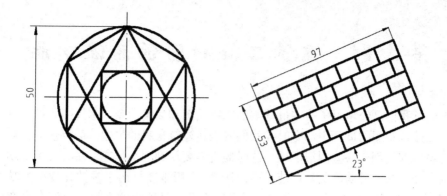

图 2-48　基本图形的绘制

2. 创建尺寸如图 2-49 所示的电视机平面图。
3. 创建尺寸如图 2-50 所示的窗格雕花。

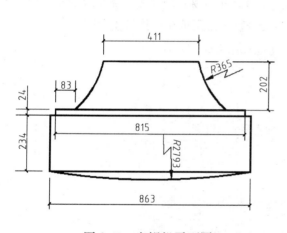

图 2-49　电视机平面图

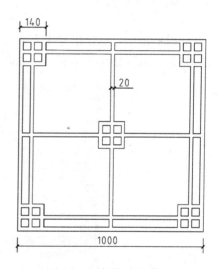

图 2-50　窗格雕花效果

填空题答案

（1）X 轴、Y 轴、Z 轴
（2）X 轴，逆时针方向
（3）内接于圆法、外切于圆法、边长方式
（4）Pedit
（5）合并

选择题答案

（1）A　（2）C　（3）B　（4）BD　（5）AC

第3章 建筑二维制图的高级功能

在第 2 章我们已经学习了一些最基本的二维绘图和编辑命令，掌握了各种常见的二维的方法。在建筑制图的过程中，有时候我们要表达建筑材料的类型，需要快速地创建重复地图形对象，需要创建一些图形区域，这时候就需要用到图案填充、块、面域等功能。本章将给读者介绍这三种功能的具体使用。由于 2010 版本新推出了参数化建模的功能，与其他 CAD 软件相比，虽然不是很完善，但是体现了一种建模的思想，我们在本章也会给读者介绍。

3.1 图案填充

在建筑制图中，剖面填充用来表达建筑中各种建筑材料的类型、地基轮廓面、房屋顶的结构特征，以及墙体的剖面等。如图 3-1 是进行了图案填充的建筑立面图。

图 3-1　建筑立面图

3.1.1　创建图案填充

在命令行中输入 HATCH 命令，或者单击"绘图"工具栏中的"填充图案"按钮，或者选择"绘图"|"图案填充"命令，都可打开如图 3-2 所示的"图案填充和渐变色"对话框。用户可在对话框的各选项卡中设置相应的参数，给相应的图形创建图案填充。

其中"图案填充"选项卡包括 10 个选项组：类型和图案、角度和比例、图案填充原点、边界、选项、孤岛、边界保留和继承特性。下面介绍几个常用选项的参数。

（1）类型和图案

在"类型和图案"选项组中可以设置填充图案的类型，其中：

• "类型"下拉列表框包括"预定义"、"用户定义"和"自定义"三种图案类型。其

图 3-2　"图案填充和渐变色"对话框

中"预定义"类型是指 AutoCAD 存储在产品附带的 acad.pat 或 acadiso.pat 文件中的预先定义的图案,是制图中的常用类型。

- "图案"下拉列表框控制对填充图案的选择,下拉列表显示填充图案的名称,并且最近使用的六个用户预定义图案出现在列表顶部。单击 [...] 按钮,弹出"填充图案选项板"对话框,如图 3-3 所示,通过该对话框选择合适的填充图案类型。
- "样例"列表框显示选定图案的预览。
- "自定义图案"下拉列表框在选择"自定义"图案类型时可用,其中列出可用的自定义图案,六个最近使用的自定义图案将出现在列表顶部。

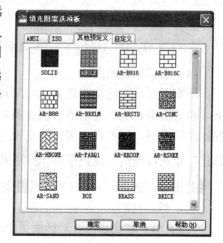

图 3-3　"填充图案选项板"对话框

（2）角度和比例

"角度和比例"选项组包含"角度"、"比例"、"间距"和"ISO 笔宽"四部分内容。主要控制填充的疏密程度和倾斜程度。

- "角度"下拉列表框可以设置填充图案的角度,"双向"复选框设置当填充图案选择"用户定义"时采用的当前线型的线条布置是单向还是双向。
- "比例"下拉列表框用于设置填充图案的比例值。图 3-4 为选择 AR-BRSTD 填充图案进行不同角度和比例值填充的效果。
- "ISO 笔宽"下拉列表框主要针对用户选择"预定义"填充图案类型,同时选择了 ISO 预定义图案时,可以通过改变笔宽值来改变填充效果。

  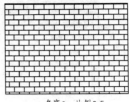

角度0，比例1　　　　　　　角度45，比例1　　　　　　　角度0，比例0.5

图 3-4　角度和比例的控制效果

（3）边界

"边界"选项组主要用于用户指定图案填充的边界，用户可以通过指定对象封闭区域中点或者封闭区域的对象的方法确定填充边界，通常使用的是"添加：拾取点"按钮 和"添加：选择对象"按钮。

"添加：拾取点"按钮 根据围绕指定点构成封闭区域的现有对象确定边界。单击该按钮，此时对话框将暂时关闭，系统将会提示用户拾取一个点。命令行提示如下：

```
命令：_bhatch
拾取内部点或[选择对象(S)/删除边界(B)]：正在选择所有对象 ...
```

"添加：选择对象"按钮 根据构成封闭区域的选定对象确定边界。单击该按钮，对话框将暂时关闭，系统将会提示用户选择对象，命令行提示如下：

```
命令：_bhatch
选择对象或[拾取内部点(K)/删除边界(B)]：//选择对象边界
```

（4）图案填充原点

图案填充原点的功能是 AutoCAD 2006 中文版之后的新增功能。图案填充在默认情况下，填充图案始终相互对齐。但是有时用户可能需要移动图案填充的起点（称为原点），在这种情况下，需要在"图案填充原点"选项组中重新设置图案填充原点。选择"指定的原点"单选按钮后，用户单击 按钮，在绘图区用光标拾取新原点，或者选择"默认为边界范围"复选框，并在下拉菜单中选择所需点作为填充原点即可实现。

（5）孤岛检测

"图案填充和渐变色"对话框弹出时，用户并不能看到孤岛检测的选项，单击右下角的"更多选项"按钮 时才会弹出，选择"孤岛检测"复选框，则创建图案填充的时候，要进行孤岛检测，图 3-5 显示了不同孤岛检测方式的对比效果。

"普通"检测表示从最外层边界向内部填充，对第一个内部岛形区域进行填充，间隔一个图形区域，转向下一个检测到的区域进行填充，如此反复交替进行。

"外部"检测表示从最外层的边界向内部填充，只对第一个检测到的区域进行填充，填充后就终止该操作。

"忽略"检测表示从最外层边界开始，不再进行内部边界检测，对整个区域进行填充，忽略其中存在的孤岛。

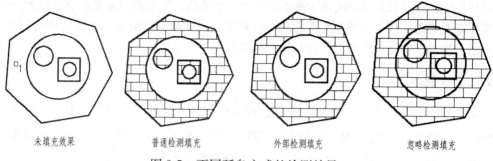

未填充效果　　　普通检测填充　　　外部检测填充　　　忽略检测填充

图 3-5　不同孤岛方式的检测效果

3.1.2　编辑图案填充

在 AutoCAD 中，填充图案的编辑主要包括变换填充图案，调整填充角度和调整填充比例等，在"图案填充编辑"对话框和"特性"浮动窗口中都可以对填充图案进行编辑。

在绘图区双击需要编辑的填充图案，或者在需要编辑的填充图案上右击鼠标，在弹出的快捷菜单中选择"编辑图案填充"命令，都会弹出如图 3-6 所示的"图案填充编辑"对话框。在需要编辑的填充图案上右击鼠标，在弹出的快捷菜单中选择"特性"命令，弹出如图 3-7 所示的"特性"浮动窗口。"图案填充编辑"对话框的设置方法与"图案填充和渐变色"对话框类似，不再赘述。

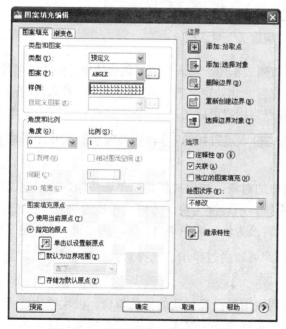

图 3-6　"图案填充编辑"对话框

图 3-7　"特性"浮动窗口

3.2　块

图块是组成复杂对象的一组实体的总称。在图块中，各图形实体都有各自的图层、线型及颜色等特性，只是 AutoCAD 将图块作为一个单独、完整的对象来操作。用户可以根据实际需要将图块按给定的缩放系数和旋转角度插入到指定的位置，也可以对整个图块进行复制、移动、旋转、缩放、镜像和阵列等操作。

3.2.1 创建块

选择"绘图"|"块"|"创建"命令，或者在命令行中输入 BLOCK 命令，或者单击"绘图"工具栏中的"创建块"按钮 ，都会弹出如图 3-8 所示的"块定义"对话框，用户在各选项组中可以设置相应的参数，从而创建一个内部图块。

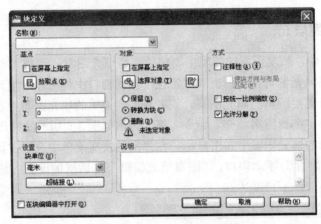

图 3-8 "块定义"对话框

在"块定义"对话框中，"名称"下拉列表框用于输入当前要创建的内部图块的名称。

"基点"选项组用于确定要插入点的位置。此处定义的插入点是该块将来插入的基准点，也是块在插入过程中旋转或缩放的基点。用户可以通过在"X"文本框、"Y"文本框和"Z"文本框中直接输入坐标值或单击"拾取点"按钮 ，切换到绘图区在图形中直接指定。

"对象"选项组用于指定包括在新块中的对象。选中"保留"单选按钮，表示定义图块后，构成图块的图形实体将保留在绘图区，不转换为块。选中"转换为块"单选按钮，表示定义图块后，构成图块的图形实体也转换为块。选中"删除"单选按钮，表示定义图块后，构成图块的图形实体将被删除。用户可以通过单击"选择对象"按钮 ，切换到绘图区选择要创建为块的图形实体。

"设置"选项组中的"块单位"下拉列表用于设置创建的块的单位，以块单位选择毫米为例，"块单位"的含义表示一个图形单位代表一个毫米，如果选择厘米，则表示一个图形单位代表一个厘米。

"方式"选项组用于设置创建的块的一些属性，"注释性"复选框设置创建的块是否为注释性的，"按统一比例缩放"复选框设置块在插入时是否只能按统一比例缩放，"允许分解"复选框设置块在以后的绘图中是否可以分解。

"说明"选项组用于设置对块的说明。"在块编辑器中打开"复选框表示在关闭"块定义"对话框后是否打开动态块编辑器。

3.2.2　创建外部块

在命令行中输入 WBLOCK 命令，弹出如图 3-9 所示的"写块"对话框，在各选项组中可以设置相应的参数，从而创建一个外部图块。

"写块"对话框中的对基点拾取和对象的选择与"块定义"对话框是一致的，这里不再赘述。

"目标"选项组用于设置图块保存的位置和名称。用户可以在"文件名和路径"下拉列表框中直接输入图块保存的路径和文件名，或者单击 ... 按钮，打开"浏览图形文件"对话框，在"保存于"下拉列表框中选择文件保存路径，在"文件名"文本框中设置文件名称。

图 3-9　"写块"对话框

图 3-10 所示是建筑制图中常用的图例树，通常保存为外部图块，以供在不同的建筑图中使用。执行 WBLOCK 命令，选择如图 3-10 所示的基点，选择如图 3-11 所示的图形，在"文件名和路径"下拉列表框中输入路径和名称为"D：\ 图例树 . dwg"，如图 3-12 所示，单击"确定"按钮，完成外部图块的创建。

图 3-10　选择基点

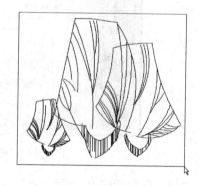

图 3-11　选择对象

3.2.3　插入块

完成块的定义后，就可以将块插入到图形中。插入块或图形文件时，用户一般需要确定块的 4 组特征参数，即要插入的块名、插入点的位置、插入的比例系数和块的旋转角度。

单击"绘图"工具栏中的"插入块"按钮 ，或者选择"插入"|"块"命令，或者在命令行中输入 INSERT 命令，都会弹出如图 3-13 所示的"插入"对话框，设置相应的参数，单击"确定"按钮，就可以插入内部图块或者外部图块。

在"名称"下拉列表框中选择已定义的需要插入到图形中的内部图块，或者单击"浏

图 3-12　设置"写块"对话框

图 3-13　"插入"对话框

览"按钮，弹出如图 3-14 所示的"选择图形文件"对话框，找到要插入的外部图块所在的位置，单击"打开"按钮，返回"插入"对话框进行其他参数设置。

图 3-14　"选择图形文件"对话框

在"插入"对话框中，"插入点"选项组用于指定图块的插入位置，通常选中"在屏幕上指定"复选框，在绘图区以拾取点方式配合"对象捕捉"功能指定。

"比例"选项组用于设置图块插入后的比例。选中"在屏幕上指定"复选框，则可以在命令行中指定缩放比例，用户也可以直接在"X"文本框、"Y"文本框和"Z"文本框中输入数值，以指定各个方向上的缩放比例。"统一比例"复选框用于设定图块在 X、Y、Z 方向上缩放是否一致。

"旋转"选项组用于设定图块插入后的角度。选中"在屏幕上指定"复选框，则可以在命令行中指定旋转角度，用户也可以直接在"角度"文本框中输入数值，以指定旋转角度。

3.2.4　创建块属性

图块的属性是图块的一个组成部分，它是块的非图形信息，包含于块的文字对象中。

图块的属性可以增加图块的功能，其中的文字信息又可以说明图块的类型和数目等。当用户插入一个块时，其属性也随之插入到图形中；当用户对块进行操作时，其属性也随之改变。块的属性由属性标签和属性值两部分组成，属性标签就是指一个项目，属性值就是指具体的项目情况。用户可以对块的属性进行定义、修改，以及显示等操作。

1. 创建块属性

选择"绘图"|"块"|"定义属性"命令，或者在命令行中输入 ATTDEF 命令，都会弹出如图 3-15 所示的"属性定义"对话框，用户可以为图块属性设置相应的参数。

在"属性定义"对话框中，"模式"选项组用于设置属性模式。"不可见"复选框用于控制插入图块、输入属性值后，属性值是否在图中显示；"固定"复选框表示属性值是一个常量；"验证"复选框表示会提示输入两次属性值，以便验证属性值是否正确；"预设"复选框表示插入图块时以默认的属性值插入；"锁定位置"复选框表示锁定块参照中属性的位置，若解锁，属性可以相对于使用夹点编辑的块的其他部分移动，并且可以调整多行属性的大小；"多行"复选框用于指定属性值是否可以包含多行文字，选定此选项后，可以指定属性的边界宽度。

图 3-15　"属性定义"对话框

"属性"选项组用于设置属性的一些参数。"标记"文本框用于输入显示标记；"提示"文本框用于输入提示信息，提醒用户指定属性值；"默认"文本框用于输入默认的属性值。

"插入点"选项组用于指定图块属性的显示位置。选中"在屏幕上指定"复选框，则可以在绘图区指定插入点，用户也可以直接在"X"文本框、"Y"文本框和"Z"文本框中输入坐标值，以确定插入点。建议用户采用"在屏幕上指定"方式。

"文字设置"选项组用于设定属性值的基本参数。"对正"下拉列表框用于设定属性值的对齐方式；"文字样式"下拉列表框用于设定属性值的文字样式；"文字高度"文本框用于设定属性值的高度；"旋转"文本框用于设定属性值的旋转角度。

"在上一个属性定义下对齐"复选框仅在当前文件中已有属性设置时有效，选中则表示此次属性设定继承上一次属性定义的参数。

通过"属性定义"对话框，用户可以定义一个属性，但是并不能指定该属性属于哪个图块，因此用户必须通过"块定义"对话框将图块和定义的属性重新定义为一个新的图块。

定义好属性并与图块一同定义为新图块之后，用户就可以通过执行 INSERT 命令来插入带属性的图块。在插入过程中，需要根据提示输入相应的属性值。

2. 编辑块属性

在命令行中输入 ATTEDIT 命令，命令行提示如下：

命令：ATTEDIT　//执行 ATTEDIT 命令
选择块参照：　//要求指定需要编辑属性值的图块

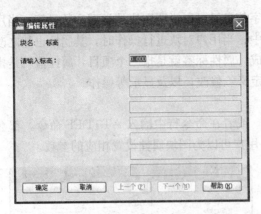

图 3-16 "编辑属性"对话框

在绘图区选择需要编辑属性值的图块，弹出"编辑属性"对话框，如图 3-16 所示。用户可以在定义的提示信息文本框中输入新的属性值，单击"确定"按钮完成修改。也可以选择"修改"｜"对象"｜"属性"｜"单个"命令，命令行提示"选择块："，选择相应的图块后，弹出如图 3-17 所示的"增强属性编辑器"对话框。在"属性"选项卡中，用户可以在"值"文本框中修改属性的值。如图 3-18 所示，在"文字选项"选项卡中可以修改文字属性，这与"属性定义"对话框类似，不再赘述。如图 3-19 所示，在"特性"选项卡中可以对属性所在的图层、线型、颜色和线宽等进行设置。

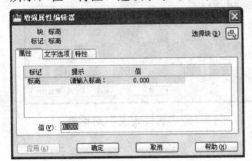

图 3-17 "属性"选项卡

图 3-18 "文字选项"选项卡

3.2.5 创建动态块

动态块是从 AutoCAD 2006 中文版开始提供的一个新功能。动态块具有灵活性和智能性，用户在操作时可以轻松地更改图形中的动态块参照。动态块可以具有自定义夹点和自定义特性，用户有可能能够通过这些自定义夹点和自定义特性来操作块。

默认情况下，动态块的自定义夹点的颜色与标准夹点的颜色和样式不同，表 3-1 显示了可以包含在动态块中的不同类型的自定义夹点。

图 3-19 "特性"选项卡

动态块夹点操作方式表　　　　　　　　　　　　　　表 3-1

夹点类型	图　样	夹点在图形中的操作方式
标准	■	平面内的任意方向
线性	▶	按规定方向或沿某一条轴往返移动
旋转	●	围绕某一条轴

续表

夹点类型	图　　样	夹点在图形中的操作方式
翻转	⬅	单击以翻转动态块参照
对齐	▶	平面内的任意方向；如果在某个对象上移动，则使块参照与该对象对齐
查寻	▼	单击以显示项目列表

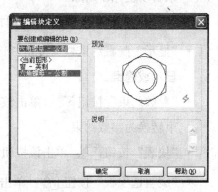

　　每个动态块至少必须包含一个参数以及一个与该参数关联的动作。用户单击"标准"工具栏上的"块编辑器"按钮 ⬚，或者选择"工具"|"块编辑器"命令，或者在命令行输入 Bedit 命令，均可弹出如图 3-20 所示的"编辑块定义"对话框，在"要创建或编辑的块"文本框中可以选择已经定义的块，也可以选择当前图形创建的新动态块，如果选择"＜当前图形＞"，当前图形将在块编辑器中打开。

图 3-20　"编辑块定义"对话框

　　用户单击"编辑块定义"对话框的"确定"按钮，即可进入"块编辑器"，如图 3-21 所示，"块编辑器"由块编辑器工具栏、块编写选项板和编写区域三部分组成。

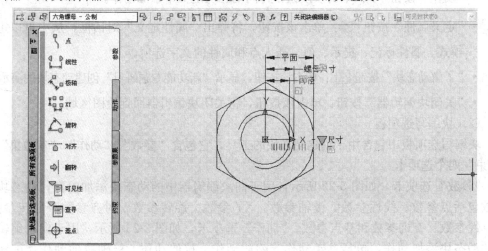

图 3-21　"块编辑器"

（1）块编辑器工具栏

块编辑器工具栏位于整个编辑区的正上方，提供了在块编辑器中使用、用于创建动态块以及设置可见性状态的工具，包括如下一些选项功能。

- "编辑或创建块定义"按钮 ⬚：单击该按钮，将会弹出"编辑块定义"对话框，用户可以重新选择需要创建的动态块。

- "保存块定义"按钮 ⬚：单击该按钮，保存当前块定义。

- "将块另存为"按钮 ⬚：单击该按钮，将弹出"将块另存为"对话框，用户可以重新输入块名称另存。

- "名称"文本框：该文本框显示当前块的名称。
- "测试块"按钮🔁：单击该按钮，可从块编辑器打开一个外部窗口以测试动态块。
- "自动约束对象"按钮♫：单击该按钮，可根据对象相对于彼此的方向将几何约束自动应用于对象。
- "应用几何约束"按钮⟂：单击该按钮，可在对象或对象上的点之间应用几何约束。
- "显示\隐藏约束栏"按钮🔲：单击该按钮，可以控制对象上的可用几何约束的显示或隐藏。
- "参数约束"按钮🔒：单击该按钮，可将约束参数应用于选定对象，或将标注约束转换为参数约束。
- "块表"按钮▦：单击该按钮，可显示对话框以定义块的变量。
- "编写选项板"按钮▦：单击该按钮，可以控制"块编写选项板"的开关。
- "参数"按钮📐：单击该按钮，将向动态块定义中添加参数。
- "动作"按钮⚡：单击该按钮，将向动态块定义中添加动作。
- "定义属性"按钮🏷：单击该按钮，将弹出"属性定义"对话框，从中可以定义模式、属性标记、提示、值、插入点和属性的文字选项。
- "了解动态块"按钮❓：单击该按钮，显示"新功能专题研习"创建动态块的演示。
- "关闭块编辑器"按钮：单击该按钮，将关闭块编辑器回到绘图区域。

（2）块编写选项板

块编写选项板中包含用于创建动态块的工具，它包含"参数"、"动作"、"参数集"和"约束"四个选项卡。

"参数"选项卡，如图3-22所示，用于向块编辑器中的动态块添加参数，动态块的参数包括点参数、线性参数、极轴参数、XY参数、旋转参数、对齐参数、翻转参数、可见性参数、查询参数和基点参数。"动作"选项卡，如图3-23所示，用于向块编辑器中的动态块添加动作，包括移动动作、缩放动作、拉伸动作、极轴拉伸动作、旋转动作、翻转动作、阵列动作和查询动作。"参数集"选项卡，如图3-24所示，用于在块编辑器中向动态块定义中添加一个参数和至少一个动作的工具，是创建动态块的一种快捷方式。"约束"选项卡，如图3-25所示，用于在块编辑器中向动态块定义中添加几何约束或者标注约束。

（3）在编写区域编写动态块

编写区域类似于绘图区域，用户可以在编写区域进行缩放操作，可以给要编写的块添加参数和动作。用户在"块编写选项板"的"参数"选项卡上选择添加给块的参数，出现的感叹号图标⚠，表示该参数还没有相关联的动作。然后在"动作"选项卡上选择相应的动作，命令行会提示用户选择参数，选择参数后，选择动作对象，最后设置动作位置，以"动作"选项卡里相应动作的图标表示。不同的动作，操作均不相同。

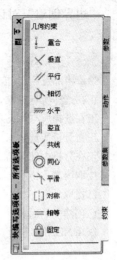

图 3-22 "参数"　　图 3-23 "动作"　　图 3-24 "参数集"　　图 3-25 "约束"
　选项卡　　　　　　选项卡　　　　　　选项卡　　　　　　选项卡

3.3　边界和面域

　　面域是具有物理特性（例如形心或质量中心）的二维封闭区域，可以将现有面域组合成单个、复杂的面域来计算面积，可以通过面域创建三维的实体，可以对面域填充和着色，并可以提取几何数据。下面给读者讲解创建面域的方法。

3.3.1　创建边界

　　选择"绘图"|"边界"命令或在命令行中输入 boundary 命令可以根据构成封闭区域的现有对象创建两种对象，一种是面域，另外一种是多段线。执行该命令后，弹出如图 3-26 所示的"边界创建"对话框，在"对象类型"下拉列表中，选择"面域"选项则创建面域，选择"多段线"选项则创建多段线。

图 3-26　"边界创建"对话框

　　我们以图 3-27 所示的图形为例，给读者演示如何创建面域。

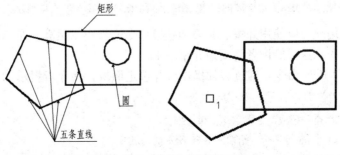

图 3-27　创建面域的图形

"边界创建"对话框中设置对象类型为"面域",单击"拾取点"按钮,命令行提示如下:

> 命令:_boundary
> 拾取内部点: //拾取图 3-27 所示的点 1
> 正在选择所有对象 ...
> 正在选择所有可见对象 ...
> 正在分析所选数据 ...
> 正在分析内部孤岛 ...
> 拾取内部点:
> 已提取 1 个环。
> 已创建 1 个面域。
> BOUNDARY 已创建 1 个面域//完成面域的创建,效果如图 3-28 所示

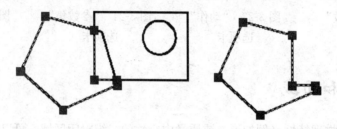

图 3-28　创建面域效果

创建多段线的方法与创建面域完全一致,仅仅是最后创建的对象不同,这里不再重复。

3.3.2　创建面域

选择"绘图"|"面域"命令,或单击"绘图"工具栏中的"面域"按钮，或在命令行中输入 region 命令可以将封闭区域的对象转换为面域对象,命令提示如下:

> 命令:_region
> 选择对象:找到 1 个//拾取图 3-29 中的点 1
> 选择对象://拾取点 2
> 指定对角点:找到 5 个,总计 6 个//拾取点 3
> 选择对象://按回车键,完成选择
> 已提取 2 个环。
> 已创建 2 个面域。//表示完成面域的创建,创建了两个面域如图 3-29 右图所示

对于面域,用户可以使用并集、交集和差集命令进行布尔运算,布尔运算主要运用在三维实体的创建中,这里给读者简要地介绍一下。

(1) 使用 UNION 命令,通过添加操作合并选定面域,命令行提示如下:

> 命令:_union
> 选择对象:找到 1 个//拾取图 3-30 所示的面域 1
> 选择对象:找到 1 个,总计 2 个//拾取图 3-30 所示的面域 2
> 选择对象://按回车键,完成并集,效果如图 3-31 所示的图 a

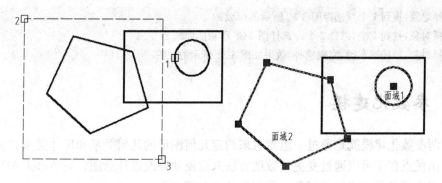

图 3-29　创建面域

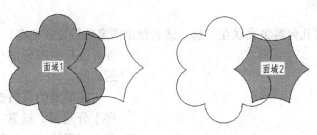

图 3-30　布尔运算对象

（2）使用 SUBTRACT 命令，可以通过减操作合并选定的面域，命令行提示如下：

命令：_subtract 选择要从中减去的实体或面域……

选择对象：找到 1 个//选择图 3-30 所示的面域 1

选择对象：//按回车键，完成选择

选择要减去的实体或面域……

选择对象：找到 1 个//选择图 3-30 所示的面域 2

选择对象：//按回车键，完成选择，效果如图 3-31 所示的 b 图

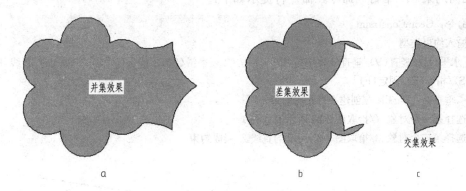

图 3-31　布尔运算效果

（3）使用 INTERSECT 命令，可以从两个或多个面域的交集中创建复合面域，然后删除交集外的区域。

命令：_intersect

选择对象:找到1个//选择图 3-30 所示的面域 1

选择对象:找到1个,总计 2 个//选择图 3-30 所示的面域 2

选择对象://按回车键,完成选择,效果如图 3-31 所示的 c 图

3.4　参数化建模

所谓参数化建模就是通过一组参数来约定几何图形的几何关系和尺寸关系。参数化设计的突出优点在于可以通过变更参数地方法来方便地修改设计意图。在 AutoCAD 2010 中简单地引入了参数化建模的概念,我们给读者介绍一下。

3.4.1　几何约束

几何约束可将几何对象关联在一起,或者指定固定的位置或角度,应用约束后,只允许对该几何图形进行不违反此类约束的更改。

在应用约束时选择两个对象的顺序十分重要。通常,所选的第二个对象会根据第一个对象进行调整。例如,应用垂直约束时,用户选择的第二个对象将调整为垂直于第一个对象。

⊥	重合(C)
✓	垂直(P)
//	平行(A)
○	相切(T)
⟂	水平(H)
⫲	竖直(V)
⤾	共线(L)
◎	同心(O)
↗	平滑(T)
[]	对称(S)
=	相等(E)
🔒	固定(F)

图 3-32　"参数"|"几何约束"的子菜单命令和"几何约束"工具栏

用户可通过如图 3-32 所示的"参数"|"几何约束"的子菜单命令,或者"几何约束"工具栏上的按钮命令来创建各种几何约束。

创建几何约束的步骤大同小异,我们以创建平行约束来讲解创建方法,选择"参数"|"几何约束"|"平行"命令,命令行提示如下:

命令:_GeomConstraint

输入约束类型

[水平(H)/竖直(V)/垂直(P)/平行(PA)/相切(T)/平滑(SM)/重合(C)/同心(CON)/共线(COL)/对称(S)/相等(E)/固定(F)]

<垂直>:_Parallel//创建平行几何约束

选择第一个对象://拾取图 3-33 所示的直线 1

选择第二个对象://拾取图 3-33 所示的直线 2,完成约束

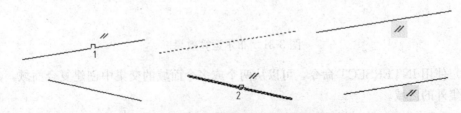

图 3-33　创建平行几何约束

3.4.2　自动约束

所谓自动约束就是根据对象相对于彼此的方向将几何约束应用于对象的选择集。选择"参数"|"自动约束"命令，命令行提示如下：

> 命令：_AutoConstrain
>
> 选择对象或[设置(S)]：s//输入 s，按回车键，弹出如图 3-34 所示的"约束设置"对话框，用于设置产生自动约束的几何约束类型
>
> 选择对象或[设置(S)]：指定对角点：找到 4 个//选择如图 3-35 所示的所有直线
>
> 选择对象或[设置(S)]：//按回车键，创建完成 4 个重合几何约束
>
> 已将 4 个约束应用于 4 个对象

图 3-34　"约束设置"对话框

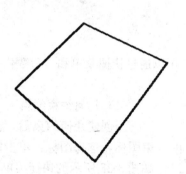

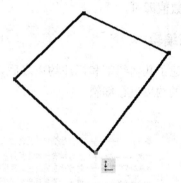

图 3-35　为 4 条直线创建自动约束

3.4.3　标注约束

所谓标注约束，实际上就是指尺寸约束，使几何对象之间或对象上的点之间保持指定的距离和角度。将标注约束应用于对象时，会自动创建一个约束变量，以保留约束值。默认情况下，这些名称为指定的名称，例如 d1 或 dia1，但是，用户可以在参数管理器中对其进行重命名。

用户可通过如图 3-36 所示的"参数"|"标注约束"的子菜单命令，或者"标注约束"工具栏上的按钮命令来创建各种标注约束。

创建标注约束的步骤大同小异，我们以创建对齐约束来讲解创建方法，选择"参数"|"标注约束"|"对齐"命令，命令行提示如下：

图 3-36　"参数"|"标注约束"的子菜单命令和"标注约束"工具栏

> 命令：_DimConstraint
>
> 当前设置：　约束形式＝动态

选择要转换的关联标注或[线性(LI)/水平(H)/竖直(V)/对齐(A)/角度(AN)/半径(R)/直径(D)/形式(F)]<对齐>:_Aligned//以 3.4.2 节创建的自动约束的直线为例创建对齐标注约束

指定第一个约束点或[对象(O)/点和直线(P)/两条直线(2L)]<对象>://拾取图 3-37 点 1

指定第二个约束点://拾取图 3-37 点 2

指定尺寸线位置://指定图 3-37 所示的尺寸线位置

标注文字＝55.83//显示直线的实际长度,用户此时可以输入目标长度,如图 3-37 所示

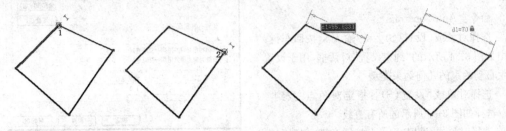

图 3-37　创建对齐标注约束

　　用户要注意的是,如果需要更改尺寸,直接双击标注值,使标注值处于可编辑状态,直接输入新的数值即可。

3.4.4　约束编辑

　　用户在创建了几何约束和标注约束之后,可以通过快捷菜单和"参数化"工具栏的相关按钮对创建的约束进行编辑。

图 3-38　几何约束编辑快捷菜单

　　删除 —— 删除所选中的几何约束
　　隐藏 —— 隐藏所选择的几何约束图标
　　隐藏所有约束 —— 隐藏所有的几何约束图标
　　约束栏设置 —— 弹出"约束设置"对话框

（1）几何约束编辑

　　当创建几何约束后,会显示几何约束图标,选择图标,单击鼠标右键弹出如图 3-38 所示的快捷菜单,通过快捷菜单可以删除已经创建的约束。

（2）"参数化"工具栏的使用

　　用户通过如图 3-39 所示的"参数化"工具栏可以创建各种约束,并对约束进行相关的操作,表 3-2 显示了工具栏中各按钮的功能。

图 3-39　"参数化"工具栏

"参数化"工具栏按钮功能　　　　　　　　　　　　表 3-2

按　钮	功　能	按　钮	功　能
	创建几何约束		隐藏图形对象中的所有几何约束
	创建自动约束		创建标注约束
	显示选定对象相关的几何约束		显示图形对象中的所有标注约束
	显示应用于图形对象的所有几何约束		隐藏图形对象中的所有标注约束

续表

按　钮	功　能	按　钮	功　能
	删除选定对象上的所有约束	f_x	打开参数管理器
	打开"约束设置"对话框		

3.5　习题

3.5.1　填空题

（1）在创建图案填充时，要进行孤岛检测，孤岛检测分为____、____和____三种。

（2）在"块定义"对话框中，取消____复选框后，创建的图块则不可分解。

（3）在"属性定义"对话框中，____复选框表示属性值是一个常量；____复选框用于指定属性值是否可以包含多行文字。

（4）块编写选项板中包含用于创建动态块的工具，它包含____、____、____和____四个选项卡。

（5）用户可以通过_____和_____两个命令创建面域。

3.5.2　选择题

（1）在定义块时，"定义块"对话框的"设置"选项组中的"块单位"下拉列表用于设置创建的块的单位，如果要一个图形单位代表一个厘米，则应选择____。

A. 毫米　　　　　　B. 厘米　　　　　　C. 米　　　　　　D. 英寸

（2）____命令可以对块属性值进行编辑修改。

A. ATTDEF　　　B. Bedit　　　C. ATTEDIT　　D. hatchedit

（3）进行图案填充时，按照图所示拾取填充点，____表示采用了外部孤岛检测。

A. 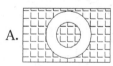　　B. 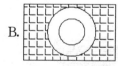　　C. 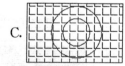　　D.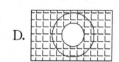

（4）使用"边界"命令创建面域，在如图所示的区域拾取一点，则能创建____个面域。

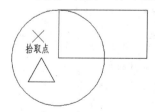

A. 1　　　B. 2　　　C. 3　　　D. 4

(5) 对于直线 1 和直线 2，不可以使用以下的____几何约束。

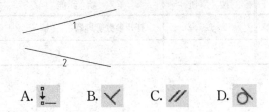

A.   B.   C.   D.

3.5.3 上机题

1. 对图 3-40 所示的图形创建如图 3-41 所示的填充图案。

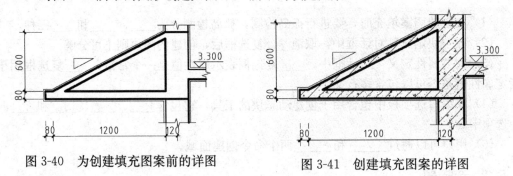

图 3-40   为创建填充图案前的详图   图 3-41   创建填充图案的详图

2. 对图 3-42 所示的立面图创建如图 3-43 所示的填充图案。

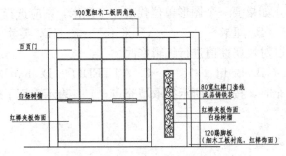

图 3-42   未创建填充图案的立面图

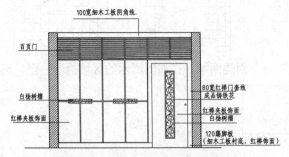

图 3-43   创建填充图案的立面图

3. 使用几何约束和尺寸约束绘制如图 3-44 所示的图形。

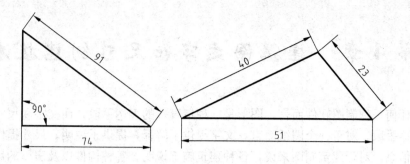

图 3-44　使用约束绘制的图形

填空题答案

(1) 普通、外部、忽略

(2) 允许分解

(3) 固定、多行

(4) 参数、动作、参数集、约束

(5) boundary、region

选择题答案

(1) B　(2) C　(3) B　(4) B　(5) D

第4章 建筑图文字和尺寸创建技术

对于任何一款制图软件而言，图形是一种最直接的表达手段，而文字和尺寸是最重要的补充表达手段。对于一个图纸而言，文字提供了解释，提供了说明，尺寸提供了图形文件的度量信息。对于建筑制图来说，各种建筑施工说明、各种构件以及房屋的尺寸都是建筑施工图的一部分，因此文字和尺寸标注起到的作用与我们前面所学过的各类平面制图命令同样重要。

本章将要给读者介绍创建文字和尺寸标注的方法，并给读者介绍建筑制图中各种绘图规范、创建符合绘图规范的样板图和各种建筑说明。至于建筑标注的具体使用我们会在平立剖面图的讲解中具体阐述。

4.1 创建文字

在 AutoCAD 2010 中，文字样式创建、单行文字、多行文字的创建除了可以使用如图 4-1 所示的"文字"工具栏中的按钮执行，创建文字可以执行如图 4-2 所示的"绘图"|"文字"子菜单，编辑文字可以执行如图 4-3 所示的"修改"|"对象"|"文字"子菜单。

图 4-1 文字工具栏

图 4-2 "绘图"|"文字"子菜单   图 4-3 "修改"|"对象"|"文字"子菜单

4.1.1 创建文字样式

用户在 AutoCAD 中输入文字的时候，需要先设定文字的样式。用户首先要将输入文字的各种参数设置好，定义为一种样式，用户在输入文字的时候，文字就使用这种样式设定的参数。

选择"格式"|"文字样式"命令或者单击"文字"工具栏中的"文字样式"按钮，弹出如图 4-4 所示的"文字样式"对话框，在对话框中可以设置字体类型、字体大小、宽度系数等参数。

在对话框中，用户可以对文字的字体、大小、效果三类参数进行设置。在设置"字

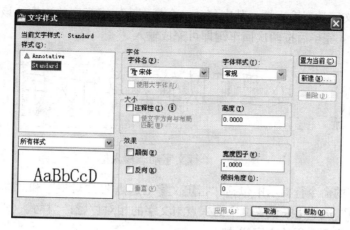

图 4-4 "文字样式"对话框

体"选项组的参数时，是否选择"使用大字体"复选框，参数设置是不一样的。

对于 AutoCAD 来说，字体显示有两种方法，一种是使用 truetype 字体，就是系统字体，一种是使用 cad 的 shx 字体，这两种办法都可以显示汉字。

使用第一种办法，在更改字体样式时，不选择"使用大字体"复选框，如果是英文字体，既可以使用 shx 字体，也可以使用 truetype 字体，如果有汉字，就必须使用 truetype 字体，truetype 字体显示比较慢，但比较规矩，字库比较全。

shx 字体有两类，一类是仅包含英文字体或西文符号的，一类是汉字等字体的，汉字等字体的 shx 型文件有一种是 3000 多字的，有一种是 6768 个字的，使用 6768 个字的，汉字标点符号才能显示全。

更直白地说，如果不选择"使用大字体"复选框要同时显示英文和汉字，则必须使用 truetype 字体，如果仅是字母和数字，或者仅是汉字，则可以选择相应的 shx 字体；如果选择"使用大字体"复选框，则在"shx 字体"下拉列表中选择包含英文和西文符号的字体文件，在"大字体"下拉列表中选择显示汉字的字体文件。

4.1.2 创建单行文字

单行文字通俗地讲，就是一行文字，该功能仅可以创建一行文字。选择"绘图"|"文字"|"单行文字"命令或者单击"文字"工具栏中的"单行文字"按钮 **A**，命令行提示如下：

> 命令：_dtext
> 当前文字样式："Standard" 文字高度：90.0000 注释性：否//该行为系统的提示行，告诉读者当前使用的文字样式，当前的文字高度，当前文字是否有注释性，如果在下面的命令行里不对文字样式，文字高度进行设置，则创建的文字使用系统提示行里显示的参数
> 指定文字的起点或[对正(J)/样式(S)]://指定文字的起点或设置其他的选项参数
> 指定高度<2.5000>://输入文字的高度
> 指定文字的旋转角度<0>://输入文字的旋转角度

在命令行提示下，指定文字的起点、设置文字高度和旋转角度后，在绘图区出现如图

4-5 所示的单行文字动态输入框，其中包含一个高度为文字高度的边框，该边框随用户的输入而展开，输入完毕后按两次回车键即可完成输入。

这里可以输入单行文字

图 4-5　单行文字动态输入框

在单行文字的命令行提示中包括"指定文字的起点"、"对正"和"样式"3 个选项，其中"对正（J）"选项用来设置文字插入点与文字的相对位置；"样式（S）"选项表示设置将要输入的文字要采用的文字样式。

在使用单行文字功能进行文字输入的时候，经常会碰到使用键盘不能输入的特殊符号，这个时候有两种方式帮助用户实现输入，一种是使用表格 4-1 所示特殊字符来代替输入。

特殊符号的代码及含义　　　　　　　　　　　　　　　表 4-1

字符输入	代表字符	说明	字符输入	代表字符	说明
%%%	%	百分号	%%d	°	度
%%c	Φ	直径符号	%%o	—	上划线
%%p	±	正负公差符号	%%u	—	下划线

另外一种方式是使用输入法的软键盘来实现输入，以笔者所使用的紫光拼音法为例，左键单击按钮 ，在弹出的菜单中选择"软键盘"命令，则弹出如图 4-6 所示的相应的子菜单，不同的子菜单对应相应的软键盘，用户想要输入哪种符号就打开相应的软键盘，譬如要输入数字符号，可以打开"数字序号"软键盘，效果如图 4-7 所示，单击软键盘上相应的符号即可实现输入。

图 4-6　软键盘子菜单

图 4-7　数字序号软键盘

4.1.3　创建多行文字

多行文字功能可以帮助用户像使用 Word 那样创建多行，或者一段一段的文字。选择

"绘图"|"文字"|"多行文字"命令或者单击"文字"工具栏中的"多行文字"按钮 **A**，命令行提示如下：

> 命令：_mtext
>
> 当前文字样式："Standard" 文字高度：90 注释性：否//该行为系统的提示行，告诉读者当前使用的文字样式，当前的文字高度，当前文字是否有注释性，如果在下面的命令行里不对文字样式，文字高度进行设置，则创建的文字使用系统提示行里显示的参数
>
> 指定第一角点：//指定多行文字输入区的第一个角点
>
> 指定对角点或[高度(H)/对正(J)/行距(L)/旋转(R)/样式(S)/宽度(W)/栏(C)]：//系统给出七个选项

命令行提示中有7个选项，分别为"指定对角点"、"高度"、"对正"、"行距"、"旋转"、"样式"和"宽度"，具体使用方法与将要讲解的"文字样式"工具栏上的功能类似，不再赘述。

设置好以上选项后，系统提示"指定对角点："，此选项用来确定标注文字框的另一个对角点，用户可以在两个对角点形成的矩形区域中创建多行文字，矩形区域的宽度就是所标注文字的宽度。

指定完对角点后，弹出如图4-8所示的多行文字编辑器，可以输入文字，对输入的多行文字的大小、字体、颜色、对齐样式、项目符号、缩进、字旋转角度、字间距、缩进和制表位等进行设置。

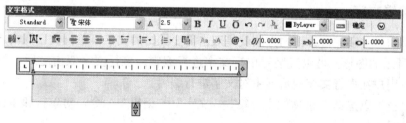

图4-8 多行文字的在位文字编辑器

多行文字编辑器由"文字格式"工具栏和多行文字编辑框组成，"文字格式"工具栏中提供了一系列对文字、段落等进行编辑和修改的功能，并能帮助用户进行特殊地输入，各功能区如图4-9所示。

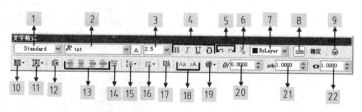

图4-9 "文字格式"工具栏

1—设置文字样式；2—设置文字字体；3—设置文字高度；4—设置文字粗体、斜体、下划线、上划线；5—放弃和重做操作；6—创建堆叠文字；7—设置文字颜色；8—控制是否显示标尺；9—弹出"选项"菜单；10—设置文字分栏；11—设置文字对正；12—设置段落；13—设置文字对齐；14—设置均布文字；15—设置行距；16—创建项目符号和编号；17—插入字段；18—设置大小写；19—弹出"符号"菜单；20—设置倾斜角度；21—设置文字之间空间；22—设置宽度因子

在编辑框中单击鼠标右键，弹出如图 4-10 所示的菜单，在该菜单中选择某个命令可对多行文字进行相应的设置。在多行文字中，系统专门提供了"符号"级联菜单 @▾，供用户选择特殊符号的输入方法，如图 4-11 所示。

全部选择 (A)	Ctrl+A
剪切 (T)	Ctrl+X
复制 (C)	Ctrl+C
粘贴 (P)	Ctrl+V
选择性粘贴	▸
插入字段 (L)...	Ctrl+F
符号 (S)	▸
输入文字 (I)...	
段落对齐	▸
段落...	
项目符号和列表	▸
分栏	▸
查找和替换	Ctrl+R
改变大小写 (H)	▸
自动大写	
字符集	▸
合并段落 (O)	
删除格式	▸
背景遮罩 (B)...	
编辑器设置	▸
了解多行文字	▸
取消	

图 4-10　编辑框快捷菜单

度数 (D)	%%d
正/负 (P)	%%p
直径 (I)	%%c
几乎相等	\U+2248
角度	\U+2220
边界线	\U+E100
中心线	\U+2104
差值	\U+0394
电相角	\U+0278
流线	\U+E101
恒等于	\U+2261
初始长度	\U+E200
界碑线	\U+E102
不相等	\U+2260
欧姆	\U+2126
欧米加	\U+03A9
地界线	\U+214A
下标 2	\U+2082
平方	\U+00B2
立方	\U+00B3
不间断空格 (S)	Ctrl+Shift+Space
其他 (O)...	

图 4-11　符号级联菜单

4.1.4　编辑文字

最简单的对文字进行编辑的方法就是双击需要编辑的文字，单行文字双击之后，变成如图 4-12 所示的图形，可以直接对单行文字进行编辑。多行文字双击之后，弹出多行文字编辑器，用户在多行文字编辑器中对文字进行编辑。

当然，也可以选择"修改"|"对象"|"文字"|"编辑"命令，对单行和多行文字进行类似双击情况下的编辑。

图 4-12　编辑单行文字

图 4-13　"特性"浮动窗口

选择单行或多行文字之后，单击鼠标右键，在弹出的快捷菜单中选择"特性"命令，弹出如图 4-13 所示的"特性"浮动窗口，可以在"文字"卷展栏的"内容"文本框中修改文字内容。

4.2 创建表格

在建筑制图中，通常会出现门窗表、图纸目录表、材料做法表等各种各样的表，用户除了使用直线绘制表格之外，还可以使用 AutoCAD 提供的表格功能完成这些表格的绘制。

4.2.1 创建表格样式

表格的外观由表格样式控制。用户可以使用默认表格样式 Standard，也可以创建自己的表格样式。选择"格式"|"表格样式"命令，弹出"表格样式"对话框，如图 4-14 所示。对话框中的"样式"列表中显示了已创建的表格样式。

在默认状态下，表格样式中仅有 Standard 一种样式。第一行是标题行，由文字居中的合并单元行组成，

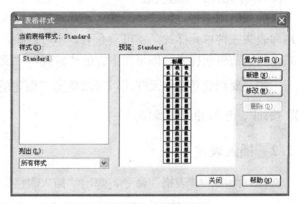

图 4-14 "表格样式"对话框

第二行是列标题行，其他行都是数据行。用户设置表格样式时，可以指定标题、列标题和数据行的格式。

用户单击"新建"按钮，弹出"创建新的表格样式"对话框，如图 4-15 所示。

在"新样式名"中可以输入新的样式名称，在"基础样式"中选择一个表格样式为新的表格样式提供默认设置，单击"继续"按钮，弹出"新建表格样式"对话框，如图 4-16 所示。

图 4-15 "创建新的表格样式"对话框

图 4-16 "新建表格样式"对话框

（1）"起始表格"选项组

该选项组用于在绘图区指定一个表格用作样例来设置新表格样式的格式。单击选择表格按钮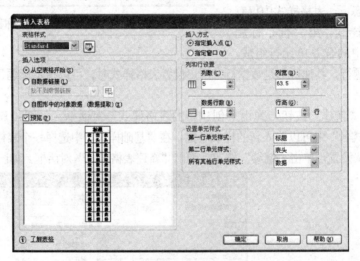，回到绘图区选择表格后，可以指定要从该表格复制到表格样式的结构和内容。

（2）"常规"选项组

该选项组用于更改表格方向，系统提供了"向下"和"向上"两个选项，"向下"表示标题栏在上方，"向上"表示标题栏在下方。

（3）"单元样式"选项组

该选项组用于创建新的单元样式，并对单元样式的参数进行设置，系统默认有数据、标题和表头三种单元样式，不可重命名，不可删除，在单元样式下拉列表中选择一种单元样式作为当前单元样式，即可在下方的"常规"、"文字"和"边框"选项卡里对参数进行设置。用户要创建新的单元样式，可以单击"创建新单元样式"按钮和"管理单元样式"按钮进行相应的操作。

4.2.2 插入表格

选择"绘图"｜"表格"命令，弹出"插入表格"对话框，如图 4-17 所示。

图 4-17 "插入表格"对话框

系统提供了如下三种创建表格的方式：

- "从空表格开始"单选按钮表示创建可以手动填充数据的空表格；
- "自数据链接"单选按钮表示从外部电子表格中获得数据创建表格；
- "自图形中的对象数据"单选按钮表示启动"数据提取"向导来创建表格。

系统默认设置"从空表格开始"方式创建表格，当选择"自数据链接"方式时，右侧参数均不可设置，变成灰色。

当使用"从空表格开始"方式创建表格时，选择"指定插入点"单选按钮时，需指定表左上角的位置，其他参数含义如下：

- "表格样式"下拉列表：指定将要插入的表格采用的表格样式，默认样式为 Standard。
- "预览窗口"：显示当前表格样式的样例。
- "指定插入点"单选按钮：选择该选项，则插入表时，需指定表左上角的位置。用户可以使用定点设备，也可以在命令行输入坐标值。如果表样式将表的方向设置为由下而上读取，则插入点位于表的左下角。
- "指定窗口"单选按钮：选择该选项，则插入表时，需指定表的大小和位置。选定此选项时，行数、列数、列宽和行高取决于窗口的大小以及列和行的设置。
- "列数"文本框：指定列数。选定"指定窗口"选项并指定列宽时，则选定了"自动"选项，且列数由表的宽度控制。
- "列宽"文本框：指定列的宽度。选定"指定窗口"选项并指定列数时，则选定了"自动"选项，且列宽由表的宽度控制。最小列宽为一个字符。
- "数据行数"文本框：指定行数。选定"指定窗口"选项并指定行高时，则选定了"自动"选项，且行数由表的高度控制。带有标题行和表头行的表样式最少应有三行。最小行高为一行。
- "行高"文本框：按照文字行高指定表的行高。文字行高基于文字高度和单元边距，这两项均在表样式中设置。选定"指定窗口"选项并指定行数时，则选定了"自动"选项，且行高由表的高度控制。
- "设置单元样式"选项组用于设置表格各行采用的单元样式。

参数设置完成后，单击"确定"按钮，即可插入表格。选择表格，表格的边框线将会出现很多夹点，如图 4-18 所示，用户可以通过这些夹点对编辑进行调整。

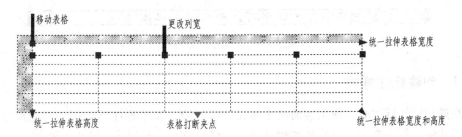

图 4-18　表格的夹点编辑模式

AutoCAD 提供了最新的单元格编辑的功能，当用户选择一个或者多个单元格的时候，弹出如图 4-19 所示的"表格"工具栏，"表格"工具栏中提供了对单元格进行处理的各种工具。

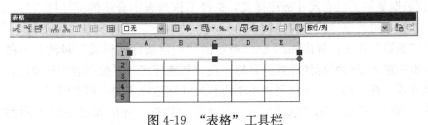

图 4-19　"表格"工具栏

对于单个单元格，直接选择即可进入单元格编辑状态；对于多单元格，必须首先拾取最左上单元格中的一点，按住鼠标不放，拖动到最右下单元格中，这样才能选中多个连续单元格。

在创建完表格之后，用户除了可以使用多行文字编辑器、"表格"工具栏、夹点功能对表格和表格的单元进行编辑外，推荐用户使用"特性"选项板对表格和表格单元进行编辑，在"特性"选项板中，几乎可以设置表格和表格单元格的所有参数。

4.3 创建标注

尺寸标注是工程制图中重要的表达方式，利用 AutoCAD 的尺寸标注命令，可以方便快速地标注图纸中各种方向、形式的尺寸。对于建筑工程图，尺寸标注反映了规范的符合情况。

标注具有以下元素：标注文字、尺寸线、箭头和延伸线，对于圆标注还有圆心标记和中心线。

- 标注文字是用于指示测量值的字符串。文字可以包含前缀、后缀和公差。
- 尺寸线用于指示标注的方向和范围。对于角度标注，尺寸线是一段圆弧。
- 箭头，也称为终止符号，显示在尺寸线的两端。可以为箭头或标记指定不同的尺寸和形状。
- 延伸线，也称为投影线或尺寸界线，从部件延伸到尺寸线。
- 中心标记是标记圆或圆弧中心的小十字。
- 中心线是标记圆或圆弧中心的虚线。

在"标注"菜单中选择合适的命令，或者单击如图 4-20 所示的"标注"工具栏中的某个按钮可以进行相应的尺寸标注。

图 4-20 "标注"工具栏

4.3.1 创建标注样式

在进行尺寸标注时，使用当前尺寸样式进行标注。尺寸标注样式用于控制尺寸变量，包括尺寸线、标注文字、尺寸文本相对于尺寸线的位置、延伸线、箭头的外观及方式、尺寸公差、替换单位等。

选择"格式"菜单中的"标注样式"命令，弹出如图 4-21 所示的"标注样式管理器"对话框，在该对话框中可以创建和管理尺寸标注样式。

在"标注样式管理器"对话框中，"当前标注样式"区域显示当前的尺寸标注样式。"样式"列表框显示了已有尺寸标注样式，选择了该列表中合适的标注样式后，单击"置为当前"按钮，可将该样式置为当前。

单击"新建"按钮，弹出如图 4-22 所示的"创建新标注样式"对话框。在"新样式名"文本框中输入新尺寸标注样式的名称；在"基础样式"下拉列表中选择新尺寸标注样式的基准样式；在"用于"下拉列表中指定新尺寸标注样式的应用范围。

单击"继续"按钮关闭"创建新标注样式"对话框，弹出如图 4-23 所示的"新建标注样式"对话框，对话框有 7 个选项卡，用户可以在各选项卡中设置相应的参数。

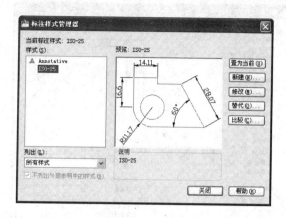

图 4-21 "标注样式管理器"对话框

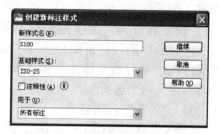

图 4-22 "创建新标注样式"对话框

1. "线"选项卡

"线"选项卡由"尺寸线"、"延伸线"两个选项组组成。

（1）"尺寸线"选项组

"尺寸线"选项组各项含义如下：

- "颜色"下拉列表框用于设置尺寸线的颜色。
- "线型"下拉列表框用于设置尺寸线的线型。
- "线宽"下拉列表框用于设定尺寸线的宽度。
- "超出标记"文本框用于设置尺寸线超过延伸线的距离。
- "基线间距"文本框用于设置使用基线标注时各尺寸线的距离。

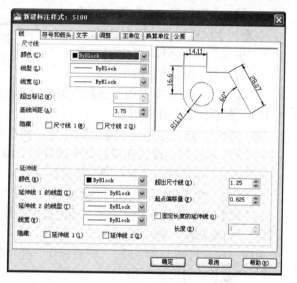

图 4-23 "新建标注样式"对话框

- "隐藏"及其复选框用于控制尺寸线的显示。"尺寸线 1"复选框用于控制第 1 条尺寸线的显示，"尺寸线 2"复选框用于控制第 2 条尺寸线的显示。

（2）"延伸线"选项组

"延伸线"选项组各项含义如下：

- "颜色"下拉列表框用于设置延伸线的颜色。
- "延伸线 1 的线型"和"延伸线 2 的线型"下拉列表框用于设置尺寸线的线型。
- "线宽"下拉列表框用于设定延伸线的宽度。
- "超出尺寸线"文本框用于设置延伸线超过尺寸线的距离。
- "起点偏移量"文本框用于设置延伸线相对于尺寸线起点的偏移距离。
- "隐藏"及其复选框用于设置延伸线的显示。"延伸线 1"用于控制第 1 条延伸线的显示，"延伸线 2"用于控制第 2 条延伸线的显示。
- "固定长度的延伸线"复选框及其"长度"文本框用于设置延伸线从尺寸线开始到

标注原点的总长度。

2. "符号和箭头"选项卡

"符号和箭头"选项组用于设置尺寸线端点的箭头以及各种符号的外观形式，如图4-24所示。

"符号和箭头"选项组包括"箭头"、"圆心标记"、"折断标注"、"弧长符号"、"半径折弯标注"和"线性折弯标注"六个选项组。

（1）"箭头"选项组

"箭头"选项组用于选定表示尺寸线端点的箭头的外观形式。

图4-24 "符号和箭头"选项组

- "第一个"、"第二个"下拉列表框用于设置标注的箭头形式。
- "引线"下拉列表框中用于设置尺寸线引线部分的形式。
- "箭头大小"文本框用于设置箭头相对其他尺寸标注元素的大小。

（2）"圆心标记"选项组

"圆心标记"选项组用于控制当标注半径和直径尺寸时，中心线和中心标记的外观。

- "无"单选按钮设置在圆心处不放置中心线和圆心标记。
- "标记"单选按钮设置在圆心处放置一个与"大小"文本框中的值相同的圆心标记。
- "直线"单选按钮设置在圆心处放置一个与"大小"文本框中的值相同的中心线标记。
- "大小"文本框用于设置圆心标记或中心线的大小。

（3）"折断标注"选项组

使用"标注打断"命令时，"折断标注"选项组，用来确定交点处打断的大小。

（4）"弧长符号"选项组

"弧长符号"选项组控制弧长标注中圆弧符号的显示。各项含义如下：

- "标注文字的前缀"单选按钮：将弧长符号放在标注文字的前面。
- "标注文字的上方"单选按钮：将弧长符号放在标注文字的上方。
- "无"单选按钮：不显示弧长符号。

（5）"半径折弯标注"选项组

"半径折弯标注"选项组控制折弯（Z字形）半径标注的显示。折弯半径标注通常在中心点位于页面外部时创建。

"折弯角度"文本框确定用于连接半径标注的延伸线和尺寸线的横向直线的角度。

（6）"线性折弯标注"选项组

"线性折弯标注"选项组用于设置折弯高度因子，在使用"折弯线性"命令时，折弯高度因子×文字高度就是形成折弯角度的两个顶点之间的距离，也就是折弯高度。

3. "文字"选项卡

"文字"选项卡由"文字外观"、"文字位置"和"文字对齐"三个选项组组成，如图4-25所示。

(1)"文字外观"选项组

"文字外观"选项组可设置标注文字的格式和大小。

- "文字样式"下拉列表框用于设置标注文字所用的样式，单击后面的按钮 ⌊...⌋ ，弹出"文字样式"对话框。

- "文字颜色"下拉列表框用于设置标注文字的颜色。

- "填充颜色"下拉列表框用于设置标注中文字背景的颜色。

- "文字高度"文本框用于设置当前标注文字样式的高度。

- "分数高度比例"文本框可设置分数尺寸文本的相对字高度系数。

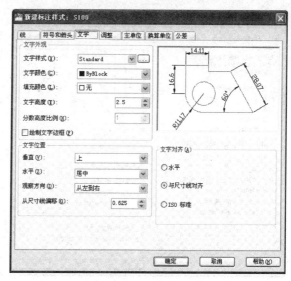

图 4-25 "文字"选项卡

- "绘制文字边框"复选框控制是否在标注文字四周画一个框。

(2)"文字位置"选项组

"文字位置"选项组用于设置标注文字的位置。

- "垂直"下拉列表框设置标注文字沿尺寸线在垂直方向上的对齐方式。

- "水平"下拉列表框设置标注文字沿尺寸线和延伸线在水平方向上的对齐方式。

- "从尺寸线偏移"文本框设置文字与尺寸线的间距。

(3)"文字对齐"选项组

"文字对齐"选项组用于设置标注文字的方向。

- "水平"单选按钮表示标注文字沿水平线放置。

- "与尺寸线对齐"单选按钮表示标注文字沿尺寸线方向放置。

- "ISO标准"单选按钮表示当标注文字在延伸线之间时，沿尺寸线的方向放置；当标注文字在延伸线外侧时，则水平放置标注文字。

4. "调整"选项卡

"调整"选项卡用于控制标注文字、箭头、引线和尺寸线的放置，如图 4-26 所示。

"调整选项"选项组用于控制基于延伸线之间可用空间的文字和箭头的位置。"文字位置"选项组用于设置标注文字从默认位置（由标注样式定义的位置）移动时标注文字的位置。"标注特征比例"选项组用于设置全局标注比例值或图纸空间比例。"优化"选项组提供用于放置标注文字的其他选项。

5. "主单位"选项卡

"主单位"选项卡用于设置主单位的格式及精度，同时还可以设置标注文字的前缀和后缀，如图 4-27 所示。

"线性标注"选项组中可设置线性标注单位的格式及精度。

"测量单位比例"选项组用于确定测量时的缩放系数。"比例因子"文本框设置线性标

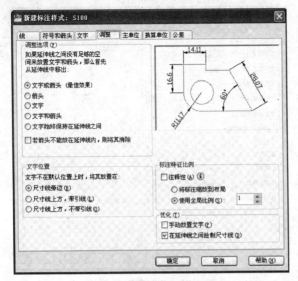

图 4-26 "调整"选项卡

注测量值的比例因子，例如，如果输入 10，则 1mm 直线的尺寸将显示为 10mm，经常用到建筑制图中，绘制 1∶100 的图形比例因子为 1，绘制 1∶50 的图形比例因子为 0.5。

"清零"选项组控制是否显示前导 0 或尾数 0。"前导"复选框用于控制是否输出所有十进制标注中的前导零，例如，"0.100"变成".100"。"后续"复选框用于控制是否输出所有十进制标注中的后续零，例如"2.2000"变成"2.2"。

"角度标注"选项组用于设置角度标注的格式，仅用于角度标注命令。

图 4-27 "主单位"选项卡

4.3.2 创建尺寸标注

AutoCAD 为用户提供了多种类型的尺寸标注，并不是所有的标注功能在建筑制图中都用到，所以下面给读者详细介绍在建筑制图中常用的标注功能。

1. 线性标注

线性标注可以标注水平尺寸、垂直尺寸和旋转尺寸。选择"标注"菜单中的"线性"命令，或单击"标注"工具栏中的"线性"按钮 ⊢，命令行提示如下：

```
命令:_dimlinear
指定第一条延伸线原点或<选择对象>://拾取图 4-28 所示的点 1
指定第二条延伸线原点://拾取图 4-28 所示的点 2
```

指定尺寸线位置或

[多行文字(M)/文字(T)/角度(A)/水平(H)/垂直(V)/旋转(R)]://拾取图 4-28 所示的点 3

标注文字＝20//标注效果如图 4-28 所示,同样可以创建尺寸标注 30

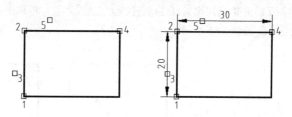

图 4-28 拾取延伸线原点创建线性标注

　　"水平（H）/垂直（V）/旋转（R）"选项是线性标注特有的选项。"水平（H）"选项创建水平线性标注,"垂直（V）"选项创建垂直线性标注,这两个选项不常用,一般情况下,用户可以通过移动光标来快速地确定是创建水平还是垂直标注。如图 4-29 所示,点 1、2 分别为延伸线原点,拾取点 3 创建垂直标注,拾取点 4 创建水平标注。

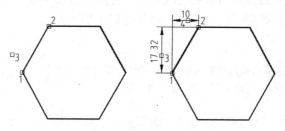

图 4-29 创建垂直、水平标注

　　"旋转（R）"选项用于创建旋转线性标注,以边长为 20 的正六边形为例,直接使用线性标注,是没有办法标注非水平或者垂直的边长度的,但是我们知道正六边形的斜边与水平线成 60 度角,这就可以用"旋转（R）"选项来标注,命令行提示如下:

...//捕捉点 1,2 为延伸线的原点

指定尺寸线位置或

[多行文字(M)/文字(T)/角度(A)/水平(H)/垂直(V)/旋转(R)]:r//输入 r,标注旋转线性尺寸

指定尺寸线的角度＜0＞:60//输入旋转角度为 60

...//指定尺寸线位置,效果如图 4-30 所示

　　在线性标注命令行中,"多行文字（M）/文字（T）/角度（A）"是标注常见的三个选项,我们在线性标注中给读者详细讲解,其他标注中使用方式与此一致,我们将不再赘述。

　　(1)"文字"选项表示在命令行自定义标注文字,要包括生成的测量值,可用尖括号〈 〉表示生成的测量值,若不要包括,则直接输入文字即可。命令行提示如下:

命令:_dimlinear

指定第一条延伸线原点或＜选择对象＞://拾取图 4-31 所示的点 1

指定第二条延伸线原点://拾取图 4-31 所示的点 2

指定尺寸线位置或

［多行文字(M)/文字(T)/角度(A)/水平(H)/垂直(V)/旋转(R)]:t//输入 t,使用文字选项

输入标注文字<30>:矩形长度为〈 〉//输入要标注的文字,添加〈 〉表示保留测量值

指定尺寸线位置或

［多行文字(M)/文字(T)/角度(A)/水平(H)/垂直(V)/旋转(R)]://拾取图 4-31 所示的点 3

标注文字=30//最终效果如图 4-31 所示

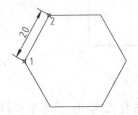 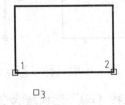 

图 4-30　创建旋转线性标注　　　图 4-31　使用"文字"选项创建线性标注

(2)"多行文字"选项表示在多行文字在位文字编辑器里输入和编辑标注文字,可以通过文字编辑器为测量值添加前缀或后缀,输入特殊字符或符号,也可以完全重新输入标注文字,完成后单击"确定"按钮即可,命令行提示如下:

命令:_dimlinear

指定第一条延伸线原点或<选择对象>://拾取图 4-32 所示的点 1

指定第二条延伸线原点://拾取图 4-32 所示的点 2

指定尺寸线位置或

［多行文字(M)/文字(T)/角度(A)/水平(H)/垂直(V)/旋转(R)]:m//输入 m,弹出在位文字编辑器,按照图 4-33 所示输入文字,单击"确定"按钮

指定尺寸线位置或

［多行文字(M)/文字(T)/角度(A)/水平(H)/垂直(V)/旋转(R)]://拾取图 4-32 所示的点 3

标注文字=30//完成标注,标注效果如图 4-34 所示

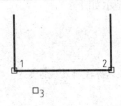  

图 4-32　确定延伸线原点　　图 4-33　输入文字　　图 4-34　多行文字创建线性标注效果

(3)"角度"选项用于修改标注文字的角度,命令行如下:

命令:_dimlinear

指定第一条延伸线原点或<选择对象>://拾取图 4-35 所示的点 1

指定第二条延伸线原点://拾取图 4-35 所示的点 2

指定尺寸线位置或

［多行文字(M)/文字(T)/角度(A)/水平(H)/垂直(V)/旋转(R)]:a//输入 a,设置文字角度

指定标注文字的角度:-15//输入标注文字角度

指定尺寸线位置或

［多行文字(M)/文字(T)/角度(A)/水平(H)/垂直(V)/旋转(R)]://拾取图 4-35 所示的点 3

标注文字=30//完成标注,效果如图 4-35 所示

2. 对齐标注

对齐尺寸标注可以标注某一条倾斜线段的实际长度。选择"标注"菜单中的"对齐"命令，或单击"标注"工具栏中的"对齐"按钮 ，命令行提示如下：

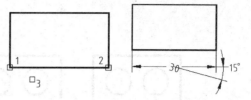

图 4-35 使用"角度"选项创建线性标注

命令：_dimaligned
指定第一条延伸线原点或<选择对象>：//拾取图 4-36 所示的点 1
指定第二条延伸线原点：//拾取图 4-36 所示的点 2
指定尺寸线位置或
[多行文字(M)/文字(T)/角度(A)]：//拾取图 4-36 所示的点 3
标注文字＝26.49//完成效果如图 4-36 所示

3. 弧长标注

弧长标注用于测量圆弧或多段线弧线段上的距离。选择"标注"菜单中的"弧长"命令，或单击"标注"工具栏中的"弧长"按钮 ，命令行提示如下：

命令：_dimarc
选择弧线段或多段线弧线段：//拾取图 4-37 所示的点 1，选择圆弧
指定弧长标注位置或[多行文字(M)/文字(T)/角度(A)/部分(P)/]：//拾取图 4-37 所示的点 2
标注文字＝28.52//完成标注，效果如图 4-37 所示

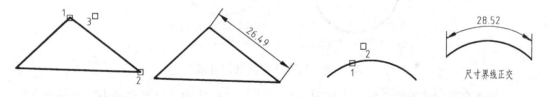

图 4-36 创建对齐标注   图 4-37 创建弧长标注

4. 坐标标注

坐标标注测量原点（称为基准）到标注特征（例如部件上的一个孔）的垂直距离。这种标注保持特征点与基准点的精确偏移量，从而避免增大误差。选择"标注"菜单中的"坐标"命令，或单击"标注"工具栏中的"坐标"按钮 ，命令行提示如下：

命令：_dimordinate
指定点坐标：//拾取图 4-38 所示的点 1
指定引线端点或[X 基准(X)/Y 基准(Y)/多行文字(M)/文字(T)/角度(A)]：x//输入 x，表示创建沿
x 轴测量距离
指定引线端点或[X 基准(X)/Y 基准(Y)/多行文字(M)/文字(T)/角度(A)]：//指定引线端点
标注文字＝2191.41//效果如图 4-38b 所示，按照同样的方法，可以创建 y 轴基准坐标，效果如图 4-38c 所示

5. 半径直径标注

半径和直径标注用于测量圆弧和圆的半径和直径，半径标注用于测量圆弧或圆的半

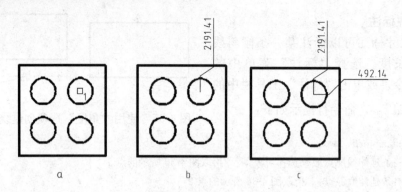

图 4-38　创建坐标标注

径，并显示前面带有字母 R 的标注文字。直径标注用于测量圆弧或圆的直径，并显示前面带有直径符号的标注文字。

　　选择"标注"｜"半径"命令或者单击"标注"工具栏中的"半径标注"按钮可执行半径标注命令。在标注样式中，"优化"选项组会影响延伸线，其对比效果如图 4-39 所示。

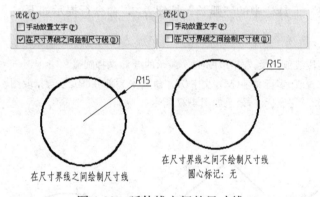

图 4-39　延伸线之间的尺寸线

　　半径和直径标注的圆心标记由如图 4-40 所示标注样式中"符号和箭头"选项卡中的"圆心标记"选项组设置，图 4-41 演示了使用标记和直线的效果。

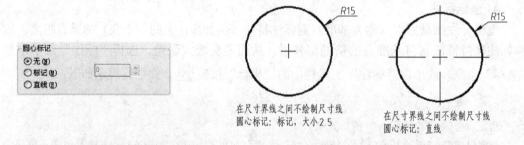

图 4-40　"圆心标记"选项组　　　　图 4-41　圆心标记使用标记和直线效果

6. 折弯半径标注

　　当圆弧或圆的中心位于布局外并且无法在其实际位置显示时，使用 DIMJOGGED 可以创建折弯半径标注，选择"标注"菜单中的"折弯"命令，或单击"标注"工具栏中的"折弯"按钮 　，命令行提示如下：

命令：_dimjogged

选择圆弧或圆：//拾取圆弧上任意点，选择圆弧

指定图示中心位置：//拾取图 4-42 所示的点 1 为标注的中心位置，即原点

标注文字＝50

指定尺寸线位置或[多行文字(M)/文字(T)/角度(A)]：//拾取图 4-42 所示的点 2

指定折弯位置：//拾取图 4-42 所示的点 3 确定折弯位置

7. 角度标注

角度标注用来测量两条直线、三个点之间，或者圆弧的角度。选择"标注"菜单中的"角度"命令，或单击"标注"工具栏中的"角度"按钮 ，命令行提示如下：

命令：_dimangular

选择圆弧、圆、直线或<指定顶点>：//拾取图 4-43 所示的点 1

选择第二条直线：//拾取图 4-43 所示的点 2

指定标注弧线位置或[多行文字(M)/文字(T)/角度(A)/象限点(Q)]：//拾取图 4-43 所示的点 3

标注文字＝55//标注效果如图 4-43 右图所示

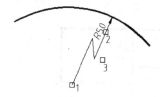

图 4-42　创建折弯半径标注

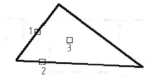 

图 4-43　创建两条直线的角度标注

8. 基线标注

基线标注是自同一基线处测量的多个标注。在创建基线标注之前，必须创建线性、对齐或角度标注。可自当前任务的最近创建的标注中以增量方式创建基线标注。

选择"标注"菜单中的"基线"命令，或单击"标注"工具栏中的"基线"按钮 ，命令行提示如下：

命令：_dimbaseline

指定第二条延伸线原点或[放弃(U)/选择(S)]<选择>：s//输入 s，要求选择基准标注

选择基准标注：//拾取图 4-44 所示的点 1，选择基准标注

指定第二条延伸线原点或[放弃(U)/选择(S)]<选择>：//拾取图 4-44 所示的点 2

标注文字＝37.69

指定第二条延伸线原点或[放弃(U)/选择(S)]<选择>：//拾取图 4-44 所示的点 3

标注文字＝63.97

指定第二条延伸线原点或[放弃(U)/选择(S)]<选择>：//按回车键，完成标注

9. 连续标注

连续标注是首尾相连的多个标注。在创建连续标注之前，必须创建线性、对齐或角度标注。可自当前任务的最近创建的标注中以增量方式创建基线标注。

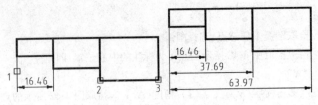

图 4-44　创建基线标注

选择"标注"菜单中的"连续"命令，或单击"标注"工具栏中的"连续"按钮
，命令行提示如下：

命令：_dimcontinue
选择连续标注：//拾取图 4-45 所示的点 1,选择连续标注
指定第二条延伸线原点或[放弃(U)/选择(S)]＜选择＞：//拾取图 4-45 所示的点 2
标注文字＝21.23
指定第二条延伸线原点或[放弃(U)/选择(S)]＜选择＞：//拾取图 4-45 所示的点 3
标注文字＝26.28
指定第二条延伸线原点或[放弃(U)/选择(S)]＜选择＞：//按回车键,完成标注

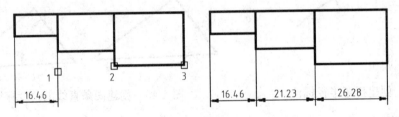

图 4-45　不同基线间距对比效果

10. 快速引线标注

引线对象是一条线或样条曲线，其一端带有箭头，另一端带有多行文字或其他对象。在某些情况下，有一条短水平线（又称为钩线、折线或着陆线）将文字和特征控制框连接到引线上。在命令行输入 QLEADER 命令，命令行提示如下：

命令：qleader
指定第一个引线点或[设置(S)]＜设置＞：//拾取点 1
指定下一点：//拾取点 2
指定下一点：//拾取点 3
指定文字宽度＜0＞：//按回车键
输入注释文字的第一行＜多行文字(M)＞:引线标注//输入注释文字
输入注释文字的下一行：//按回车键,完成注释文字的输入

图 4-46　引线标注

快速引线标注效果如图 4-46 所示。在命令行中输入 s 选项，弹出如图 4-47 所示的"引线设置"对话框，不同的引线设置，引线的操作以及创建的对象也不完全相同。"引线设置"对话框有三个选项卡："注释"选项卡设置引线注释类型、指定多行文字选项，并指明是否需要重复使

用注释；"引线和箭头"选项卡用于设置引线和箭头的形式；当引线注释为"多行文字"时，才会出现"附着"选项卡，用于设置引线和多行文字注释的附着位置。

4.3.3 尺寸标注编辑

AutoCAD 提供 DIMEDIT 和 DIMTE-DIT 两个命令对尺寸标注进行编辑。

（1）dimedit

选择"标注"菜单下的"倾斜"命令，或单击"编辑标注"按钮，命令行提示如下：

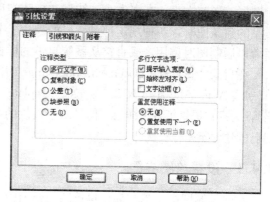

图 4-47 "引线设置"对话框

> 命令：_dimedit
> 输入标注编辑类型[默认(H)/新建(N)/旋转(R)/倾斜(O)]<默认>：

此提示中有四个选项，分别为默认（H）、新建（N）、旋转（R）、倾斜（O），各含义如下：

- 默认：此选项将尺寸文本按 DDIM 所定义的默认位置、方向重新放置。
- 新建：此选项是更新所选择的尺寸标注的尺寸文本。
- 旋转：此选项是旋转所选择的尺寸文本。
- 倾斜：此选项实行倾斜标注，即编辑线性尺寸标注，使其延伸线倾斜一个角度，不再与尺寸线相垂直，常用于标注锥形图形。

（2）dimtedit

选择"标注"菜单中"对齐文字"级联菜单下的相应命令，或单击"编辑标注文字"按钮，命令行提示如下：

> 命令：_dimtedit
> 选择标注：//选择需要编辑标注文字的尺寸标注
> 指定标注文字的新位置或[左(L)/右(R)/中心(C)/默认(H)/角度(A)]：//

此提示有左（L）、右（R）、中心（C）、默认（H）、角度（A）五个选项，各项含义如下：

- 左：此选项的功能是更改尺寸文本沿尺寸线左对齐。
- 右：此选项的功能是更改尺寸文本沿尺寸线右对齐。
- 中心：此选项的功能是更改尺寸文本沿尺寸线中间对齐。
- 默认：此选项的功能是将尺寸文本按 DDIM 所定义的缺省位置、方向、重新放置。
- 角度：此选项的功能是旋转所选择的尺寸文本。

4.4 创建样板图

在建筑制图中，设计人员在绘图时，都需要严格按照各种制图规范进行绘图，因此对于图框、图幅大小、文字大小、线型和标注类型等，都是有一定限制的。绘制相同或相似类型的建筑图时，各种规定都是一样的。为了节省时间，设计人员就可以创建一个样板图留着以后制图时调用，或直接从系统自带的样板图中选择合适的来使用。

在目录"安装盘 \ DocumentsandSettings \ 用户名 \ LocalSettings \ ApplicationData \ Autodesk \ AutoCAD2010 \ R18.0 \ chs \ Template"中（"用户名"为安装软件的计算机的用户名），为用户提供了各种样板。但是由于提供的样板与国际标准相差比较大，一般用户可以自己创建建筑图样板文件。

4.4.1 设置绘图界限

在建筑制图中，基本都在建筑图纸幅面中绘图，也就是说，一个图框限制了绘图的范围，其绘图界限不能超过这个范围。建筑制图标准中对于图纸幅面和图框尺寸的规定如表4-2 所示。

幅面及图框尺寸表　　　　　　　　　　　　　　　　　　　表 4-2

幅面代号 尺寸代号	A0	A1	A2	A3	A4
$b \times l$	841×1189	594×841	420×594	297×420	210×297
c	10				5
a	25				

其中，b 表示图框外框的宽度，l 表示图框外框的长度，a 表示装订边与图框内框的距离，c 表示 3 条非装订边与图框内框的距离。具体含义可查阅《房屋建筑制图统一标准》中关于图纸幅面的规定。

在本书中，将要介绍的建筑图形大概需要 A2 大小的图纸，所以这里以 A2 大小的图纸绘图界限设置为例讲解设置方法。

（1）选择"格式"｜"绘图界限"命令，命令行提示如下：

```
命令：_limits
重新设置模型空间界限：
指定左下角点或[开(ON)/关(OFF)]<0.0000,0.0000>：0,0//输入左下角点的坐标
指定右上角点<420.0000,297.0000>：59400,42000//输入右上角点的坐标,按 Enter 键
```

（2）选择"视图"｜"缩放"｜"范围"命令，使得设定的绘图界限在绘图区域内。

4.4.2 绘制图框

图幅由比较简单的线组成，绘制方法比较简单，以下根据表 4-2 中 A2 图纸的尺寸要求进行绘制，创建 A2 图幅和图框，具体操作步骤如下：

（1）在已经创建好的绘图界限内，执行"矩形"命令，绘制 59400×42000 的矩形，第一个角点为（0，0），另外一个角点为（59400，42000），单击"分解"按钮，将矩形分解，效果如图 4-48 所示。

（2）执行"偏移"命令，将矩形的上、下、右边向内偏移1000，效果如图 4-49 所示。

（3）执行"偏移"命令，将矩形左边向右偏移 2500，并修剪，效果如图 4-50 所示。

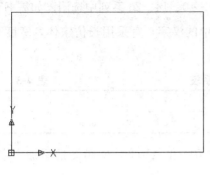

图 4-48　绘制矩形

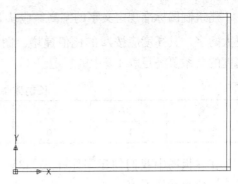

图 4-49　偏移上下右边

（4）在绘图区任意位置绘制 24000×4000 矩形，执行"分解"命令将矩形分解，效果如图 4-51 所示。

图 4-50　偏移左边并修剪

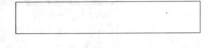

图 4-51　绘制 24000×4000 矩形

（5）使用"偏移"命令，将矩形分解后的上边和左边分别向下和向右偏移，向下偏移的距离为 1000，水平方向见尺寸标注，效果如图 4-52 所示。

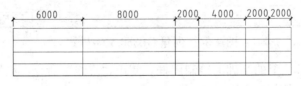

图 4-52　分解偏移

（6）执行"修剪"命令，修剪步骤 5 偏移生成的直线，效果如图 4-53 所示。

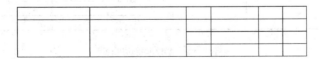

图 4-53　修剪偏移线

4.4.3　添加图框文字

建筑制图中对于文字是有严格规定的，在一幅图纸中一般也就几种文字样式，为了使用的方便，制图人员通常预先创建可能会用到的文字样式，对文字样式进行命名，并对每种文字样式设置参数，制图人员在制图的时候，直接使用文字样式即可。

建筑制图标准规定文字的字高，应从 3.5、5、7、10、14、20 系列中选用。如需书写更大的字，其高度应按 $\sqrt{2}$ 的比值递增。图样及说明中的汉字，宜采用长仿宋体，宽度与高度的关系要满足表 4-3 中的规定。

长仿宋体字高宽关系表　　　　　　　　　　　　　表 4-3

字高	20	14	10	7	5	3.5
字宽	14	10	7	5	3.5	2.5

在样板图中我们创建字体样式 A350、A500、A700 和 A1000，并给图框添加文字，具体操作步骤如下：

（1）选择"格式"|"文字样式"命令，弹出"文字样式"对话框，单击"新建"按钮，弹出"新建文字样式"对话框，设置样式名为 A350，单击"确定"按钮，回到"文字样式"对话框，在"字体名"下拉列表中选择"仿宋 _ GB2312"，设置高度为 350，宽度比例为 0.7，单击"应用"按钮，A350 样式创建完成。按照同样的方法创建 A500、A700、A1000，字高分别为 500、700 和 1000，效果如图 4-54 所示。

图 4-54　创建 GB350 文字样式

（2）继续在 4.2.2 节的基础上绘制图框。使用"直线"命令，绘制如图 4-55 所示的斜向直线辅助线，以便创建文字对象。

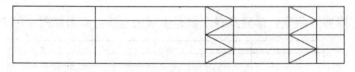

图 4-55　创建辅助直线

（3）选择"绘图"|"文字"|"单行文字"命令，输入单行文字，命令行提示如下：

```
命令:_dtext
当前文字样式:A1000　当前文字高度:1000.000
指定文字的起点或[对正(J)/样式(S)]:s//输入 s,设置文字样式
输入样式名或[?]<H1000>:A500//选择文字样式 A500
当前文字样式:A500　当前文字高度:500.000//
```

指定文字的起点或[对正(J)/样式(S)]：j//输入 j，指定对正样式

输入选项

[对齐(A)/调整(F)/中心(C)/中间(M)/右(R)/左上(TL)/中上(TC)/右上(TR)/左中(ML)/正中(MC)/右中(MR)/左下(BL)/中下(BC)/右下(BR)]：mc//输入 mc，表示正中对正

指定文字的中间点：//捕捉所在单元格的辅助直线的中点

指定文字的旋转角度<0>：//按回车键，弹出单行文字动态输入框

（4）在动态输入框中输入文字，"设"和"计"中间插入两个空格，效果如图 4-56 所示。

（5）使用同样的方法，捕捉步骤 2 创建的直线的中点为文字对正点，输入其他文字，效果如图 4-57 所示。

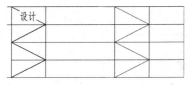

图 4-56 输入文字"设计"　　　　　图 4-57 仿照"设计"输入其他文字

（6）继续执行"单行文字"命令，创建其他文字，文字样式为 A500，文字位置不作精细限制，效果如图 4-58 所示。

设计公司		工程名称		设计		类别	
公司图标		图名		校对		专业	
				审核		图号	
				审定		日期	

图 4-58 输入位置不作严格要求文字

（7）执行"移动"命令，选择图 4-58 所示标题栏的全部图形和文字，指定基点为标题栏的右下角点，插入点为图框的右下角点，移动到图框中的效果如图 4-59 所示。

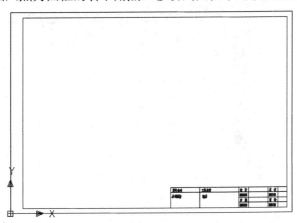

图 4-59 移动标题栏到图框中

（8）执行"矩形"命令绘制 20000×2000 的矩形，并将矩形分解。

（9）将分解后的矩形的上边依次向下偏移 500，左边依次向右偏移 2500，效果如图 4-60 所示。

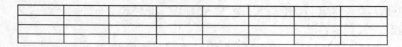

图 4-60　创建会签栏图形

（10）采用步骤 2 的方法，绘制斜向直线构造辅助线。

（11）执行"单行文字"命令，输入单行文字，对正方式 mc，文字样式为 A350，文字的插入点为斜向直线的中点，其中"建筑"、"结构"、"电气"、"暖通"文字中间为四个空格，"给排水"文字每个字之间一个空格，效果如图 4-61 所示。

	建筑				暖通
结构				
电气				
给排水				

图 4-61　创建会签栏文字

（12）删除步骤 10 创建的斜向构造辅助线。执行"旋转"命令，命令行提示如下：

命令：_rotate
UCS 当前的正角方向：ANGDIR=逆时针　ANGBASE=0
选择对象：指定对角点：找到 19 个//选择会签栏的图形和文字
选择对象：//按回车键，完成选择
指定基点：//指定会签栏的右下角点为基点
指定旋转角度，或[复制(C)/参照(R)]<0>：90//输入旋转角度，按回车键，完成旋转，效果如图 4-62 所示

（13）执行"移动"命令，移动对象为图 4-62 所示会签栏图形和对象，基点为会签栏的右上角点，插入点为图框的左上角点，效果如图 4-63 所示。

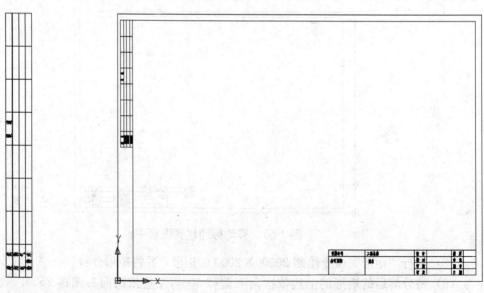

图 4-62　旋转会签栏　　　　　　　　　　图 4-63　移动会签栏到图框

4.4.4　创建尺寸标注样式

《房屋建筑制图统一标准》（GB/T 50001—2001）中对建筑制图中的尺寸标注有着详细的规定。

尺寸界线应用细实线绘制，一般应与被注长度垂直，其一端应离开图样轮廓线不小于2mm，另一端宜超出尺寸线 2～3mm。图样轮廓线可用作尺寸界线，如图 4-64 所示。

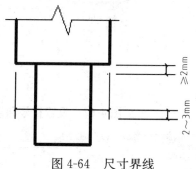

图 4-64　尺寸界线

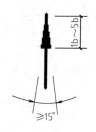

图 4-65　箭头尺寸起止符

尺寸线应用细实线绘制，应与被注长度平行。图样本身的任何图线均不得用作尺寸线。因此尺寸线应调整好位置避免与图线重合。

尺寸起止符号一般用中粗斜短线绘制，其倾斜方向应与尺寸界线成顺时针 45°角，长度宜为 2～3mm。半径、直径、角度与弧长的尺寸起止符号，宜用箭头表示，如图 4-65 所示。

图样上的尺寸，应以尺寸数字为准，不得从图上直接量取。但建议用按比例绘图，这样可以减少绘图错误。图样上的尺寸单位，除标高及总平面以米为单位外，其他必须以毫米为单位。

本书的绘图比例可能会涉及 1∶100、1∶50 和 1∶25，因此需要创建 3 种标注样式，分别命名为 S1-100、S1-50 和 S1-25，具体操作步骤如下：

（1）选择"格式"｜"标注样式"命令，弹出"标注样式管理器"对话框，单击"新建"按钮，弹出"创建新标注样式"对话框，设置新样式名为 S1-100。

（2）单击"继续"按钮，弹出"新建标注样式"对话框，对"线"、"符号和箭头"、"文字"和"主单位"等选项卡的参数分别进行设置，"线"选项卡设置如图 4-66 所示。

（3）选择"符号和箭头"选项卡，设置箭头为"建筑标记"，箭头大小为 2.5，设置如图 4-67 所示。

（4）选择"文字"选项卡，单击"文字样式"下拉列表框后的按钮 … ，弹出"文字样式"对话框，创建新的文字样式 A250，设置如图 4-68 所示。

（5）在"文字样式"下拉列表中选择 A250 文字样式，其他设置如图 4-69 所示。

（6）选择"调整"选项卡，设置全局比例为 100，其他设置如图 4-70 所示。

（7）选择"主单位"选项卡，设置单位格式为"小数"，精度为 0，其他设置如图4-71所示。

（8）设置完毕后，单击"确定"按钮，完成标注样式 S1-100 的创建。重复以上步骤，创建标注样式 S1-50。以 S1-100 为基础样式创建 S1-50，仅在"主单位"选项卡的测量单

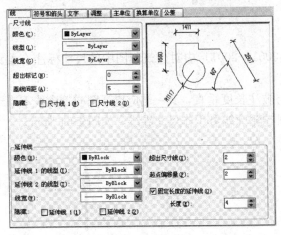

图 4-66　设置线

图 4-67　设置符号和箭头

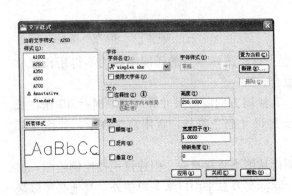

图 4-68　创建标注文字样式 A250

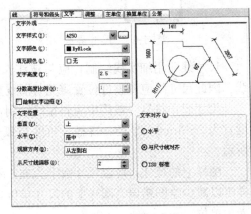

图 4-69　设置文字

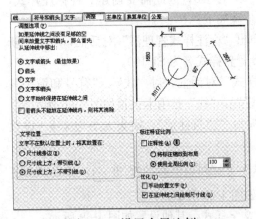

图 4-70　设置全局比例

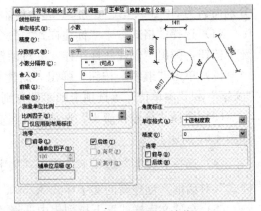

图 4-71　设置主单位

图 4-72　设置比例因子

位比例"比例因子"上有区别，如图 4-72 所示设置 S1-50 比例因子为 0.5。同样，创建 S1-25 标注样式，比例因子为 0.25。

（9）当各种设置完成之后，就需要把图形保存为样板图。选择"文件"｜"另存为"命令，弹出"图形另存为"对话框，在"文件类型"下拉列表框中选择"AutoCAD 图形样板"选项，可以把样板图保存在 AutoCAD 默认的文件夹中，设置样板图名为 A2，如图 4-73 所示。

图 4-73　保存样板图

　　（10）单击"确定"按钮，弹出"样板说明"对话框，在"说明"栏中输入样板图的说明文字，单击"确定"按钮，即可完成样板图文件的创建。

4.4.5　调用样板图

　　选择"文件"｜"新建"命令，弹出"选择文件"对话框，在 AutoCAD 默认的样板文件夹中可以看到定义的 A2 样板图，如图 4-74 所示。选择 A2 样板图，单击"确定"按钮，即可将其打开。用户可以在样板图中绘制具体的建筑图，然后另存为图形文件。

图 4-74　调用样板图

4.5　创建建筑制图总说明

　　建筑施工说明是建筑施工图中最重要的说明文字，在重要的图纸中往往会占到一页到两页图纸的分量，建筑施工说明包括大量的文字内容和以表格表现的内容。施工设计说明的绘制比较灵活，不同的绘图人员有不同的设计方法。本节对这些内容的创建方法给予介绍。

4.5.1 创建建筑制图总说明

使用单行文字、多行文字均可以创建建筑施工总说明，对于少量的文字，可以使用单行文字创建，对于大量的文字，建议用户使用多行文字创建，或者在 Word 中输入完文字后，复制到多行文字中。

下面使用多行文字方法绘制如图 4-75 所示的建筑施工图设计说明（见光盘）。其中，"建筑施工图设计说明"字高 1000，"一、建筑设计"字高 500，其余字高 350，本例在第 4.4 节创建的样板图中进行绘制，具体操作步骤如下：

建筑施工图设计说明

一、建筑设计
本设计包括A、B两种独立的别墅设计和结构设计
（一）图中尺寸
除标高以米为单位外，其他均为毫米
（二）地面
1.水泥砂浆地面：20厚1：2水泥砂浆面层，70厚C10混凝土，80厚碎石垫层，素土夯实。
2.木地板底面：18厚企口板，50×60木搁栅，中距400（涂沥青），ø6，L=160钢筋固定
@1000，刷冷底子油二度，20厚1：3水泥砂浆找平。
（三）楼面
1.水泥砂浆楼面：20厚1：2水泥砂浆面层，现浇钢筋混凝土楼板。
2.细石混凝土楼面：30厚C20细石混凝土加纯水泥砂浆，预制钢筋混凝土楼板。

图 4-75　建筑施工图设计说明效果

（1）选择"绘图"｜"文字"｜"多行文字"命令，打开多行文字编辑器。

（2）在"文字样式"下拉列表框中选择文字样式 A350，在文字输入区输入总说明的文字，效果如图 4-76 所示。

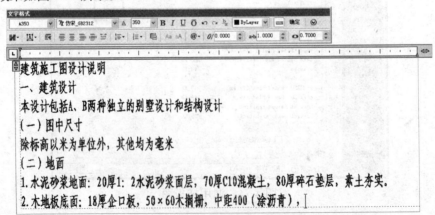

图 4-76　输入建筑施工图说明文字

（3）在图 4-76 文字后，需要输入直径符号，单击"选项"按钮 @▾，在弹出的下拉菜单中选择"符号"｜"直径"命令，如图 4-77 所示，完成直径符号输入。

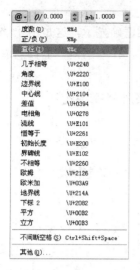

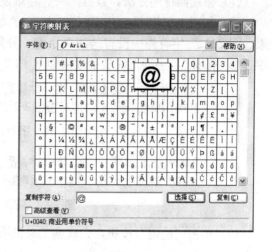

图 4-77　输入直径符号　　　　　　　　　　　　图 4-78　输入@符号

（4）继续输入文字，需要输入@符号，单击"选项"按钮 **@▾**，在弹出的下拉菜单中选择"符号"|"其他"命令，弹出"字符映射表"对话框，如图 4-78 所示，选择@符号，单击"选择"按钮，再单击"复制"按钮，就可以复制到文字编辑区中。

（5）继续输入文字，文字输入完成效果如图 4-79 所示。

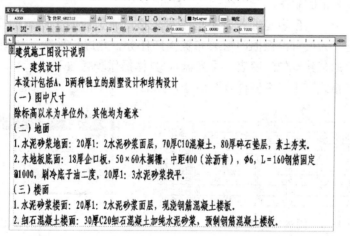

图 4-79　输入文字效果

（6）选择文字"建筑施工图设计说明"，在"字高"微调框中输入 1000，设置字高为1000，效果如图 4-80 所示。

图 4-80　改变文字"建筑施工图设计说明"字高

（7）使用同样的方法，设置"一、建筑设计"字高为 500。

（8）如图 4-81 所示，步骤（3）和（4）输入的字符均不能正确显示，这是由于"仿宋_GB2312"字符库中没有这两个字符，分别选中这两个字符，在"字体"下拉列表框中选择"宋体"，字符正常显示效果如图 4-82 所示。

2.木地板底面：18厚企口板，50×60木搁栅，中距400（涂沥青），▨，L＝160钢筋固定@1000，刷冷底子油二度，20厚1：3水泥砂浆找平。

图 4-81　字符的非正常显示

2.木地板底面：18厚企口板，50×60木搁栅，中距400（涂沥青），∅6，L＝160钢筋固定@1000，刷冷底子油二度，20厚1：3水泥砂浆找平。

图 4-82　字符的正常显示

（9）单击"确定"按钮，完成施工总说明的创建。

4.5.2　绘制各种建筑表格

表格也是建筑制图中非常重要的一个组成部分，在早期的 AutoCAD 版本中，由于表格功能还不完善，因此表格的创建通常通过直线和单行文字完成，比较繁琐，随着 Auto-CAD 的不断升级和完善，表格的创建变得非常简单，用户可以随心所欲地创建各种建筑制图表格。在建筑施工说明中，存在着大量的表格，譬如门窗表、材料表等。本节通过门窗表的创建介绍表格的制作。

在建筑制图中，门窗表是非常常见的一种表格，通常标明了门窗的型号、数量、尺寸、材料等。施工人员可以根据门窗表布置生产任务，并进行采购。如图 4-83 所示是使用表格功能创建的某建筑的门窗表（见光盘），具体操作步骤如下：

（1）选择"格式"｜"表格样式"命令，弹出"表格样式"对话框。

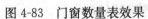

门窗数量表

门窗型号	宽×高	数量					备注
		地下一层	一层	二层	三层	总数	
C1212	1200×1200	0	2	0	0	2	铝合金窗
C2112	2100×1200	0	2	0	0	2	铝合金窗
C1516	1500×1600	0	0	1	1	2	铝合金窗
C1816	1800×1600	0	0	1	1	2	铝合金窗
C2119	2100×1900	8	6	0	0	14	铝合金窗
C2116	2100×1600	0	0	11	11	22	铝合金窗

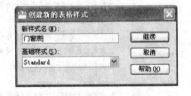

图 4-83　门窗数量表效果　　　　图 4-84　"创建新的表格样式"对话框

（2）单击"新建"按钮，弹出"创建新的表格样式"对话框，在"新样式名"文本框中输入"门窗表"，在"基础样式"下拉列表框中选择 Standard，如图 4-84 所示。

（3）单击"继续"按钮，弹出"新建表格样式"对话框，设置表格样式。"数据"和"表头"单元样式的参数设置如图 4-85 所示，"标题"单元样式"常规"选项卡设置与"数据"单元相同，"文字"选项卡设置如图 4-86 所示。

（4）其他表格样式不作改变，单击"确定"按钮，完成表格样式设置，回到"表格样式"对话框，"样式"列表中出现"门窗表"样式，单击"关闭"按钮完成创建。

（5）选择"绘图"｜"表格"命令，弹出"插入表格"对话框，选择表格样式名称为"门窗表"，列数为8，行数为7，设置"第二行单元样式"为"数据"单元，如图 4-87 所示。

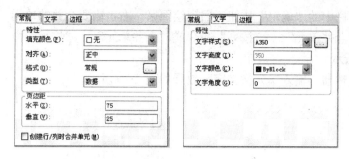

图 4-85 设置"数据"和"表头"单元样式参数   图 4-86 设置"标题"单元
样式参数

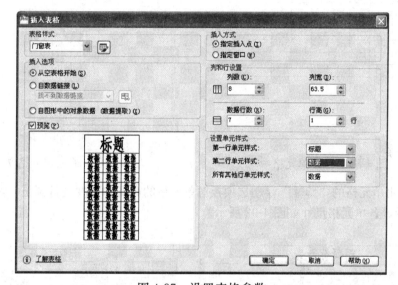

图 4-87 设置表格参数

(6) 单击"确定"按钮,进入表格编辑器,输入表格标题"门窗数量表",如图 4-88 所示。

图 4-88 输入门窗表标题

（7）单击"文字格式"工具栏中的"确定"按钮，回到绘图区。右击需要合并的单元格，从弹出的快捷菜单中选择"合并单元"｜"按列"命令或"合并单元"｜"按行"命令合并单元格，效果如图 4-89 所示。

（8）双击表格，进入表格编辑器，输入单元格文字，效果如图 4-90 所示。

图 4-89　合并单元格　　　　　　　　　　　　图 4-90　输入单元格文字

（9）使用单元格的"特性"浮动选项板对单元格的高度和宽度进行调整，调整效果如图 4-91 所示，各单元格尺寸如图 4-92 所示。

门窗型号	宽×高	数量					备注
		地下一层	一层	二层	三层	总数	
C1212	1200×1200	0	2	0	0	2	铝合金窗
C2112	2100×1200	0	2	0	0	2	铝合金窗
C1516	1500×1600	0	0	1	1	2	铝合金窗
C1816	1800×1600	0	0	1	1	2	铝合金窗
C2119	2100×1900	8	6	0	0	14	铝合金窗
C2116	2100×1600	0	0	11	11	22	铝合金窗

图 4-91　调整高度和宽度后的门窗表　　　　　图 4-92　门窗表单元格尺寸

（10）选中门窗表，在"修改"工具栏中单击"分解"按钮，将表格分解，删除标题部分的直线，效果如图 4-93 所示。

门窗数量表

门窗型号	宽×高	数量					备注
		地下一层	一层	二层	三层	总数	
C1212	1200×1200	0	2	0	0	2	铝合金窗
C2112	2100×1200	0	2	0	0	2	铝合金窗
C1516	1500×1600	0	0	1	1	2	铝合金窗
C1816	1800×1600	0	0	1	1	2	铝合金窗
C2119	2100×1900	8	6	0	0	14	铝合金窗
C2116	2100×1600	0	0	11	11	22	铝合金窗

图 4-93　删除标题栏处的直线

4.6 习题

4.6.1 填空题

（1）对于 AutoCAD 来说，字体显示有两种方法，一种是使用＿＿＿＿＿＿字体，另一种是使用 cad 的＿＿＿＿＿＿字体。

（2）用户在创建多行文字的时候，可以通过在位文字编辑器中的＿＿＿＿＿＿级联菜单供用户选择特殊符号的输入方法。

（3）AutoCAD 中，表格一般有＿＿＿＿＿、＿＿＿＿＿和＿＿＿＿＿三部分组成。

（4）创建表格时，"自数据链接"创建方式表示从外部＿＿＿＿＿＿中获得数据创建表格。

（5）一般的线性尺寸标注包括＿＿＿＿＿、＿＿＿＿＿、＿＿＿＿＿和＿＿＿＿＿四部分。

4.6.2 选择题

（1）创建单行文字时，％％p 表示＿＿＿＿＿＿。

A. 温度符号　　　　B. 正负号　　　　C. 直径符号　　　　D. 下划线

（2）"新建标注样式"对话框中的"符号和箭头"选项卡，"圆心标记"选项组的设置对＿＿＿＿＿＿标注能产生作用。

A. 线性标注　　　　B. 坐标标注　　　　C. 直径标注　　　　D. 圆心标注

（3）"新建标注样式"对话框中的"符号和箭头"选项卡，"弧长符号"选项组的设置对＿＿＿＿＿＿标注能产生作用。

A. 角度标注　　　　B. 圆弧标注　　　　C. 半径标注　　　　D. 直径标注

（4）需要直接测量一条非水平、非垂直的直线的长度，可以使用＿＿＿＿＿＿标注。

A. 坐标标注　　　　B. 线性标注　　　　C. 对齐标注　　　　D. 基线标注

（5）《房屋建筑制图统一标准》中规定的 A2 图幅的具体尺寸是＿＿＿＿＿＿。

A. 420×594　　　B. 297×420　　　C. 1189×841　　　D. 210×297

4.6.3 上机题

1. 使用单行文字功能创建如图 4-94 所示的东向立面图图题，文字高度为 700，字体为仿宋体 _ GB2312，宽度比例 0.7。

万科星城2号楼A户型东向立面图 1:100

图 4-94　东向立面图标题

2. 创建文字说明，其中"建筑节能措施说明："文字使用 A500 文字样式，其他文字使用 A350 文字样式，效果如图 4-95 所示。

3. 创建如图 4-96 所示的门窗表，表格标题文字的文字样式为 A1000，表格文字的文字样式为 A350。

建筑节能措施说明:

1. 外墙体: 苏01SJ101-A6/12聚苯颗粒保温层厚20, 抗裂砂浆分别厚5(涂料), 10(面砖).
2. 屋面: 苏02ZJ207-7/27聚苯乙烯泡沫塑料板作隔热层厚30.
3. 露台: 苏03ZJ207-17/14聚苯乙烯泡沫塑料板作隔热层厚30.
4. 外窗及阳台门: 硬聚氯乙烯塑料门窗, 气密性等级为Ⅱ级.
5. 外门窗北立面采用中空玻璃, 南立面采用5mm厚普通玻璃.

图 4-95　"建筑节能措施说明"效果

门窗表

| 类型 | 型号 | 宽×高 | 数量 | | | | 说明 |
			一层	二层	阁楼层	总数	
门	M1	800×2100	1	1	1	3	见详图, 采用塑钢型材和净白玻璃
	M2	900×2100	2			2	见详图, 采用塑钢型材和净白玻璃
	M3	1000×2100	1	4		5	见详图, 采用塑料型材和净白玻璃
	M4	1200×2400	3	1		4	见详图, 采用塑钢型材和净白玻璃
	M5	1800×2100	1		1	2	见详图, 采用塑钢型材和净白玻璃
窗	C1	600×600		2	1	3	见详图, 采用塑钢型材和净白玻璃
	C2	900×1200	2	2		4	见详图, 采用塑钢型材和净白玻璃
	C3	900×1500	4			4	见详图, 采用塑钢型材和净白玻璃
	C4	1200×1500		3		3	见详图, 采用塑钢型材和净白玻璃
	C5	1500×1500		1		1	见详图, 采用塑钢型材和净白玻璃

图 4-96　门窗表

填空题答案

(1) truetype、shx

(2) "符号"

(3) 标题、表头、数据

(4) Excel 电子表格

(5) 标注文字、尺寸线、箭头和延伸线

选择题答案

(1) B　(2) CD　(3) B　(4) BC　(5) A

第5章 建筑制图中基本图形的创建

我们在绘制建筑施工图的时候都知道，虽然各种建筑的结构形式或者空间布局不尽相同，但是一些规定的标准图形基本是一致的，譬如轴线符号、标高符号等。另外，对于常见的窗、门、洁具等，由于并不需要在建筑施工图中反映其具体的形状和构造，因此也用一些通用的图形来表示。对于这些建筑施工图中的基本图形，由于重复使用的次数比较多，我们通常先绘制，然后可以将这些图形制作成图块或放到设计中心，以便绘图时调用，达到事半功倍的效果。

本章旨在介绍各种基本图形的通用画法，对前面章节所讲解的二维绘图技术有所演练，同时帮助用户掌握一些重复使用的常规图形的创建和使用方法。

5.1 基本图形创建概述

建筑施工图中的基本图形的创建，通常有 4 种方法：

（1）从设计中心调用系统自带的基本图形。

（2）从工具选项板调用系统自带的基本图形。

（3）自己绘制建筑制图规定的基本图形，保存为块或动态块，在绘图时调用。

（4）在绘图需要时直接绘制基本图形。

5.1.1 设计中心

选择"工具"│"选项板"│"设计中心"命令，弹出"设计中心"浮动面板，如图 5-1 所示。在设计中心，AutoCAD 预置了比较多的外部参照和块，用户可以对这些内容进行访问，可以将这些源图形拖动到当前图形中，从而简化绘图过程。

图 5-1 显示的是 House Designer. dwg 中预置的图块。唯一不好的一点是，设计中心

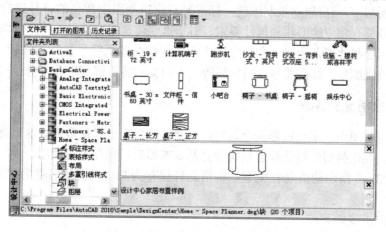

图 5-1 使用设计中心创建图形

的块不都是公制的，基本都是英制的，用户在使用时要注意。

5.1.2 工具选项板

选择"工具"｜"选项板"｜"工具选项板"命令，弹出工具选项板浮动面板，如图 5-2 所示为"注释"和"建筑"选项卡中预置的建筑制图常用符号和图形。工具选项板中提供了英制和公制两种类型，给用户比较大的选择余地。

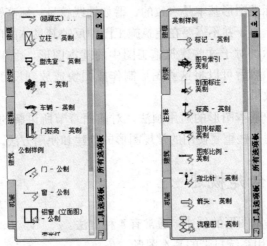

图 5-2　使用工具选项板插入图形

5.1.3 块和动态块

除了使用设计中心和工具选项板直接在绘图区插入预置的建筑符号和基本图形外，最通用也是最普遍使用的方法是，创建图形的带属性的块或创建动态块保存在图形文件或样板文件中，在需要使用时插入块即可。

5.2 创建建筑施工图中的标准注释符号

在建筑制图中，《房屋建筑制图统一标准》对建筑制图中常见的符号进行了规定，每一种建筑符号都有相应的形状和尺寸要求，对于这些建筑标准符号，用户可以按照制图规范的规定进行绘制并保存为块，方便以后使用。这样的标准符号包括指北针、剖切符号、索引符号、轴线编号、标高符号、折断线等，下面我们将讲解其中几个符号的创建方法。

5.2.1 创建指北针图块

在每个建筑图中，指北针都是必需的，指北针的类型也有很多种。这里将介绍其中一种绘制方法，其他类型的指北针也是绘制完基本图形后，保存为块使用。

绘制如图 5-3 所示的指北针图案，将指北针保存为图块，图块名称为"指北针"，基点为圆心。

具体操作步骤如下：

（1）打开 A2 样板，在 A2 样板中创建指北针图块。

　　（2）执行"圆"命令，在图框内拾取一点为圆心，分别绘制半径为
1000 和 1200 的同心圆，如图 5-4 所示。

　　（3）执行"多段线"命令，绘制指北轮廓线，命令行提示如下：

图 5-3　指北针
图块

命令：_pline
指定起点：//拾取步骤 2 绘制圆的圆心
当前线宽为 0.0000
指定下一个点或[圆弧(A)/半宽(H)/长度(L)/放弃(U)/宽度(W)]：@2500＜90
指定下一点或[圆弧（A）/闭合（C）/半宽（H）/长度（L）/放弃（U）/宽度
(W)]：@5000＜－76
　　指定下一点或[圆弧（A）/闭合（C）/半宽（H）/长度（L）/放弃(U)/宽度(W)]：
@2060＜126//依次输入下一点的相对极坐标
　　指定下一点或[圆弧(A)/闭合(C)/半宽(H)/长度(L)/放弃(U)/宽度(W)]：//按回
车结束，效果见图 5-5

图 5-4　绘制同心圆

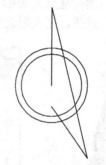

图 5-5　绘制轮廓线

　　（4）执行"镜像"命令，将步骤 3 绘制的轮廓线镜像，镜像线为多段线竖直线上任意
两点的连线，镜像效果如图 5-6 所示。

　　（5）执行"分解"命令，将多段线分解，执行"延伸"命令，按照图 5-7 选择延伸边
界和要延伸的对象，完成延伸操作。

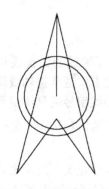

图 5-6　镜像轮廓线

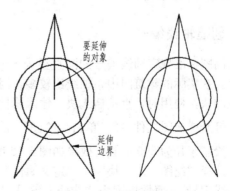

图 5-7　延伸竖直线

　　（6）执行"修剪"命令，对图形的多余部分进行修剪，修剪效果如图 5-8 所示。

　　（7）执行"图案填充"命令，选择填充图案为 SOLID，在指北轮廓线右半部分内分

图 5-8　修剪图形

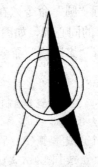
图 5-9　填充图形

别拾取一点确定填充区域，填充效果如图 5-9 所示。

（8）执行"绘图"|"单行文字"命令，在指北针上方使用 A500 文字样式添加文字"北"，效果见图 5-10。

（9）选择"绘图"|"块"|"创建"命令，弹出"块定义"对话框，选择图 5-10 所示的图形为块对象，捕捉基点为圆的圆心，命名图块名称为"指北针"，设置如图 5-11 所示，单击"确定"按钮，完成指北针图块的创建。

图 5-10　添加文字

图 5-11　创建图块

5.2.2　创建轴线编号

建筑制图标准规定轴线编号的圆直径为 8～10mm，圆心位于轴线的延长线和延长线的折线上。在实际的建筑图中，轴线比较多，因此编号也就比较多。通常将轴线编号定义为带属性的块，使用时，直接插入块，输入属性值即可。创建轴线编号的具体步骤如下：

（1）打开样板图文件 A2，单击"绘图"工具栏中的"圆"按钮 ⊘，任意拾取一点为圆心，绘制半径为 500 的圆，效果如图 5-12 所示。

（2）选择"绘图"|"块"|"定义属性"命令，弹出"属性定义"对话框，设置标记为"轴线编号"，属性提示为"请输入编号："，属性值为 1，文字对正方式为"正中"，文字样式为 A500，如图 5-13 所示。

（3）在"插入点"选项组中选择"在屏幕上指定"复选框，单击"确定"按钮，回到绘图区，命令行提示"指定起点："，捕捉圆的圆心作为起点，完成的效果如图 5-14 所示。

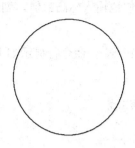

图 5-12 绘制半径 500 的圆   图 5-13 定义轴线编号属性

（4）选择"绘图"｜"块"｜"创建"命令，弹出"块定义"对话框，如图 5-15 所示，在"名称"文本框中输入"竖向轴线编号"，单击"选择对象"按钮，在绘图区拾取所有对象，单击"拾取点"按钮，在绘图区拾取如图 5-16 所示的圆的象限点。

图 5-14 圆和属性值   图 5-15 设置"块定义"对话框

（5）单击"确定"按钮，弹出"编辑属性"对话框，要求用户输入属性编号，这里不作改动，单击"确定"按钮，完成竖向轴线编号的创建，最终效果如图 5-17 所示。

图 5-16 拾取块基点   图 5-17 创建完成的竖向轴线编号图块

使用同样的方法，可以创建横向轴线编号。与竖向轴线编号的区别在于，横向轴线编号的默认属性值为 A，块的基点为圆的右象限点。

5.2.3 创建标高符号

在建筑制图中，标高符号以直角等腰三角形表示，直角三角形的尖端应该指至标注高度的位置，尖端可以向上也可以向下，标高标注的数字以小数表示，标注到小数点后 3 位。标高符号的高度一般为 3mm，尾部长度一般为 9mm，在 1：100 的比例图中，高度一般绘制为 300，尾部长度为 900。由于在建筑制图中，各层标高不尽相同，因此需要把标高定义为带属性的动态块，以便进行标高标注时，非常方便地输入标高数值。创建带属性的标高符号的步骤如下：

（1）打开样板图，在"绘图"工具栏中单击"直线"按钮 ，命令行提示如下：

命令：_line 指定第一点：//在绘图范围内拾取任意一点
指定下一点或[放弃(U)]：@-300,-300//使用相对坐标输入直线第二点
指定下一点或[放弃(U)]：@-300,300//使用相对坐标输入下一点
指定下一点或[闭合(C)/放弃(U)]：@1500,0//使用相对坐标输入下一点
指定下一点或[闭合(C)/放弃(U)]：//按 Enter 键，完成标高图形符号的绘制，如图 5-18 所示

（2）选择"绘图"｜"块"｜"定义属性"命令，弹出"属性定义"命令，设置"标记"为"标高"，"提示"为"请输入标高值："，"值"为 0.000，设置文字样式的"对正"形式为"右下"，高度为 250，如图 5-19 所示。

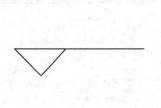

图 5-18　标高图形符号　　　　图 5-19　设置标高符号属性

（3）单击"确定"按钮，效果如图 5-20 所示。

（4）选择"绘图"｜"块"｜"创建"命令，弹出"块定义"对话框，设置"名称"为"标高"，单击"拾取点"按钮，回到绘图区，拾取等腰直角三角形的直角端点为基点，单击"选择对象"按钮，回到绘图区，选择标高图形对象和属性对象，如图 5-21 所示。

（5）单击"确定"按钮，弹出"编辑属性"对话框，单击"确定"按钮，完成属性设置，效果如图 5-22 所示。

（6）单击"标准"工具栏中的"块编辑器"按钮 ，弹出"编辑块定义"对话框，在"要创建或编辑的块"列表中选择"标高"图块，单击"确定"按钮，弹出块编辑器。

（7）选择"参数集"选项卡，单击"翻转集"图标 翻转集，命令行提示如下：

命令：_BParameter 翻转
指定投影线的基点或[名称(N)/标签(L)/说明(D)/选项板(P)]：//拾取标高图形的最下方端点
指定投影线的端点：//拾取标高图形最下方端点水平线上一点
指定标签位置：//拾取一点为标签位置点，效果如图 5-23 所示

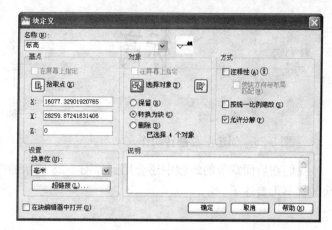

图 5-20　标高效果

图 5-21　定义标高图块

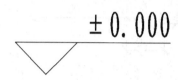

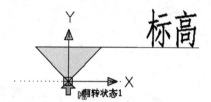

图 5-22　定义完成的带属性的标高图块

图 5-23　创建翻转状态 1

（8）选择翻转图标，如图 5-24 所示执行右键快捷菜单"动作选择集"｜"新建选择集"命令，命令行提示如下：

需要点或窗口（W）/上一个（L）/窗交（C）/框（BOX）/全部（ALL）/栏选（F）/圈围（WP）/圈交（CP）/编组（G）/添加（A）/删除（R）/多个（M）/前一个（P）/放弃（U）/自动（AU）/单个（SI）

选择对象:指定对角点:找到 5 个//选择所有的对象,完成翻转动作创建,效果如图 5-25

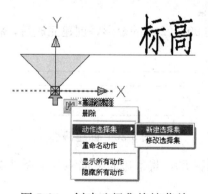

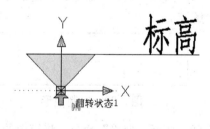

图 5-24　创建选择集快捷菜单

图 5-25　创建翻转动作

（9）继续添加"翻转集"，创建左右翻转的动作，创建方法与上下翻转类似，效果如图 5-26 所示。

（10）单击块编辑器中的"测试块"按钮，则可以在测试窗口测试块，效果如图 5-27 所示。

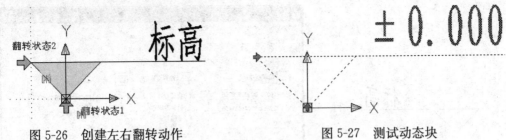

图 5-26　创建左右翻转动作　　　　　　图 5-27　测试动态块

我们在后面章节的绘制中还会用到如图 5-28 所示的折断线图块，由于创建方法类似，这里就不再赘述了。

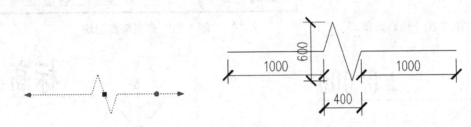

图 5-28　折断线图块

5.3　创建建筑施工图中的常用图形

建筑施工图中的门窗、家具、洁具等平面图、立面图，用户可以从图库中获得，也可以自己绘制。一般的设计院都有自己的图库，对于个人用户，笔者建议读者从网上下载一些图库，直接使用图库中的图形或者对图形进行适当修改后使用，一些特殊的图形可以自行绘制，下面我们将以本书需要用到的窗图块为例讲解直接创建图形的方法，具体步骤如下：

（1）执行"矩形"命令，创建如图 5-29 所示的 900×240 的矩形，创建完成后，将矩形分解。

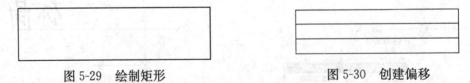

图 5-29　绘制矩形　　　　　　　　　　图 5-30　创建偏移

（2）执行"偏移"命令，将矩形的上边向下偏移 80，将下边向上偏移 80，效果如图 5-30 所示。

（3）选择"绘图"|"块"|"创建"命令，打开"块定义"对话框，拾取点为矩形的左上角点为基点，选择所有图形为块对象，选择"在块编辑器中打开"复选框，效果如图 5-31 所示。

（4）单击"确定"按钮，进入块编辑器，在"参数集"选项卡中选择"线性拉伸"参数集 ⚡ 线性拉伸，命令行提示如下：

命令:_BParameter 线性

指定起点或[名称(N)/标签(L)/链(C)/说明(D)/基点(B)/选项板(P)/值集(V)]://拾取矩形的左下角点

指定端点://拾取矩形的右下角点

指定标签位置://拾取标签位置点,效果如图5-32所示

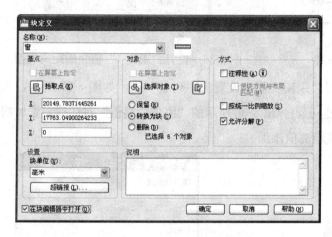

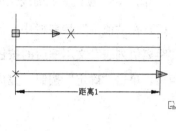

图 5-31　创建"窗"图块　　　　　图 5-32　创建"线性拉伸"参数集

（5）选择"线性拉伸"参数集图标，选择右键快捷菜单"动作选择集"│"新建选择集"命令，命令行提示如下：

命令:_bactionset

指定拉伸框架的第一个角点或[圈交(CP)]:_n

需要点或选项关键字。

指定拉伸框架的第一个角点或[圈交(CP)]:

指定对角点://按照图5-33所示创建拉伸框架

指定要拉伸的对象

选择对象:指定对角点:找到 7 个//按照图5-34拾取拉伸的对象

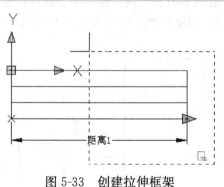

图 5-33　创建拉伸框架　　　　　　　图 5-34　创建拉伸对象

（6）创建完成后，完成的效果如图5-35所示。选择"距离1"参数，选择右键快捷菜单"特性"命令，弹出"特性"选项板，设置"值集"卷展栏中的"距离类型"为"列表"，效果如图5-36所示。

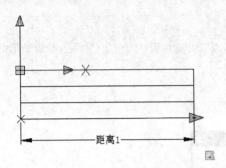

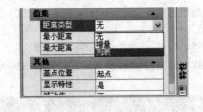

图 5-35　创建完成的线性拉伸　　　　　图 5-36　设置"距离1"值集的距离类型

（7）在"值集"卷展栏中，当"距离类型"设置为"列表"时，如图 5-37 所示，单击"距离值列表"文本框后的按钮 ···，弹出 5-38 所示的"添加距离值"对话框，添加相关距离，单击"确定"按钮，完成距离值添加。

图 5-37　设置距离值列表　　　　　图 5-38　设置"添加距离值"对话框

（8）单击"保存块定义"按钮 🔡，完成动态块的创建，选择创建完成的图块，可以看到距离标记，效果如图 5-39 所示，用户在拉伸窗块时，图块会自动拉伸设定的距离值。

同样，我们可以创建本书所用的"门"图块，创建的方法与窗类似，至于洁具，只要绘制出来创建为一般图块即可，不用创建为动态块，创建的图形效果如图 5-40 所示（见光盘），这些图块将在绘制平面图的时候使用。

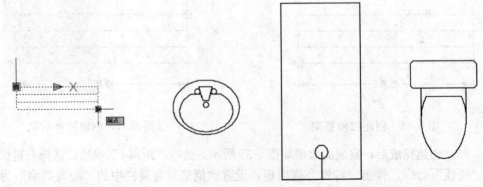

图 5-39　创建完成的窗图块　　　　　图 5-40　绘制完成的洁具图块

5.4　习题

上机题

1. 按照制图标准的规定，绘制如图 5-41 所示的指北针。

2. 创建如图 5-42 所示的门动态块，可以绘制平面图中的门，也可以绘制立面图中的门，平面图中的门可以翻转，可以旋转。

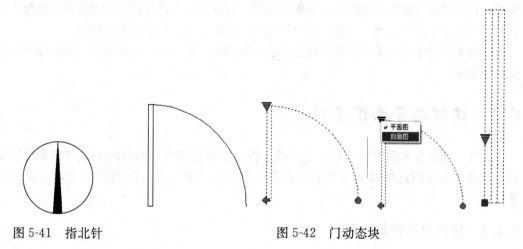

图 5-41　指北针　　　　　　　　　　　　图 5-42　门动态块

3. 创建如图 5-43 所示的横向轴线编号。

4. 打开如图 5-44 所示的"工具选项板"，选择"建筑"选项卡，在绘图区分别插入"树—公制"、"车辆—公制"、"门标高——公制"三个图块，并分析创建方法。

图 5-43　横向轴线编号

图 5-44　"建筑"选项卡

第 6 章　建筑总平面图绘制

建筑总平面图的绘制是建筑图纸必不可少的一个重要环节。通常是通过在建设地域上空向地面一定范围投影得到总平面图。总平面图表明新建房屋所在地有关范围内的总体布置，它反映了新建房屋、建筑物等的位置和朝向，室外场地、道路、绿化的布置，地形、地貌标高以及其与原有环境的关系和临界状况。建筑总平面图是建筑物及其他设施施工的定位、土方施工以及绘制水、暖、电等管线总平面图和施工总平面图的依据。

通过本章的学习，希望读者掌握建筑总平面图的绘制方法，以及总平面图绘制时常用的绘图技术。

6.1　建筑总平面图基础

在介绍建筑总平面图的绘制方法之前，首先了解建筑总平面图的组成内容和绘制步骤，本节主要介绍建筑总平面图的内容和绘制步骤，为掌握总平面图的绘制方法打好基础。

6.1.1　建筑总平面图内容

建筑总平面图所要表达的内容如下：

（1）建筑地域的环境状况，如地理位置、建筑物占地界限及原有建筑物、各种管道等等。

（2）应用图例以表明新建区、扩建区和改建区的总体布置，表明各个建筑物和构筑物的位置，道路、广场、室外场地和绿化等的布置情况以及各个建筑物的层数等。在总平面图上，一般应该画出所采用的主要图例及其名称。此外，对于《总图制图标准》中缺乏规定而需要自定的图例，必须在总平面图中绘制清楚，并注明名称。

（3）确定新建或者扩建工程的具体位置，一般根据原有的房屋或者道路来定位。

（4）当新建成片的建筑物和构筑物或者较大的公共建筑和厂房时，往往采用坐标来确定每一个建筑物及其道路转折点等的位置。在地形起伏较大的地区，还应画出地形等高线。

（5）注明新建房屋底层室内和室外平整地面的绝对标高。

（6）未来计划扩建的工程位置。

（7）画出风向频率玫瑰图形以及指北针图形，用来表示该地区的常年风向频率和建筑物、构筑物等的方向，有时也可以只画出单独的指北针。

（8）注写图名和比例尺。

6.1.2　建筑总平面图绘制步骤

绘制建筑总平面图时，坐标和尺寸定位是建筑总平面图绘制的关键。具体绘制的步骤如下：

(1) 设置绘图环境，其中包括图域、单位、图层、图形库、绘图状态、尺寸标注和文字标注等，或者选用符合要求的样板图形。

(2) 插入图框图块。

(3) 创建总平面图中的图例。

(4) 根据尺寸绘制定位辅助线。

(5) 使用辅助线定位，创建小区内的主要道路。

(6) 使用辅助线定位，插入建筑物图块并添加坐标标注。

(7) 绘制停车场等辅助设施。

(8) 填充总平面图中的绿化。

(9) 标注文字、坐标及尺寸，绘制风玫瑰或指北针。

(10) 创建图名，填写图框标题栏，打印出图。

6.2 绘制小区总平面图

图 6-1 为某一个地块的建筑总平面图（见光盘），绘制比例为 1：1000，下面就按照常见的绘制步骤给读者讲解总平面图的绘制方法。

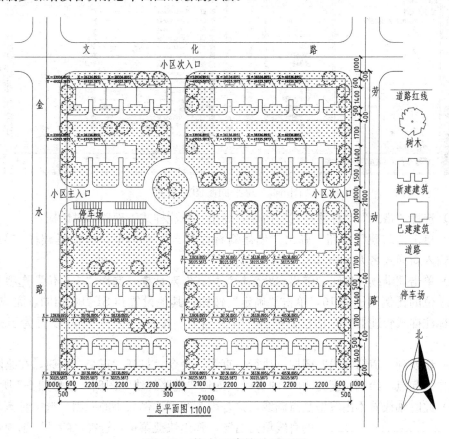

图 6-1 某小区建筑总平面图

6.2.1 小区总平面图组成

小区总平面图是小区内建筑物及其他设施施工的定位、土方施工以及绘制水、暖、电等管线总平面图和施工总平面图的依据。一般情况下，小区总平面图包括图例、道路、建筑物或构筑物、绿化、小品水景、文字说明及标注等内容。

6.2.2 创建图例

开始绘制总平面图之前，首先设置绘图环境并创建图例。

具体操作步骤如下：

（1）打开第 4 章创建的样板图，作为绘制总平面图的绘图环境。

（2）单击"图层"工具栏上的"图层特性管理器"按钮 ，打开"图层特性管理器"对话框，单击"新建图层"按钮 ，创建总平面图绘制过程中需要的各种图层，如新建建筑图层、已建建筑图层、绿化图层等，为了便于区分，在绘图过程中根据需要通常将不同的图层设置成不同的颜色、线型和线宽，具体设置如图 6-2 所示。

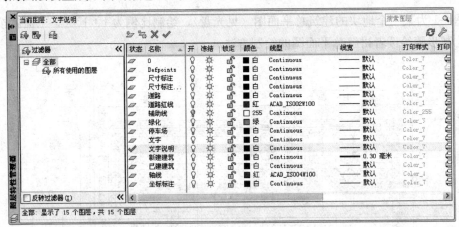

图 6-2　总平面图图层设置

（3）选择"格式"｜"标注样式"命令，弹出"标注样式管理器"对话框。

（4）单击"新建"按钮，弹出"创建新标注样式"对话框，选择基础样式为"S1-100"，输入新样式名为 S1-1000。

（5）单击"继续"按钮，弹出"新建标注样式"对话框，选择"主单位"选项卡，设置测量单位的比例因子为 10，单击"确定"按钮，其他设置和 S1-100 相同，完成设置，回到"标注样式管理器"对话框，单击"置为当前"按钮，将 S1-1000 设置为当前标注样式。

（6）切换到"道路红线"图层，执行"直线"命令，打开"正交"按钮，在绘图区任选一点作为起点，绘制长度为 4000 的直线，创建"道路红线"图例，效果如 6-3 所示。

（7）此时轴线看不出线型是点画线，这是因为线型比例太小的原因。选中步骤 6 绘制的直线单击右键，弹出快捷菜单，选择"特性"选项，弹出如图 6-4 所示的"特性"对话框，将道路红线的线型比例改

图 6-3　绘制直线

为100，修改后的效果如图6-5所示。

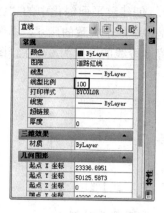

图6-4 "特性"选项板 图6-5 线型比例改为100后的效果

（8）切换到"文字-总平面"图层，执行"单行文字"命令，使用样板图中设置的文字样式A500作为图例中的文字说明的文字样式，命令行提示如下：

命令：_dtext
当前文字样式："A500" 文字高度：500.0000 注释性：是//将A500设置为当前使用的文字样式
指定文字的起点或[对正(J)/样式(S)]：//在步骤7绘制的道路红线的下方任选一点作为文字的起点
指定文字的旋转角度<0>：//按回车键选择默认设置文字的旋转角度为0，在绘图区内出现如图6-6所示的动态光标提示输入文字，输入完毕后按ESC键退出命令，完成绘制，效果如图6-7所示

道路红线

图6-6 绘图区内动态光标 图6-7 文字效果

（9）切换到"绿化"图层，执行"多段线"命令，创建总平面绿化中的"树木"图例，由于自然界中的树木形态各异，所以树木的尺寸没有严格规定，一般徒手绘制。多段线宽度为0，在绘图区任选一点作为多段线起点，捕捉一些角点绘制一个大致形状为圆形的不规则图形，绘制效果如图6-8所示。

（10）执行"圆"命令，以步骤9绘制的多段线的中心点作为圆心，绘制半径为100的圆，效果如图6-9所示。

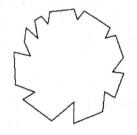

图6-8 绘制多段线

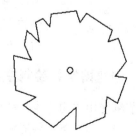

图6-9 绘制圆

（11）使用与步骤 8 同样的方法创建"树木"图例的说明文字，效果如图 6-10 所示。

（12）切换到"已建建筑"图层，执行"多段线"命令，创建总平面绿化中的"已建建筑"图例，因为本总平面的规划设计中建筑物的形状只是确定一个大致的尺寸，不做细部设计，所以通常采用同样的图形插入到总平面图中，设置多段线的宽度为 0，在绘图区任选一点作为起点，绘制尺寸及效果如图 6-11 所示。

图 6-10　文字效果

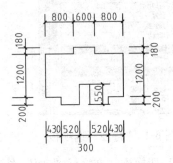

图 6-11　绘制多段线

（13）使用与步骤 8 同样的方法创建"已建建筑"图例的说明文字，效果如图 6-12 所示。

（14）切换到"新建建筑"图层，使用与步骤 12、13 同样的方法创建"新建建筑"的图，为了绘图方便，"新建建筑"图例的尺寸和"已建建筑"图例的尺寸相同，只是线宽不同，"新建建筑"为粗线，打开"线宽"按钮，显示效果如图 6-13 所示。

图 6-12　文字效果

图 6-13　创建"新建建筑"图例

（15）切换到"道路"图层，使用"直线"命令，在绘图区内任选一点作为起点绘制长度为 3000 的水平直线，再使用与步骤 8 同样的方法创建图例说明文字，效果如图 6-14 所示。

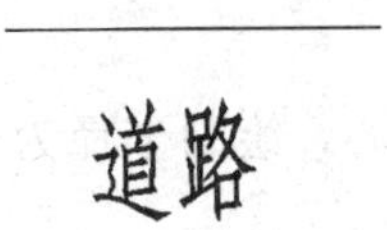

图 6-14　创建"道路"图例

（16）切换到"停车场"图层，使用"矩形"命令，在绘图区内任选一点作为起点绘制 1000×2000 的矩形，再使用与步骤 8 同样的方法创建图例说明文字，效果如图 6-15 所示。至此，总平面图中的图例创建完毕，效果如图 6-16 所示。

6.2.3　创建网格并绘制主要道路

本节将使用"构造线"命令创建网格，并使用"直线"、"圆角"、"修剪"等各种命令绘制平面图中的各条主要道路。

具体操作步骤如下：

停车场

图 6-15 创建"停车场"图例

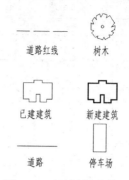

图 6-16 图例创建效果

（1）切换到"辅助线"图层，执行"构造线"命令，分别绘制水平和竖向的构造线，再使用"偏移"命令，分别将水平和竖向构造线向右和向下偏移，偏移距离为5000，偏移效果如图 6-17 所示。为了以下叙述方便，竖向网格线从左到右分别命名为 V1～V6，水平网格线从上到下分别命名为 H1～H6。

（2）执行"构造线"命令，绘制如图 6-18 所示的四条构造线，并以这四条构造线为剪切边，修剪步骤 1 绘制的辅助线，删除构造线后的效果如图 6-19 所示。

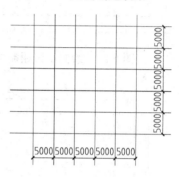

图 6-17 绘制完成的网格

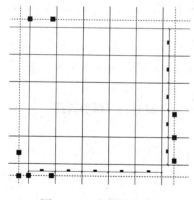

图 6-18 绘制构造线

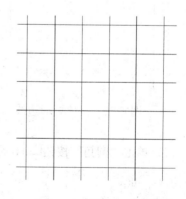

图 6-19 修剪辅助线

（3）切换到"道路"图层，执行"矩形"命令，以 H5 和 V2 的交点为起点，以 H2 和 V5 的交点为终点绘制矩形，并将矩形向外偏移 3000，删除原矩形后效果如图 6-20 所示。

（4）执行"直线"命令，分别沿着 V1、H1、V6 绘制三条直线，效果如图 6-21 所示。

（5）执行"分解"命令，将步骤 3 绘制的矩形分解，分别选中左右和上边线，单击交点进行拉伸，使三条边线的长度分别和与之平行的辅助线相同，效果如图 6-22 所示。

（6）执行"修剪"命令，以步骤 5 绘制的直线和步骤 4 绘制的直线为剪切边修剪两条直线之间的图线，修剪后的效果如图 6-23 所示。

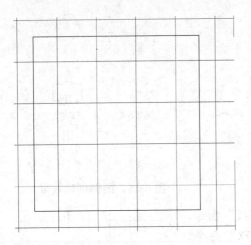

图 6-20　绘制小区粗略边界

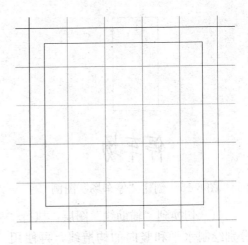

图 6-21　绘制直线

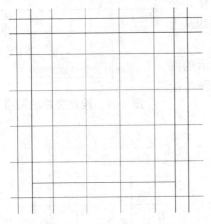

图 6-22　拉伸矩形边线

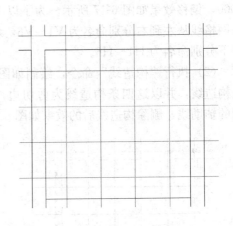

图 6-23　修剪直线

(7) 单击"圆角"按钮，命令行提示如下：

```
命令：_fillet
当前设置：模式＝修剪，半径＝0
选择第一个对象或[放弃(U)/多段线(P)/半径(R)/修剪(T)/多个(M)]：r//输入 r,设置圆角半径
指定圆角半径＜0＞:1000//输入圆角半径
选择第一个对象或[放弃(U)/多段线(P)/半径(R)/修剪(T)/多个(M)]://选择轮廓线中组成一个
角点的两条直线中的一条直线
选择第二个对象,或按住 Shift 键选择要应用角点的对象://选择轮廓线中组成一个角点的两条直线
中的另外一条直线
```

重复使用"圆角"命令，修剪道路角点，修剪效果如图 6-24 所示。

(8) 执行"直线"命令，以 V3 和步骤 3 绘制的矩形的上边线的交点为起点，以 V3 和步骤 3 绘制的矩形的下边线的交点为终点绘制直线，并将直线向右偏移 1000，效果如图 6-25 所示。

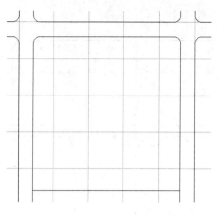

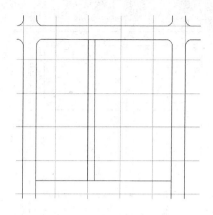

图 6-24 修剪道路角点   图 6-25 绘制并偏移直线

（9）执行"修剪"命令，以步骤 8 绘制的两条直线为剪切边修剪步骤 3 绘制的矩形的上边线，并执行"圆角"命令，圆角半径设置为 1000，修剪效果如图 6-26 所示。

（10）执行"直线"命令，以 H3 和步骤 3 绘制的矩形的左边线的交点为起点，以 H3 和步骤 3 绘制的矩形的右边线的交点为终点绘制直线，并将直线向下偏移 1000，效果如图 6-27 所示。

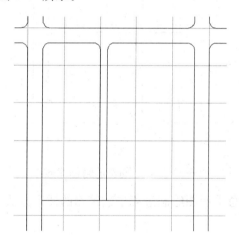

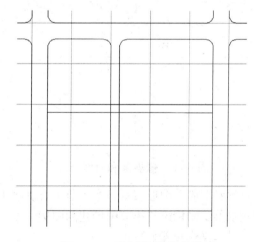

图 6-26 修剪直线   图 6-27 绘制并偏移直线

（11）执行"修剪"命令，以步骤 10 绘制的两条直线为剪切边修剪步骤 3 绘制的矩形的左右边线，并执行"圆角"命令，圆角半径设置为 1000，修剪效果如图 6-28 所示。

（12）执行"圆"命令，以 H3 和 V3 的交点为圆心，绘制半径为 2000 的圆，并将圆向内偏移 700，效果如图 6-29 所示。

（13）执行"修剪"命令，分别以圆和步骤 8、步骤 10 绘制的直线为剪切边，修剪圆和直线，修剪效果如图 6-30 所示。至此，总平面图中的主要道路绘制完毕，效果如图 6-31 所示。

6.2.4　创建建筑物

在总平面图中，各种建筑物可以采用《建筑制图总图标准》给出的图例或者用代表建

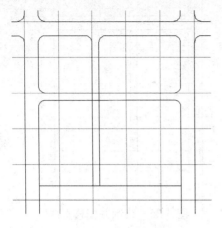

图 6-28　修剪直线

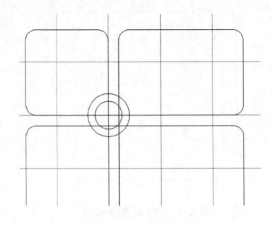

图 6-29　绘制并偏移圆

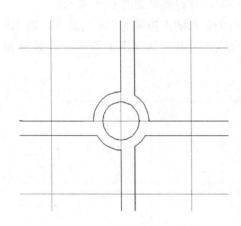

图 6-30　修剪圆和直线

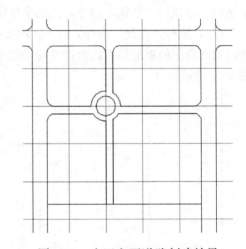

图 6-31　小区主要道路创建效果

筑物形状的简单图形表示。本小节主要讲解小区总平面图绘制过程中建筑物的插入方法，建筑物形状采用第二小节中创建的图例。

具体操作步骤如下：

（1）执行"偏移"命令，分别将 V2 向左偏移 2500，V5 向右偏移 2500，H2 向上偏移 2500，偏移效果如图 6-32 所示。

（2）切换到"道路红线"图层，执行"直线"命令，以步骤 1 偏移得到的辅助线的交点为起点，依次捕捉各个交点绘制道路红线，删除辅助线后的效果如图 6-33 所示。

（3）执行"创建块"命令，分别创建"已建建筑"图块和"新建建筑"图块，分别以第二节创建的"已建建筑"和"新建建筑"图例的左上角点为拾取点，其他参数如图 6-34 所示。

（4）切换到"已建建筑"图层，执行"偏移"命令，将步骤 2 绘制的道路红线分别向内偏移 600 作为插入图块的辅助线，效果如图 6-35 所示。

（5）执行"插入块"命令，以步骤 4 偏移得到的辅助线中的上边线和左边线的交点为插入点，插入"已建建筑"图块，比例为 1，角度为 0，效果如图 6-36 所示。

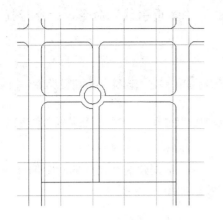

图 6-32　偏移辅助线

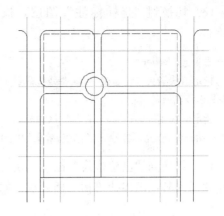

图 6-33　绘制道路红线

图 6-34　创建"已建建筑"图块

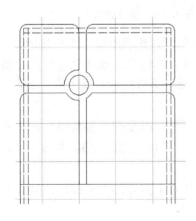

图 6-35　偏移道路红线

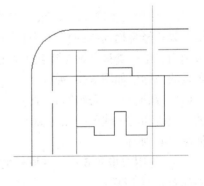

图 6-36　插入"已建建筑"图块

（6）执行"工具"｜"新建 UCS"｜"原点"命令，根据规划部门提供的坐标原点的位置在绘图区内重新设置坐标原点，便于坐标标注。

（7）执行"工具"｜"查询"｜"点坐标"命令，命令行提示如下：

```
命令:_id指定点://捕捉步骤5插入的图块的插入点
X=23936.8951    Y=49525.5873    Z=0.0000//插入点的坐标值
```

（8）切换到"坐标标注"图层，执行"标注"｜"多重引线"命令，命令行提示如下：

命令：_mleader
　　指定引线箭头的位置或[引线基线优先(L)/内容优先(C)/选项(O)]＜选项＞://捕捉步骤 5 中的插入点为引线箭头的位置
　　指定引线基线的位置：//在绘图区内插入点的上方合适的位置捕捉一点作为引线基线的位置，此时出现移动光标，在光标处输入坐标值，效果如图 6-37 所示

（9）切换到"已建建筑"图层，执行"偏移"命令，根据建筑物之间的间距偏移辅助线创建插入其他已建建筑物的插入点，偏移距离和效果如图 6-38 所示。

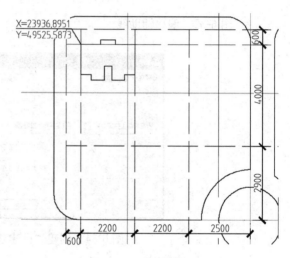

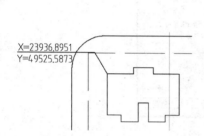

图 6-37　添加坐标标注　　　　　　　　　图 6-38　偏移辅助线

（10）使用与步骤 5、6、7、8 同样的方法，插入其他已建建筑图块，插入点分别为水平辅助线和竖直辅助线的交点，插入比例为 1，角度为 0，坐标值是根据规划部门提供的数值利用"坐标查询"命令得出的，使用"多重引线"命令进行标注，具体插入效果和各个角点的坐标值如图 6-39 所示。

（11）切换到"新建建筑"图层，执行"插入块"命令，以步骤 4 偏移得到的辅助线中的上边线和右边线的交点为插入点，插入"新建建筑"图块，比例为 1，角度为 0，效果如图 6-40 所示。

（12）使用与步骤 6、7、8 同样的方法创建新建建筑右上角点的坐标标注，坐标值及效果如图 6-41 所示。

（13）切换到"新建建筑"图层，执行"偏移"命令，根据建筑物之间的间距偏移辅助线创建插入其他新建建筑的辅助线，偏移距离和效果如图 6-42 所示。

（14）使用与步骤 9、10 同样的方法，插入其他新建建筑图块，插入点分别为水平辅助线和竖直辅助线的交点，插入比例为 1，角度为 0，坐标值是根据规划部门提供的数值进行标注的，具体插入效果和各个角点的坐标值如图 6-43 所示。

（15）继续使用"偏移"命令偏移辅助线构造"新建建筑图块"的插入点，再使用与步骤 9、10 同样的方法插入图块并创建坐标标注，其中在插入图块时插入点为图块的右下

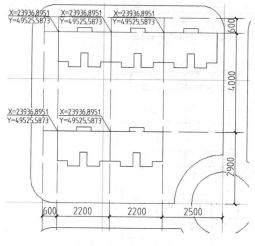

图 6-39　插入其他已建建筑图块

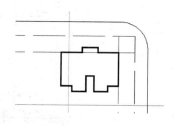

图 6-40　插入"新建建筑"图块

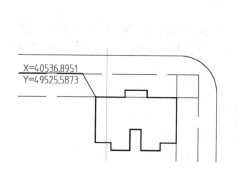

图 6-41　添加坐标标注

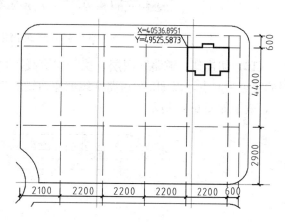

图 6-42　偏移辅助线

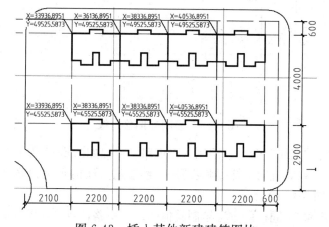

图 6-43　插入其他新建建筑图块

角点，插入比例为 1，插入角度为 180，由于绘图比例较小，坐标标注无法清晰显示，请读者参见本书所附光盘中的"第 6 章-总平面图"中的 CAD 图，创建效果如图 6-44 所示。

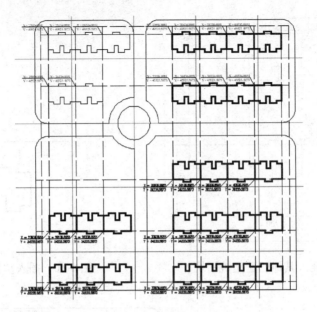

图 6-44　建筑物创建效果

（16）切换到"道路"图层，执行"直线"命令，绘制宅间道路，以 H2 和 V3 辅助线的交点为起点，以 H2 和道路红线的左边线的交点为终点绘制直线，并将直线向下偏移400，效果如图 6-45 所示。

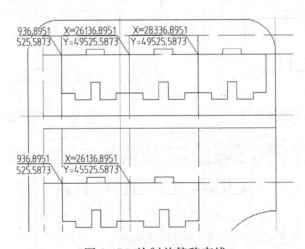

图 6-45　绘制并偏移直线

（17）继续执行"直线"命令，绘制入户道路，捕捉如图 6-46 所示的建筑物楼梯间所在位置的角点为起点，竖直向下捕捉和步骤 16 绘制的直线的垂足为终点，并将直线向右偏移 300，效果如图 6-47 所示。

（18）使用与步骤 17 同样的方法绘制其他的入户小路，效果如图 6-48 所示。

（19）执行"修剪"命令，分别以步骤 16、17、18 绘制的直线为剪切边，修剪位于两条直线之间的直线段，修剪效果如图 6-49 所示。

（20）执行"圆角"命令，圆角半径设置为 300，分别以组成道路角点的两条直线为

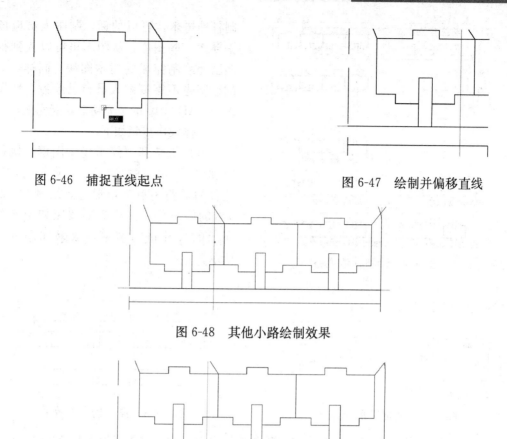

图 6-46　捕捉直线起点　　　　　　　　　　图 6-47　绘制并偏移直线

图 6-48　其他小路绘制效果

图 6-49　修剪直线

修剪对象，修剪效果如图 6-50 所示。

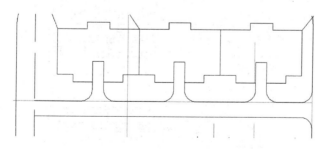

图 6-50　修剪道路角点

（21）使用与步骤 16、17、18、19、20 同样的方法绘制其他的小路，宅间路宽度为400，入户路为 300，圆角半径为 300，关闭"坐标标注"图层和"辅助线"图层后的显示效果如图 6-51 所示。

6.2.5　创建绿化和停车场

一般来说，小区的绿化包括树与草的绿化，通常情况下，并不提倡制图人员自己去绘

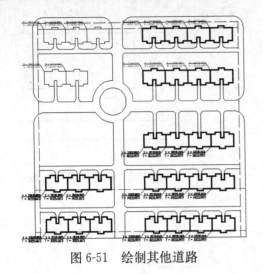

图 6-51　绘制其他道路

制各种树木，可以的话，制图人员应该去寻找一些图库，从图库里可以找到很多已经绘制完成的树木图块。同样，草的绘制也不用制图人员自己绘制，使用 AutoCAD 2010 的填充功能就能完成。

具体操作步骤如下：

（1）切换到"停车场"图层，执行"矩形"命令，捕捉如图 6-52 所示的入口位置的道路角点为矩形起点绘制 200×500 的停车位，并将矩形按照图 6-53 所示的尺寸进行复制，效果如图 6-53 所示。

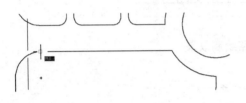

图 6-52　捕捉矩形起点

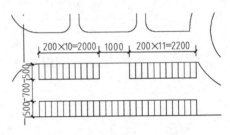

图 6-53　停车场布置效果

（2）切换到"绿化"图层，执行"图案填充"命令，弹出"图案填充和渐变色"对话框，设置填充图案为 GRASS，比例为 10，单击"添加：拾取点"按钮，在绘图区内建筑物、停车场和道路以外的区域单击拾取填充对象，填充效果如图 6-54 所示。

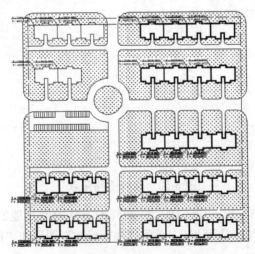

图 6-54　总平面图中草的填充效果

（3）执行"创建块"命令，将第二小节中创建的树木图例创建成图块，以树木的中心位置为拾取点，再执行"插入块"命令，插入"树木"图块，插入点为绘图区内除绿化和建筑物以外的区域内的任意点，具体位置不作限制，主要考虑美观和合理因素进行布置，插入比例为 0.5，角度为 0，效果如图 6-55 所示。

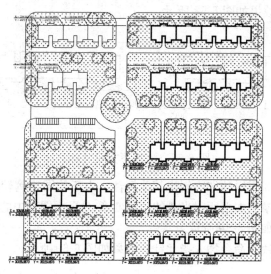

图 6-55　绿化布置效果

6.2.6　创建文字和尺寸标注

总平面的规划设计中一般规模较大，需要使用文字进行说明，如小区的主次入口、小区内的各种设施说明等，具体创建方法如下所述。

具体操作步骤如下：

（1）切换到"文字标注-总平面"选择"绘图"|"文字"|"单行文字"命令，使用样板图中创建的 A500 文字样式，创建说明文字，效果如图 6-56 所示。

（2）切换到"轴线"图层，使用"直线"命令，在道路的中心位置绘制水平和竖直的道路中轴线，并使用与步骤 1 同样的方法，使用第四章创建的 A700 文字样式添加道路名称，效果如图 6-57 所示。

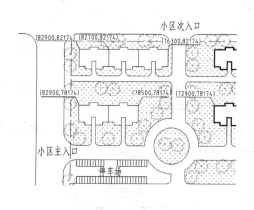

图 6-56　添加文字

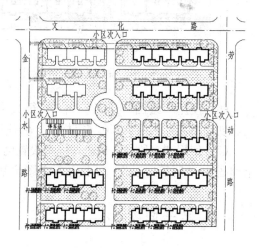

图 6-57　添加道路中轴线和道路名称

（3）切换到"尺寸标注"图层，使用"线性标注"和"连续标注"命令，使用第二小节创建的 S1-1000 标注样式，创建总平面图中的道路宽度和建筑物间距的尺寸标注，总平面图下方标注尺寸和效果如图 6-58 所示。

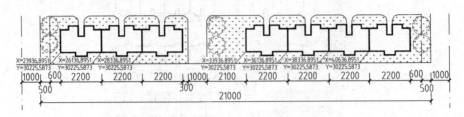

图 6-58　添加下方尺寸标注

（4）使用与步骤 3 同样的方法创建其他标注，由于绘图比例较小无法清晰显示尺寸，具体标注尺寸请读者参见本书所附光盘的"第 6 章-总平面图"中的 CAD 图中的标注尺寸进行创建，标注效果如图 6-59 所示。

（5）执行"插入块"命令插入指北针，效果如图 6-60 所示。

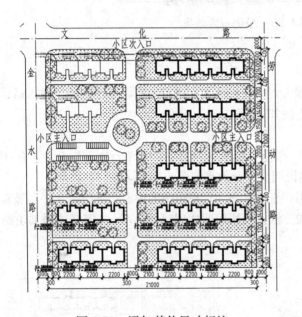

图 6-59　添加其他尺寸标注

图 6-60　插入指北针

（6）使用"绘图"|"文字"|"单行文字"命令，采用样板图中创建的 A700 文字样式，创建图名，采用 A350 文字样式，创建比例，效果如图 6-61 所示。

（7）使用"多段线"命令，线宽设置为 100，绘制下划线，长度和图名长度一样，效果如图 6-62 所示。至此，小区总平面图绘制完毕，效果如图 6-1 所示。

总平面图 1:1000

图 6-61　创建图名

总平面图 1:1000

图 6-62　创建下划线

6.3　习题

上机题

1. 创建如图 6-63 所示的总平面图，绘图比例 1∶1000。

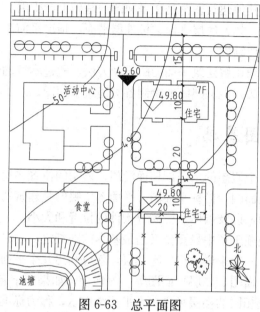

图 6-63　总平面图

2. 创建如图 6-64 所示的小区总平面图，绘图比例为 1∶1000。

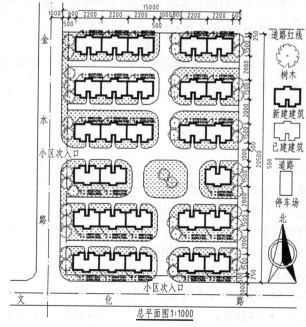

图 6-64　某小区总平面图

第7章　建筑平面图绘制

建筑平面图是建筑图纸中最基本的一种，它表示的内容是建筑内部各空间和结构的形状、尺寸和相互关系。其他建筑图都是在平面图的基础上产生的。多层建筑的平面图一般按不同的楼层分层绘制，如：底层平面、标准层平面、顶层平面等等。它们之间在内容上有差别，但又有很大的连续性。

本章主要给读者详细讲解建筑平面图的绘制方法，通过本章的学习，希望读者能够掌握建筑平面图的绘制方法，能够熟练地绘制各类建筑平面图。

7.1　建筑平面图基础

建筑平面图是用一个假想的水平剖切面沿门、窗洞的位置将房屋剖切后，对剖切面以下部分所作出的水平剖面图，简称平面图。平面图反映的是建筑物的平面形状，房间的布局、形状、大小、用途，以及墙体、门窗等构件的位置和大小。

建筑平面图是建筑施工图中最重要又是最基本的图纸之一，是施工放线、墙体砌筑和安装门窗的依据之一。一般来说，房屋有几层，就应画出几个平面图，也就是我们常说的各层平面图，如底层平面图、二层平面图等。习惯上，如果上下各层的房间数量、大小、位置都一样的时候，则相同的楼层可用一个平面图表示，称为标准层平面图。平面图常用的比例是 1∶100～1∶200。

屋顶平面图也是一种建筑平面图，它是在空中对建筑物顶面所作出的水平正投影图。

7.1.1　建筑平面图绘制内容以及规定

在不同的建筑设计阶段中，对平面图的要求有很大的不同，就施工图阶段的平面图而言，它的图纸内容通常包括：

（1）图名图签。

（2）定位轴线和编号。

（3）结构柱网和墙体。

（4）门窗布置和型号。

（5）楼梯、电梯、踏步、阳台等建筑构件。

（6）厨房、卫生间等特殊空间的固定设施。

（7）水、暖、电等设备构件。

（8）标注平面图中应有的尺寸、标高和坡面的坡度方向。

（9）剖面图剖切位置、方向和编号。

（10）房间名称、详图索引和必要的文字说明。

（11）屋顶平面图一般内容有：女儿墙、檐沟、屋面坡度、分水线与落水口、变形缝、楼梯间、水箱间、天窗、上人孔、消防梯及其他构筑物、索引符号等。

这些内容根据具体取舍。当比例大于 1∶50 时平面图上的断面应画出其材料图例和抹灰层的面层线，当比例为 1∶100～1∶200 时，抹灰面层线可以不画出，而断面材料图例可用简化画法。

绘制平面图时的注意事项：

（1）平面图上的线型一般有三种：粗实线、中粗实线、细实线。只有墙体、柱子等断面轮廓线、剖切符号以及图名底线用粗实线绘制，门扇的开启线用中粗实线绘制，其余部分均用细实线绘制。若有在剖切位置以上的构件，可以用细虚线或中粗虚线绘制。

（2）底层平面图中，图样周围要标注三道尺寸。第一道是反映建筑物总长或总宽的总体尺寸；第二道是反映轴线间距的轴线尺寸；第三道是反映门窗洞口的大小和位置的细部尺寸。其他细部尺寸可以直接标注在图样内部或就近标注。底层平面图上应有反映房屋朝向的指北针。反映剖面图剖切位置的剖切符号必须画在底层平面图上。

（3）中间层或标准层，除了没有指北针和剖切符号外，其余绘制的内容与底层平面图类似。这些平面图只标注两道尺寸：轴间尺寸和总体尺寸，与底层平面图相同的细部尺寸可以不标注。

（4）屋顶平面图是反映屋顶组织排水状况的平面图，对于一些简单的房屋可以省略不画。

（5）在同一张图纸上绘制多于一层的平面图时，各层平面图宜按层数由低向高的顺序从左至右或从下至上布置。

7.1.2　建筑平面图绘制步骤

一般来说，建筑平面图的绘制步骤如下：

（1）设置绘图环境，其中包括区域、单位、图层、图形库、绘图状态、尺寸标注和文字标注等，或者选用符合要求的样板图形。

（2）插入图框图块。

（3）根据尺寸绘制定位轴线网。

（4）绘制柱网和墙体线。

（5）绘制各种门窗构件。

（6）绘制楼梯、电梯、踏步、阳台、雨篷等建筑构件。

（7）绘制与结构、水暖电系统相关的建筑构件。

（8）标注各种尺寸、标高、编号、型号、索引号和文字说明。

（9）检查、核对图形和标注，填写图签。

（10）图纸存档或打印输出。

7.2　某别墅平面图绘制

目前建筑类型繁多，所以本章拟通过两种具有代表性的建筑类型——别墅和办公楼的平面图的绘制步骤向读者详细讲解不同类型的建筑平面图的绘制方法以及它们的区别之处。本节主要讲解别墅平面图的绘制方法，该类建筑重复地方不多，平面功能比较简单，主要使用的是砖混结构，是一种面大量广的建筑类型。希望通过本节的讲解使读者掌握别墅这种建筑类型的平面图的绘制方法和技巧。

7.2.1 底层平面图绘制

绘制如图 7-1 所示的某别墅底层平面图（见光盘），绘制比例为 1∶100。

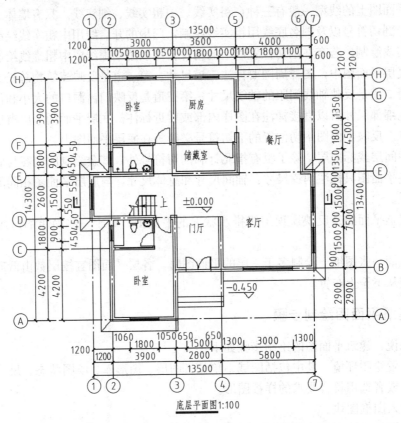

图 7-1　别墅底层平面图绘制效果

具体操作步骤如下：

（1）打开第 4 章创建的样板图，作为绘制平面图的绘图环境。

（2）选择"格式"|"图层"命令，打开"图层特性管理器"选项板，创建如图 7-2 所示的图层。

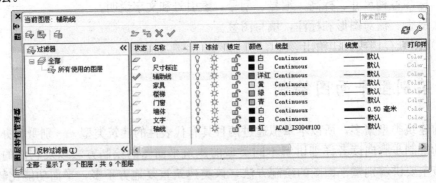

图 7-2　平面图图层设置情况

（3）切换到"轴线"图层，执行"直线"命令，绘制轴线，命令行提示如下：

命令:LINE
指定第一点://在绘图区内拾取一点作为直线的起点
指定下一点或［放弃(U)］:20000//输入直线的长度为20000
指定下一点或［放弃(U)］://按回车键完成绘制,绘制效果如图7-3所示

图 7-3　绘制直线效果

（4）此时轴线看不出线型是点画线，这是因为线型比例太小的原因。选中步骤3绘制的直线单击右键，在快捷菜单中选择"特性"命令，打开如图7-4所示的"特性"选项卡，将轴线的线型比例改为100，修改后轴线效果如图7-5所示。

图 7-4　"特性"选项卡

图 7-5　线型比例改为 100 后的效果

（5）执行"偏移"命令，命令行提示如下：

命令:OFFSET
当前设置:删除源＝否　图层＝源　OFFSETGAPTYPE＝0//默认设置
指定偏移距离或［通过(T)/删除(E)/图层(L)］<2500.0000>:　2900//输入偏移距离为2900
选择要偏移的对象,或［退出(E)/放弃(U)］<退出>://选择步骤3绘制的直线为偏移对象
指定要偏移的那一侧上的点,或［退出(E)/多个(M)/放弃(U)］<退出>://点取直线上方任意的一点
选择要偏移的对象,或［退出(E)/放弃(U)］<退出>://按回车键完成偏移,偏移效果如图7-6所示

（6）继续执行"偏移"命令，将水平轴线向上偏移，偏移尺寸和效果如图7-7所示。

图 7-6　轴线偏移效果

图 7-7　水平轴线偏移尺寸和效果

（7）使用与步骤 3、4、5、6 同样的方法绘制竖向轴线并偏移，偏移距离和效果如图 7-8 所示。

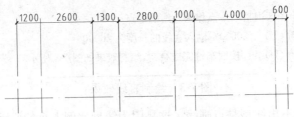

图 7-8　竖向轴线偏移距离和效果

（8）使用"修剪"命令，对竖向和水平轴线进行修剪，为了叙述方便，横向轴线从上到下依次为 H1～H8，竖向轴线从左到右依次为 V1～V8，命令行提示如下：

> 命令：TRIM
>
> 当前设置：投影＝UCS,边＝无
>
> 选择剪切边…
>
> 选择对象或 ＜全部选择＞：　找到 1 个//选择 H6 轴线作为剪切边
>
> 选择对象：
>
> 选择要修剪的对象,或按住 Shift 键选择要延伸的对象,或
>
> [栏选(F)/窗交(C)/投影(P)/边(E)/删除(R)/放弃(U)]://点击 V3 轴线位于 H3 轴线下方的部分作为修剪对象,被剪切掉的则是位于 H6 轴线下方的部分
>
> 选择要修剪的对象,或按住 Shift 键选择要延伸的对象,或
>
> [栏选(F)/窗交(C)/投影(P)/边(E)/删除(R)/放弃(U)]://按回车键完成修剪,效果如图 7-9 所示

（9）使用与步骤 8 同样的方法修剪其他轴线，修剪效果如图 7-10 所示。

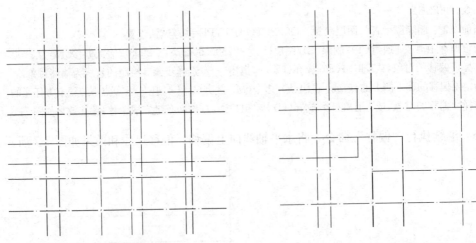

图 7-9　轴线修剪效果　　　　　　　　图 7-10　其他轴线修剪效果

（10）接下来要使用多线绘制墙体，执行"格式"|"多线样式"命令，打开"多线样式"对话框，单击"新建"按钮，新建多线样式，由于本例中的墙体有两种，分别为 240 厚和 120 厚，所以新建两种多线样式，分别为 W240 和 W120，W240 墙参数设置如图 7-11 所示。W120 墙图元偏移分别为 60 和－60。

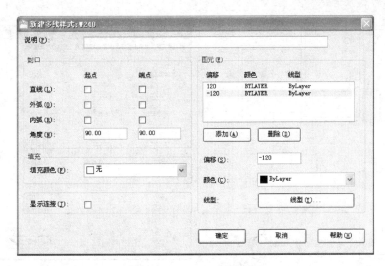

图 7-11　W240 参数设置

（11）切换到"墙体"图层，执行"多线"命令，使用 W240 多线样式绘制如图 7-12 所示的墙体（绘制过程中部分轴线隐藏）。

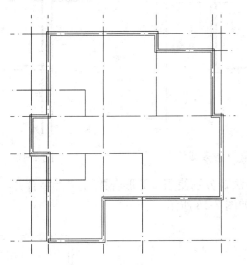

图 7-12　多线绘制效果

（12）继续执行"多线"命令绘制其他墙体，当绘制 120 厚墙体时，只需将多线样式设置为 W120 即可，其他设置与步骤 11 一样，关闭"轴线"图层后的显示效果如图 7-13 所示。

（13）执行"修改"|"对象"|"多线"命令，弹出如图 7-14 所示的多线编辑工具对话框，在第 2 章中详细给读者讲解了多线编辑工具的使用方法，选择"T 形合并"选项，命令行提示如下：

命令：MLEDIT
选择第一条多线：//选择如图 7-15 所示的多线作为第一条多线
选择第二条多线：// 选择如图 7-16 所示的多线作为第二条多线
选择第一条多线 或 [放弃(U)]：//按回车键完成修剪，修剪后的效果如图 7-17 所示

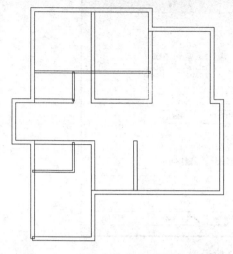

图 7-13　多线命令绘制完成的墙体　　　　图 7-14　"多线编辑工具"对话框

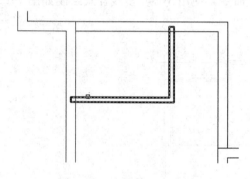

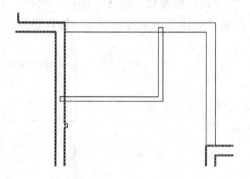

图 7-15　选择第一条多线　　　　　　图 7-16　选择第二条多线

（14）使用同样的方法，分别使用"T形合并"、"十字合并"和"角点结合"修剪其他多线，修剪后的效果如图 7-18 所示。

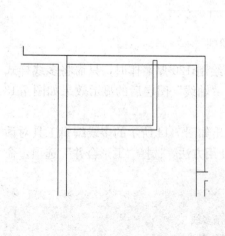

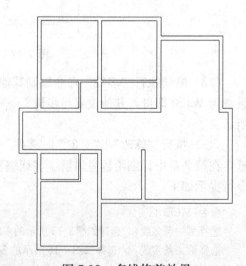

图 7-17　修剪后的效果　　　　　　图 7-18　多线修剪效果

（15）打开"轴线"图层，执行"偏移"命令，创建绘制门窗洞口需要的辅助线，选择 V3 轴线向左偏移 240 后再向左偏移 900，偏移尺寸和效果如图 7-19 所示。

图 7-19 轴线偏移效果   图 7-20 墙线修剪效果

（16）执行"修剪"命令，命令行提示如下：

命令：TRIM
当前设置：投影＝UCS，边＝无
选择剪切边…
选择对象或 ＜全部选择＞： 指定对角点：找到 2 个//选择步骤 15 偏移得到的两条辅助线为剪切边
选择对象：//按回车键完成选择
选择要修剪的对象，或按住 Shift 键选择要延伸的对象，或
［栏选(F)/窗交(C)/投影(P)/边(E)/删除(R)/放弃(U)］://选择两条辅助线之间的墙体为修剪对象
选择要修剪的对象，或按住 Shift 键选择要延伸的对象，或
［栏选(F)/窗交(C)/投影(P)/边(E)/删除(R)/放弃(U)］://按回车键完成修剪，效果如图 7-20 所示

（17）使用与步骤 15、16 同样的方法创建其他门窗洞口，洞口的尺寸和创建效果如图 7-21

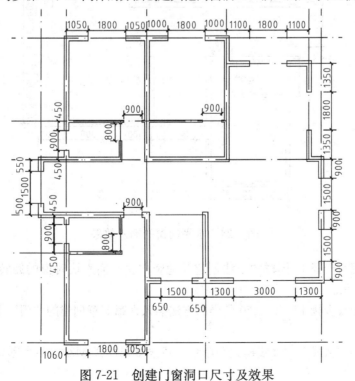

图 7-21 创建门窗洞口尺寸及效果

所示。

（18）切换到"门窗"图层，选择"插入"｜"块"命令，弹出"插入"对话框，在"名称"列表中选择第 5 章已经创建好的"窗"图块，以图 7-22 所示的点为插入点插入窗。使用动态块夹点拉伸长度为 3000，效果如图 7-23 所示。

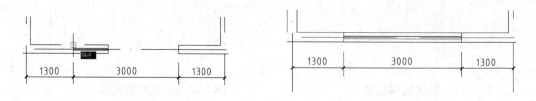

图 7-22　指定模数窗图块插入点　　　　　　图 7-23　模数窗图块编辑效果

（19）使用与步骤 18 同样的方法插入其他水平方向的窗，尺寸和效果如图 7-24 所示。

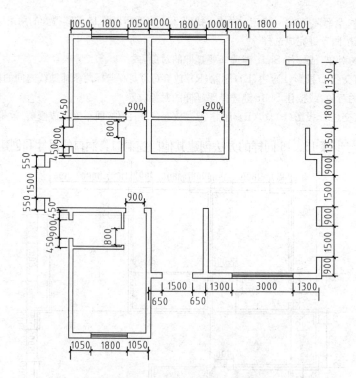

图 7-24　水平向窗的插入效果

（20）使用与步骤 18 同样的方法创建其他竖向窗，插入块时窗的旋转角度为 90，效果如图 7-25 所示。

（21）使用与步骤 18、19、20 同样的方法插入在第 5 章创建的"门"图块，效果如图 7-26 所示。

（22）执行"格式"｜"多线样式"命令，新建多线样式 M20，两个图元的偏移分别为 10 和−10。

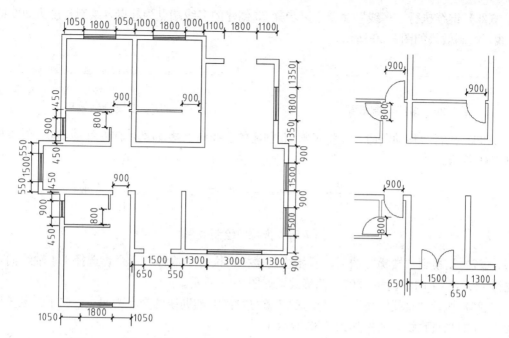

图 7-25 插入其他竖向窗效果   图 7-26 门插入效果

（23）执行"多线"命令，绘制推拉门，命令行提示如下：

```
命令：MLINE
当前设置：对正＝无，比例＝20.00，样式＝STANDARD//默认设置
指定起点或[对正(J)/比例(S)/样式(ST)]：s//设置比例
输入多线比例＜20.00＞：1//设置比例为1
当前设置：对正＝无，比例＝1.00，样式＝STANDARD
指定起点或[对正(J)/比例(S)/样式(ST)]：st//设置多线样式
输入多线样式名或[？]：M20//选择步骤22创建的M20为当前多线样式
当前设置：对正＝无，比例＝1.00，样式＝M20//当前设置
指定起点或[对正(J)/比例(S)/样式(ST)]：//捕捉如图7-27所示的门洞边线的中点作为多线起点
指定下一点： 600//输入多线的长度为600
指定下一点：//按回车键完成绘制，绘制效果如图7-28所示
```

（24）使用与步骤23同样的方法，绘制另一扇推拉门，效果如图7-29所示。

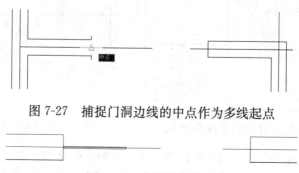

图 7-27 捕捉门洞边线的中点作为多线起点

图 7-28 多线绘制效果

（25）继续执行"多线"命令，以步骤 23 创建的多线端点为起点，绘制长度为 800 的多线，绘制效果如图 7-30 所示。

图 7-29　多线绘制效果　　　　　　　图 7-30　多线绘制效果

（26）执行"移动"命令，将步骤 25 创建的多线向上移动 20，向左移动 100，效果如图 7-31 所示。

图 7-31　推拉门绘制效果

（27）切换到"楼梯"图层，开始绘制楼梯，执行"偏移"命令，选择 H4 轴线向下偏移 1300，V1 向右偏移 1300，偏移效果如图 7-32 所示。

（28）执行"直线"命令，以步骤 27 偏移得到的辅助线的交点为起点，向下绘制长度为 1180 的竖直直线，效果如图 7-33 所示。

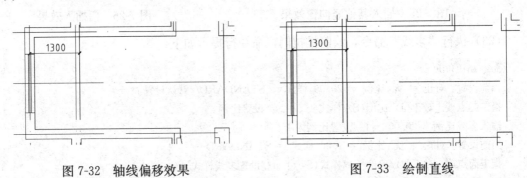

图 7-32　轴线偏移效果　　　　　　　图 7-33　绘制直线

（29）执行"阵列"命令，参数设置如图 7-34 所示，阵列效果如图 7-35 所示。

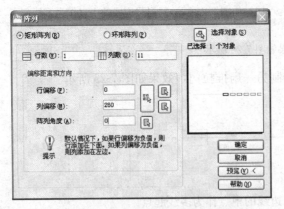

图 7-34　"阵列"对话框参数设置　　　　图 7-35　阵列效果

（30）执行"多线"命令，以水平辅助线和 V2 轴线的交点为起点，采用 M20 多线样式，绘制长度为 2800 的水平多线作为楼梯扶手线，效果如图 7-36 所示。

（31）选择"插入"|"块"命令，弹出"插入"对话框，插入第 5 章中创建的"折断线"图块，命令行提示如下：

> 命令：_insert
> 指定插入点或［基点(B)/比例(S)/旋转(R)］://第 6 条楼梯线的中点为折断线插入点
> 指定比例因子 <1>://选择默认的比例因子 1
> 指定旋转角度 <0>：60//输入旋转角度为 60°。效果如图 7-37 所示

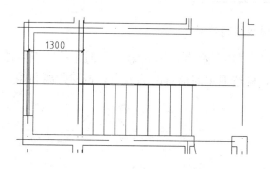

图 7-36　楼梯扶手绘制效果　　　　　　图 7-37　图块插入效果

（32）选中"折断线"图块，执行"分解"命令，将图块分解，接着执行"修剪"命令，修剪楼梯线和折断线，修剪效果如图 7-38 所示。

（33）使用与步骤 32 同样的方法修剪折断线并删除多余的楼梯线，效果如图 7-39 所示。

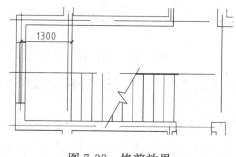

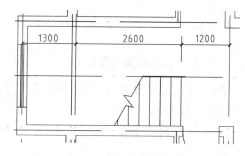

图 7-38　修剪效果　　　　　　　　　图 7-39　修剪效果

（34）使用"多段线"命令绘制楼梯方向线，命令行提示如下：

> 命令：PLINE
> 指定起点://捕捉第 1 条楼梯线的中点作为多线起点
> 当前线宽为 0.0000//默认设置
> 指定下一个点或［圆弧(A)/半宽(H)/长度(L)/放弃(U)/宽度(W)］://捕捉第 5 条楼梯线的中点
> 指定下一点或［圆弧(A)/闭合(C)/半宽(H)/长度(L)/放弃(U)/宽度(W)］：w//设置多段线宽度
> 指定起点宽度 <0.0000>：100//输入起点宽度为 100
> 指定端点宽度 <100.0000>：0//输入端点宽度为 0
> 指定下一点或［圆弧(A)/闭合(C)/半宽(H)/长度(L)/放弃(U)/宽度(W)］：260//输入多段线长度为 260
> 指定下一点或［圆弧(A)/闭合(C)/半宽(H)/长度(L)/放弃(U)/宽度(W)］://按回车键完成绘制，效果如图 7-40 所示

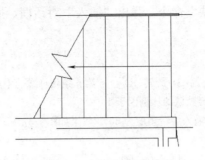

图 7-40　多段线绘制效果

（35）切换到"家具"图层，执行"插入"|"块"命令，插入第 5 章创建的"卫生洁具"图块，执行"偏移"命令，偏移辅助线，构造卫生间洁具的插入点，偏移距离和插入效果如图 7-41 所示。

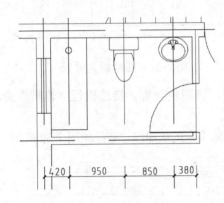

图 7-41　洁具插入效果 1

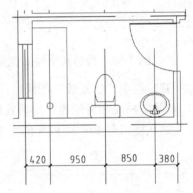

图 7-42　洁具插入效果 2

（36）使用与步骤 35 同样的方法插入另一个卫生间里的洁具，定位点偏移距离和插入效果如图 7-42 所示。

（37）切换到"楼梯"图层，执行"矩形"命令，绘制室外台阶，命令行提示如下：

命令：_rectang
指定第一个角点或［倒角(C)/标高(E)/圆角(F)/厚度(T)/宽度(W)］：//捕捉如图 7-43 所示的外墙交点作为矩形起点
　指定另一个角点或［面积(A)/尺寸(D)/旋转(R)］：@2800，−2100//输入矩形另一个角点的相对坐标值，绘制效果如图 7-44 所示

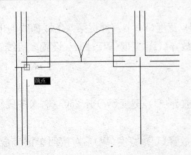

图 7-43　捕捉外墙交点作为矩形起点

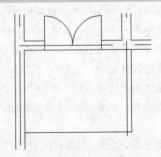

图 7-44　矩形绘制效果

（38）选择步骤 37 绘制的矩形，执行"分解"命令将矩形分解，再使用"偏移"命令，选择矩形下边线作为偏移对象，依次向上偏移 300，偏移效果如图 7-45 所示。

（39）使用与步骤 37、38 同样的方法绘制另一个入口台阶，绘制的矩形大小为4000×1800，绘制效果如图 7-46 所示。

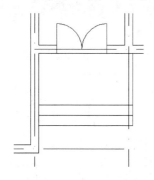

图 7-45　直线偏移效果

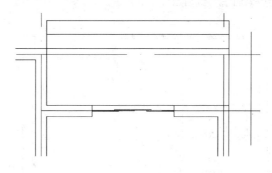

图 7-46　入口台阶绘制效果

（40）使用"偏移"命令将所有外墙的轴线均向外偏移 720，再进行修剪，并沿着修剪后的辅助线绘制直线，效果如图 7-47 所示。

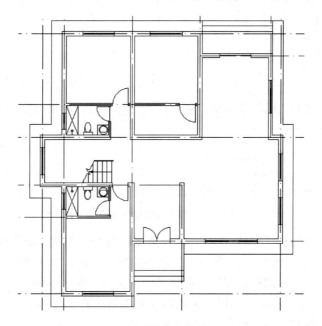

图 7-47　散水绘制效果

（41）执行"直线"命令，在墙角部位绘制斜线，表示散水的排水方向，绘制效果如图 7-48 所示。

（42）执行"多段线"命令，绘制剖切符号，命令行提示如下：

命令：PLINE
指定起点：//根据设计确定的剖切位置在绘图区捕捉一点作为起点
当前线宽为 50.0000//当前线宽为 50

指定下一个点或〔圆弧(A)/半宽(H)/长度(L)/放弃(U)/宽度(W)〕：400//剖切符号横向长度为400

指定下一点或〔圆弧(A)/闭合(C)/半宽(H)/长度(L)/放弃(U)/宽度(W)〕：600//剖切符号竖向长度为600

指定下一点或〔圆弧(A)/闭合(C)/半宽(H)/长度(L)/放弃(U)/宽度(W)〕：//按回车键完成绘制，绘制效果如图7-49所示

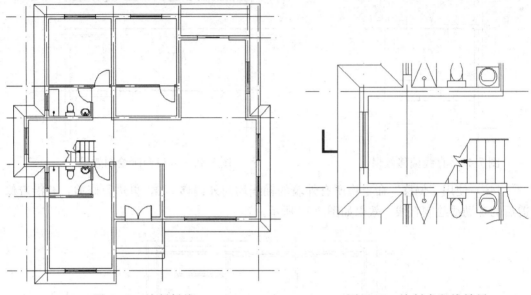

图7-48　绘制斜线　　　　　　　　　　　　图7-49　绘制多段线效果

（43）使用与步骤42同样的方法绘制另一个剖切符号，效果如图7-50所示。

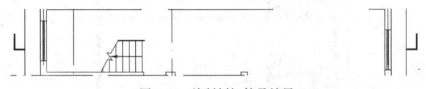

图7 50　绘制剖切符号效果

（44）切换到"文字"图层，执行"单行文字"命令，创建平面图中所需的文字，采用样板图中设置的文字样式A500作为平面图中的文字样式，创建如图7-51所示的文字。

（45）使用与步骤44同样的方法，创建其他的文字说明，效果如图7-52所示。

（46）切换到"尺寸标注"图层，采用第4章中创建的S1-100标注样式对平面图进行尺寸标注，执行"线性标注"命令，命令行提示如下：

命令：_dimlinear

指定第一条尺寸界线原点或＜选择对象＞：//捕捉V1和H1的交点作为第一条尺寸界限原点

指定第二条尺寸界线原点：//捕捉V2和H1的交点作为第二条尺寸界限原点

指定尺寸线位置或

〔多行文字(M)/文字(T)/角度(A)/水平(H)/垂直(V)/旋转(R)〕：//在绘图区点取一点作为尺寸线的位置

标注文字 = 1200//按回车键完成标注，效果如图7-53所示

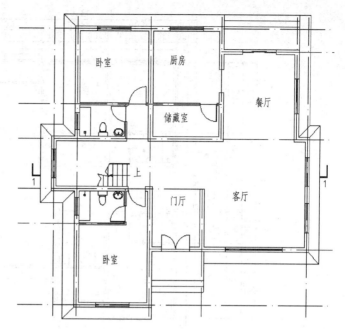

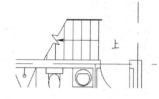

图 7-51 创建楼梯说明文字 　　　　图 7-52 平面图文字说明

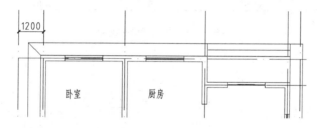

图 7-53 线性标注效果

（47）执行"连续标注"命令，创建如图 7-54 所示的连续标注。

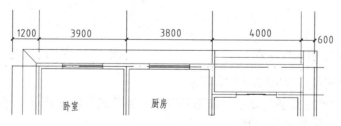

图 7-54 快速标注效果

（48）继续执行"线性标注"和"连续标注"命令，创建其他的尺寸标注，效果如图 7-55 所示。

（49）选择"插入"|"块"命令，插入第 5 章创建的"标高"图块，插入点为室内的任意一点，创建室内标高，标高值为±0.000，效果如图 7-56 所示。

（50）使用同样的方法，创建室外标高，效果如图 7-57 所示。

（51）选择"插入"|"块"命令，插入"竖向轴线编号"和"横向轴线编号"图块，

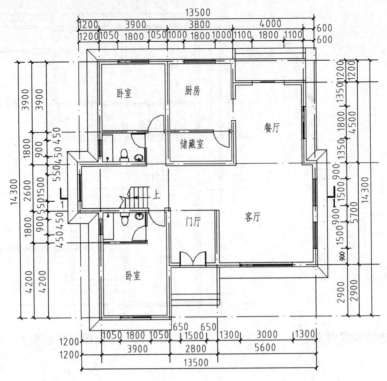

图 7-55　尺寸标注效果

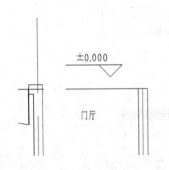

图 7-56　插入室内标高效果

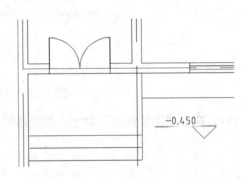

图 7-57　插入室外标高效果

插入点为轴线的端点，效果如图 7-58 所示。

（52）使用"单行文字"命令，采用 A700 文字样式，创建图名，采用 A350 文字样式，创建比例，效果如图 7-59 所示。

（53）使用"多段线"命令，线宽设置为 100，绘制下划线，长度和图名长度一样，效果如图 7-60 所示。至此，别墅底层平面图绘制完毕，效果如图 7-1 所示。

7.2.2　二层平面图绘制

在绘制完成底层平面图之后，读者可以在底层平面图的基础上绘制二层平面图和屋顶平面图，别墅二层平面图的效果如图 7-61 所示，屋顶平面图的效果如图 7-62 所示，绘图比例也是 1：100。由于绘制方法与底层平面图类似，我们就不再讲述。

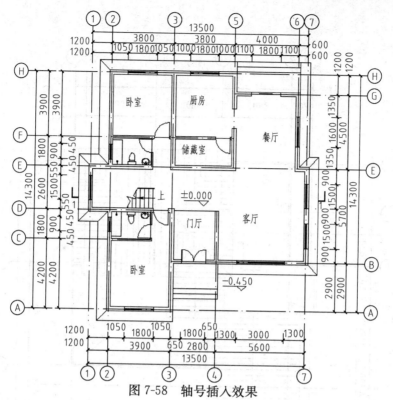

图 7-58　轴号插入效果

底层平面图 1:100

图 7-59　图名创建效果

底层平面图 1:100

图 7-60　下划线创建效果

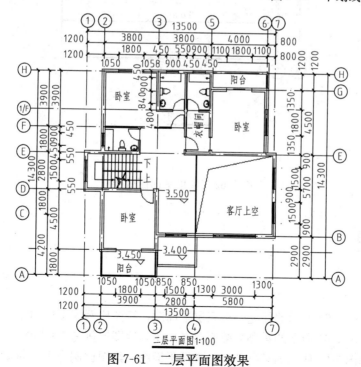

二层平面图 1:100

图 7-61　二层平面图效果

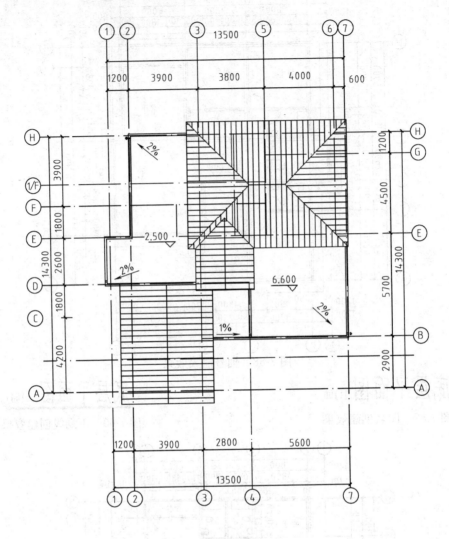

屋顶平面图1:100

图 7-62   屋顶平面图效果

7.3   习题

上机题

1. 绘制如图 7-63 所示的住宅一至三层平面图，绘图比例为 1∶100。

2. 绘制如图 7-64 所示的某办公楼底层平面图，绘图比例为 1∶100。

3. 绘制如图 7-65 所示的某办公楼标准层平面图，绘图比例为 1∶100。

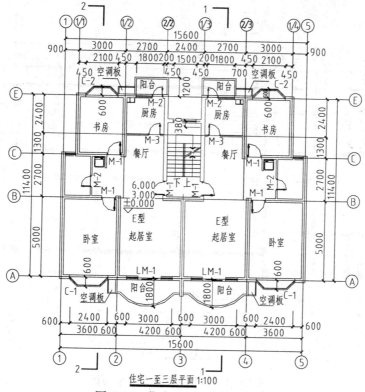

图 7-63 住宅一至三层平面图

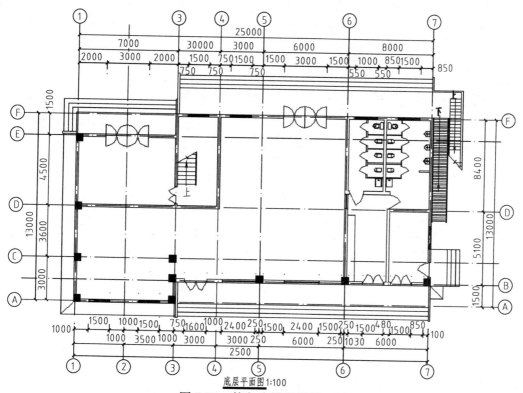

图 7-64 某办公楼底层平面图

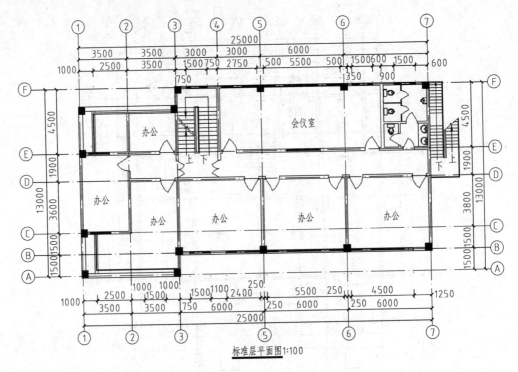

标准层平面图1:100

图 7-65   某办公楼标准层平面图

第8章　建筑立面图绘制

建筑立面图是建筑物在与建筑物立面平行的投影面上投影所得的正投影图，其展示了建筑物外貌和外墙面装饰材料，是建筑施工中控制高度和外墙装饰效果等的技术依据。建筑物东西南北每一个立面都要画出它的立面图，通常建筑立面图的命名应根据建筑物的朝向，例如南立面图、北立面图、东立面图、西立面图等等。也可以根据建筑物的主要入口来命名，如正立面图、背立面图、侧立面图等等。此外，还可以按轴线编号来命名，如①～⑨立面图。

8.1　建筑立面图基础

在介绍建筑立面图的绘制方法之前，首先了解建筑立面图的组成内容和绘制步骤，本节主要介绍建筑立面图的内容和绘制步骤，为掌握立面图的绘制方法打好基础。在立面图的绘制过程中，用户一定要灵活地利用平面图中的图线进行定位，这样有利于快速地绘制立面图。

8.1.1　建筑立面图内容

和建筑平面图一样，在不同的建筑设计阶段中，对建筑立面图的要求也有很大的不同，就施工图阶段的立面图而言，它的图纸内容通常包括：

（1）图名图签（施工图）。

（2）两端的定位轴线和编号。

（3）立面门窗的形式、位置和开启方式。

（4）立面上室外楼梯、踏步、阳台、雨篷、水箱等建筑构件。

（5）立面上墙面的建筑装饰、材料和墙面划分线。

（6）立面屋顶、屋檐做法和材料。

（7）室外水、暖、电设备构件和结构构件（施工图）。

（8）立面上的尺寸标注和标高标注。

（9）立面上的伸缩缝和沉降缝（施工图）。

（10）详图索引和必要的文字说明（施工图）。

8.1.2　建筑立面图绘制步骤

根据建筑立面图中所包含的内容，借助建筑平面图来绘制建筑立面图，一般来说，建筑立面图的绘制步骤如下：

（1）设置绘图环境，或选用符合要求的样板图形。

（2）插入图框图块。

（3）转动平面图使需要绘制立面的墙面朝下，在下方绘制立面图。

（4）如果已经有了剖面图，把剖面图复制在拟绘立面图一侧。

（5）从平面上向下引出端墙线和全部墙角线。

（6）从剖面图或剖面尺寸引出地平线和门窗高度线，从平面图上引出门窗位置线，插入门窗图块。

（7）绘制室外楼梯、踏步、阳台、雨篷、水箱等建筑构件。

（8）绘制屋顶和檐口等建筑构件。

（9）绘制与结构、水暖电系统相关的建筑构件。

（10）标注尺寸、标高、编号、型号、索引号和文字说明。

（11）检查、核对图形和标注，填写图签。

（12）图纸存档或打印输出。

8.2 某别墅正立面图绘制

本节将要在绘制完成的平面图基础上绘制别墅正立面图，立面图在横向的尺寸完全由底层平面图、二层平面图和屋顶平面图来确定。纵向的尺寸通过构造线来确定。通常情况下，建筑制图中，立面图的绘制都会借助平面图来确定尺寸。当然，对于比较简单的立面图，用户也可以直接使用构造线定位进行绘制，而不借助平面图定位尺寸。绘制完成的别墅正立面图效果如图 8-1 所示（见光盘）。

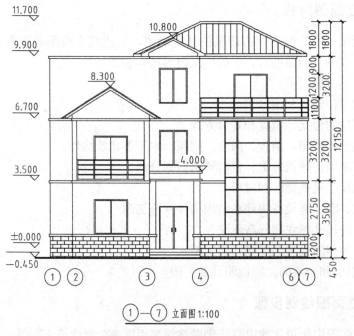

图 8-1 别墅正立面图效果

8.2.1 创建外墙轮廓

本节主要讲授别墅外墙轮廓的绘制方法，绘制外墙轮廓首先要分析组成该建筑立面的体块有几部分，由于不同体块有前后位置以及高度上的差别，所以本节主要依据体块的不同，分别来创建别墅外墙轮廓。绘制完成的别墅立面轮廓效果如图 8-2 所示。

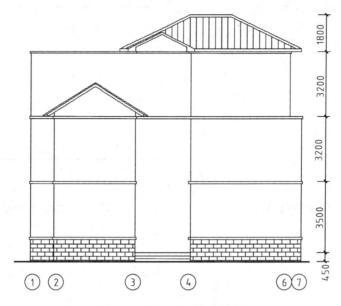

图 8-2　别墅立面轮廓效果

具体操作步骤如下：

（1）打开第 7 章创建的别墅平面图，打开"图层特性管理器"选项板，创建立面图绘制过程中需要的图层，如外墙轮廓图层、门窗图层等，具体设置如图 8-3 所示。

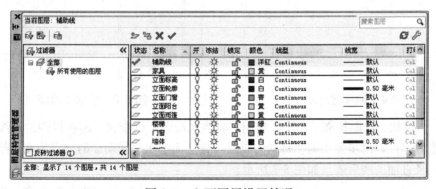

图 8-3　立面图层设置情况

（2）切换到"立面轮廓"图层，使用"多段线"命令，多段线宽度设置为 50，在绘图区内任选一点作为起点绘制长度为 15000 的直线段作为立面图中的地坪线，再切换到"轴线"图层，复制屋顶平面图到地坪线的下方，沿屋顶平面图的 1 号、2 号、3 号、4 号和 7 号轴线竖直向上绘制辅助线，效果如图 8-4 所示。

（3）执行"构造线"命令，沿地坪线绘制水平构造线，并将构造线向上偏移，偏移尺寸和效果如图 8-5 所示。

（4）执行"偏移"命令，将 2 号轴线向左偏移 120，3 号轴线向右偏移 120，效果如图 8-6 所示。

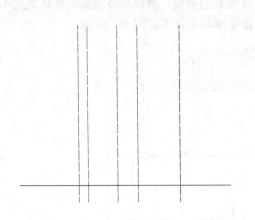

图 8-4　绘制竖向辅助线

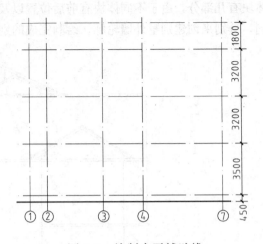

图 8-5　绘制水平辅助线

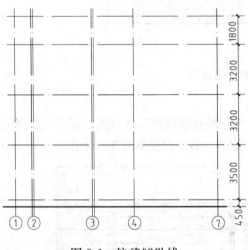

图 8-6　偏移辅助线

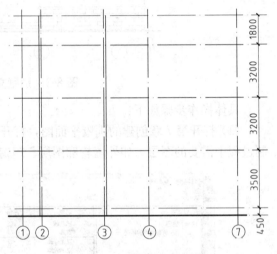

图 8-7　绘制立面墙线

（5）切换到"立面轮廓"图层，使用"直线"命令，以步骤 4 偏移得到的直线与地坪线的交点为起点，以步骤 4 偏移得到的直线与最上面的水平辅助线的交点为端点绘制外墙线，删除竖直辅助线后效果如图 8-7 所示。

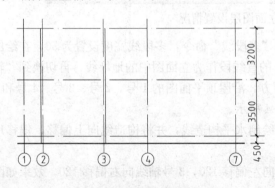

图 8-8　修剪立面墙线

（6）执行"修剪"命令，以步骤 3 绘制的水平辅助线为剪切边，修剪墙线，效果如 8-8 所示。

（7）按照屋顶平面图中的屋顶边缘线绘制辅助线，辅助线在立面图中的显示效果如图 8-9 所示。

（8）执行"偏移"命令，选择如图 8-10 所示的水平辅助线，向上偏移 1600，创建坡屋顶的屋脊辅助线。

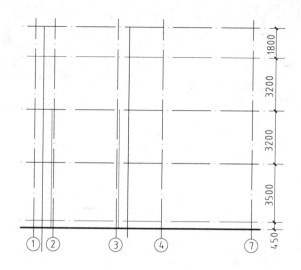

图 8-9　屋顶轮廓线的辅助线在立面图中的显示效果

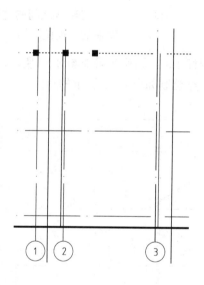

图 8-10　选择水平辅助线

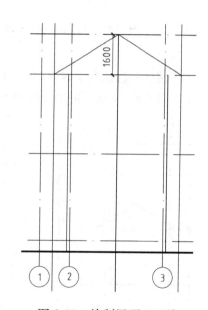

图 8-11　绘制屋顶立面线

（9）沿屋顶平面图 2 号和 3 号轴线之间的屋脊线向上绘制辅助线，辅助线在立面图中的显示效果如图 8-11 所示。

（10）使用"直线"命令沿绘制的辅助线交点绘制如图 8-11 所示的屋顶立面图。

（11）执行"偏移"命令，选择步骤 10 绘制的屋顶立面线，向上偏移 60 向下偏移 120，并分别以屋顶线与水平辅助线的交点为起点，以垂直于向上偏移得到的屋顶线方向的垂足为端点绘制直线，再分别以向下偏移得到的屋顶线与水平辅助线的交点为起点，以垂直于屋顶线方向的垂足为端点绘制直线，效果如图 8-12 所示。

（12）执行"修剪"命令，修剪屋顶轮廓线。

（13）执行"延伸"命令，将立面墙线延伸到立面屋顶线，完成 2 号轴线和 3 号轴线之间的建筑体块的立面图绘制，删除辅助线后效果如图 8-13 所示。

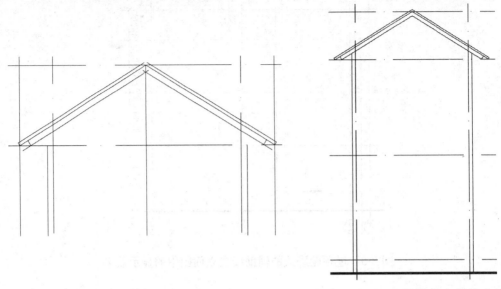

图 8-12　封闭屋顶立面线　　　　　图 8-13　2、3 号轴线之间的建筑
体块的立面图

（14）将 1 号轴线向左偏移 120，4 号轴线向右偏移 120，偏移效果如图 8-14 所示。

（15）过步骤 14 绘制的辅助线和水平辅助线的交点绘制如图 8-15 所示的直线。

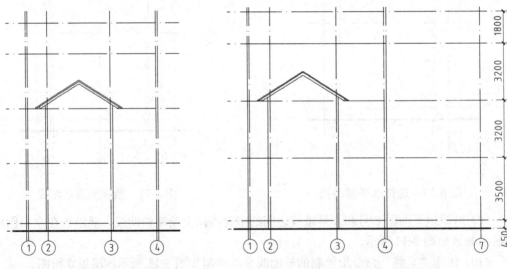

图 8-14　1、4 号轴线偏移效果　　　　图 8-15　创建立面轮廓线

（16）沿屋顶平面图中的 3 号轴线和 4 号轴线偏移得到的屋顶边缘线和屋脊线绘制立面辅助线，辅助线在立面图中的显示效果如图 8-16 所示。

（17）执行"偏移"命令，选择如图 8-17 所示的辅助线，向上偏移 900，创建屋脊高度辅助线，偏移效果如图 8-18 所示。

（18）沿步骤 16、17 创建的辅助线交点绘制如图 8-19 所示的直线，创建立面屋顶轮廓线。

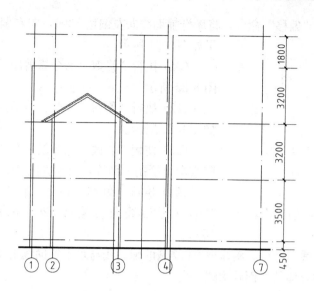

图 8-16 绘制立面屋顶辅助线

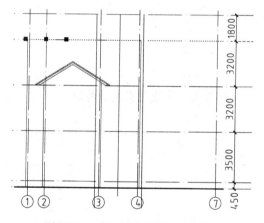

图 8-17 选择要偏移的辅助线

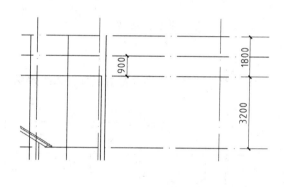

图 8-18 辅助线偏移效果

（19）执行"偏移"命令，将步骤 18 创建的屋顶轮廓线向上偏移 120，偏移效果如图 8-20 所示。

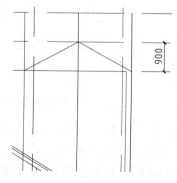

图 8-19 立面屋顶轮廓线

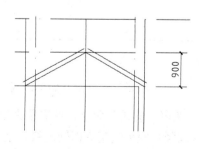

图 8-20 屋顶轮廓线偏移效果

（20）继续执行"偏移"命令，将屋脊辅助线向左偏移 1300，向右偏移 1300，偏移效果如图 8-21 所示。

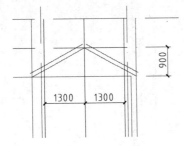

（21）执行"修剪"命令修剪屋顶轮廓线，效果如图 8-22 所示。

（22）执行"修剪"命令，修剪屋顶轮廓线，效果如图 8-23 所示。

（23）使用"直线"命令沿屋顶平面图的 6 号轴线竖直向上绘制辅助线，效果如图 8-24 所示。

（24）执行"偏移"命令，将 6 号轴线向右偏移 120，7 号轴线向右偏移 120，偏移效果如图 8-25 所示。

图 8-21　辅助线偏移效果

（25）使用"直线"命令，沿步骤 24 绘制的辅助线与水平辅助线的交点绘制直线，创建如图 8-26 所示的外墙的立面轮廓线。

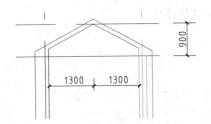

图 8-22　"修剪"命令修剪屋顶轮廓线效果

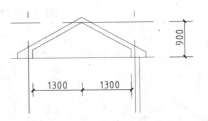

图 8-23　屋顶轮廓线修剪效果

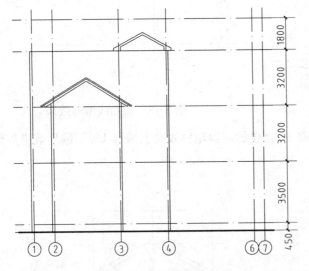

图 8-24　绘制立面辅助线

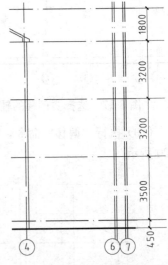

图 8-25　偏移辅助线效果

（26）使用"直线"命令，沿屋顶平面图中 3 号轴线和 6 号轴线偏移得到的屋顶边缘线和屋脊线竖直向上绘制立面辅助线，辅助线在立面图中的显示效果如图 8-27 所示。

（27）执行"偏移"命令，选择如图 8-28 所示的水平辅助线向上偏移 135，创建屋顶辅助线，偏移效果如图 8-29 所示。

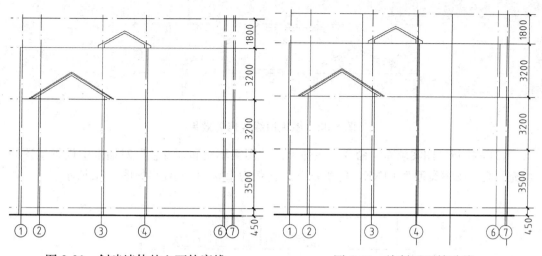

图 8-26 创建墙体的立面轮廓线　　　　　图 8-27 绘制屋顶辅助线

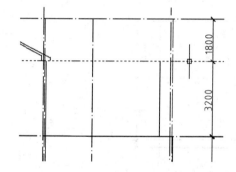　　　　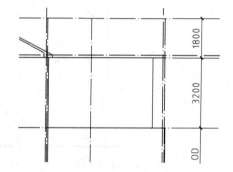

图 8-28 选择要偏移的水平辅助线　　　　图 8-29 辅助线偏移效果

（28）使用"直线"命令，沿步骤 26、27 绘制的辅助线与水平辅助线的交点绘制如图 8-30 所示的直线，创建屋顶的轮廓线。

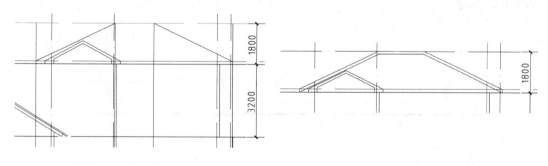

图 8-30 屋顶的边缘线　　　　　　图 8-31 屋顶边缘线的偏移效果

（29）删除辅助线并执行"偏移"命令，将屋顶轮廓线向内偏移 120，偏移效果如图 8-31 所示。

（30）执行"修剪"命令，修剪步骤 29 偏移得到的直线，修剪后的效果如图 8-32 所示。

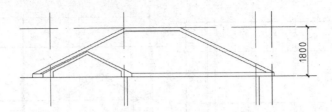

图 8-32　屋顶边缘线修剪效果

（31）执行"图案填充"命令，在弹出的"图案填充和渐变色"对话框中设置屋顶的填充图案，图案类型为 LINE，角度为 90，比例为 100，填充效果如图 8-33 所示。

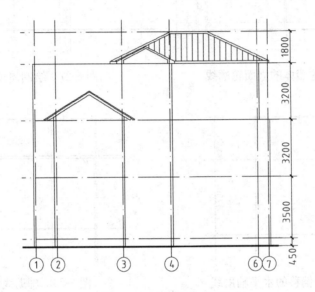

图 8-33　屋顶填充效果

（32）执行"偏移"命令，选择辅助线，向上偏移 650，再向上偏移 100，偏移后效果如图 8-34 所示。

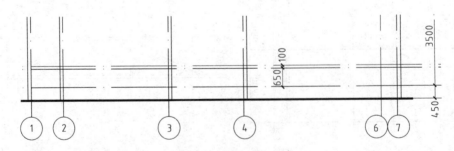

图 8-34　偏移辅助线

（33）继续执行"偏移"命令，将 1 号轴线向左偏移 170，2 号轴线向左偏移 170，3 号轴线向右偏移 170，偏移效果如图 8-35 所示。

（34）使用"直线"命令，以步骤 32 和步骤 33 绘制的辅助线的交点为起点绘制墙面线脚，删除辅助线后效果如图 8-36 所示。

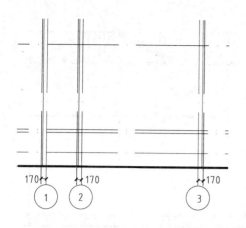

图 8-35 辅助线偏移效果

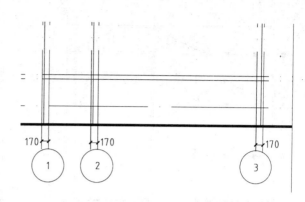

图 8-36 绘制墙面线脚

（35）执行"修剪"命令，以步骤 34 绘制的直线为剪切边，修剪外墙轮廓线，修剪后的效果如图 8-37 所示。

（36）单击"图案填充"按钮，在弹出的"图案填充和渐变色"对话框中设置勒脚的填充图案，参数设置如图 8-38 所示，填充效果如图 8-39 所示。

（37）使用同样的方法创建 4 号轴线和 7 号轴线之间的勒脚部分，关闭轴线后的效果如图 8-40 所示。

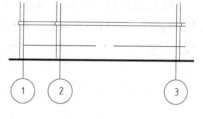

图 8-37 外墙轮廓线修剪效果

（38）执行"偏移"命令，选择如图 8-41 所示的三条水平辅助线，分别向下偏移 100，偏移后效果如图 8-42 所示。

图 8-38 填充图案设置

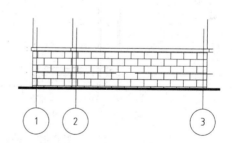

图 8-39 勒脚填充效果

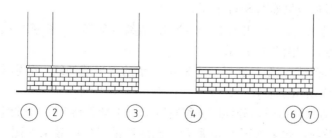

图 8-40 其他勒脚填充效果

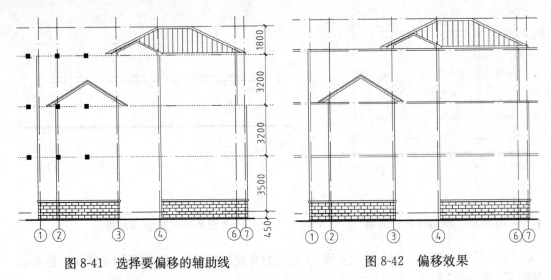

图 8-41 选择要偏移的辅助线　　　　　图 8-42 偏移效果

（39）继续执行"偏移"命令，将 1 号、2 号轴线向左偏移 170，3 号、6 号和 7 号轴线向右偏移 170，偏移效果如图 8-43 所示。

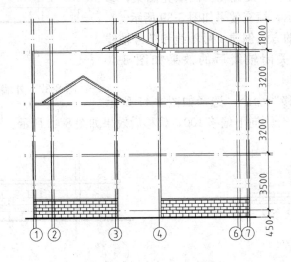

图 8-43 辅助线偏移效果

（40）使用"直线"命令，以步骤 38 和步骤 39 绘制的辅助线的交点为起点绘制墙面线脚，删除辅助线后效果如图 8-44 所示。

（41）执行"修剪"命令，以步骤 40 绘制的直线为剪切边，修剪外墙轮廓线，关闭轴线图层后的显示效果如图 8-45 所示。

（42）执行"偏移"命令，选择如图 8-46 所示的水平辅助线，分别向上偏移 150，偏移后效果如图 8-47 所示。

（43）执行"直线"命令，分别以偏移得到的水平辅助线和 3 号轴线上的外墙线的交点为起点绘制台阶线，效果如图 8-48 所示。删除辅助线后的效果如图 8-49 所示。至此，建筑立面图中的轮廓线创建完毕，关闭轴线图层后的显示效果如图 8-2 所示。

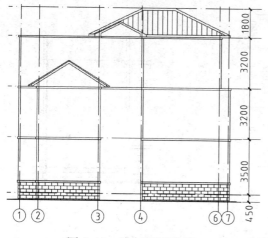

图 8-44　绘制墙面线脚

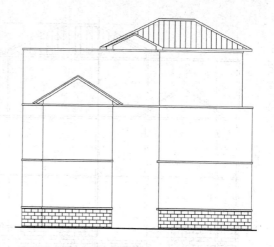

图 8-45　外墙轮廓线修剪效果

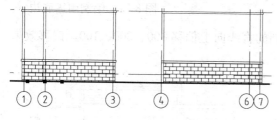

图 8-46　选择要偏移的辅助线

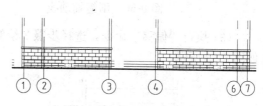

图 8-47　偏移水平辅助线效果

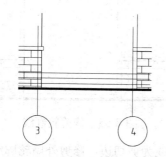

图 8-48　选择要删除的辅助线

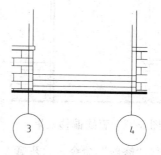

图 8-49　创建台阶效果

8.2.2　创建雨篷和柱

　　上一节中详细介绍了建筑立面图中外墙轮廓的创建方法，本节主要结合别墅立面图讲授建筑立面图中雨篷和立面柱的创建方法。本例中的雨篷形式较简单，由柱子支撑，主要参考二层平面图进行绘制。

　　具体操作步骤如下：

　　（1）在二层平面图中过正门雨篷外侧绘制辅助线，辅助线在立面图中的显示效果如图 8-50 所示。

　　（2）以步骤 1 绘制的辅助线和水平辅助线的交点为起点绘制直线，效果如图 8-51 所示。

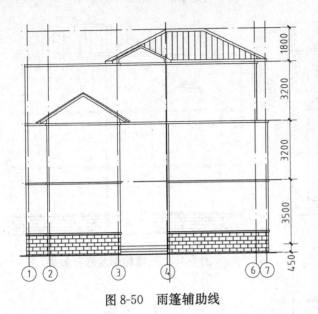

图 8-50　雨篷辅助线

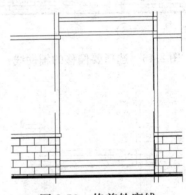

图 8-51　绘制雨篷底边

（3）执行"偏移"命令，选择步骤 2 绘制的直线向上偏移 100、300、100，偏移效果如图 8-52 所示。

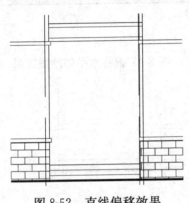

图 8-52　直线偏移效果

图 8-53　修剪轮廓线

（4）执行"修剪"命令，以步骤 3 偏移得到的直线为剪切边，修剪外墙轮廓线，效果如图 8-53 所示。

（5）执行"修剪"命令，以步骤 3 偏移得到的直线为剪切边，修剪雨篷轮廓线，效果如图 8-54 所示。

（6）选择如图 8-55 所示的直线，向右偏移 50，向左偏移 350，再偏移 50，偏移效果如图 8-56 所示。

（7）执行"延伸"命令，以最上面的台阶线和最下面的雨篷线为延伸对象，延伸步骤 6 偏移得到的直线，然后继续执行"延伸"命令，以步骤 6 所得的直线为延伸对象，效果如图 8-57 所示。

（8）执行"修剪"命令，以步骤 6 所得的直线为剪切边，修剪后的效果如图 8-58 所示。

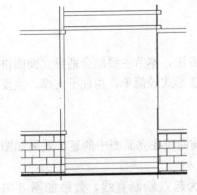

图 8-54　雨篷轮廓线

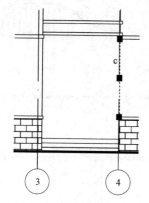

图 8-55　选择要偏移的直线

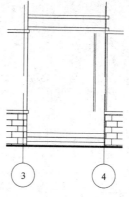

图 8-56　直线偏移效果

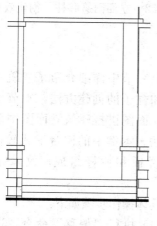

图 8-57　直线延伸效果

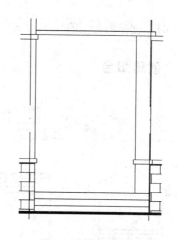

图 8-58　直线修剪效果

（9）使用与步骤 6、7、8 同样的方法，创建门廊的另一根柱子，效果如图 8-59 所示。

（10）分别选择如图 8-60 所示的两条直线，执行"偏移"命令，左侧直线向右偏移 250，右侧直线向左偏移 250，创建阳台上的柱子，偏移效果如图 8-61 所示。至此，立面图上的雨篷和柱子创建完毕，效果如图 8-62 所示。

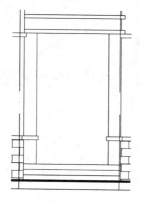

图 8-59　创建门廊的另一根柱子

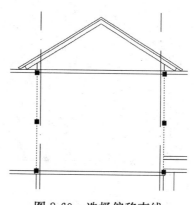

图 8-60　选择偏移直线

图 8-61　创建阳台上的柱子

图 8-62　立面雨篷和柱子创建效果

8.2.3　创建阳台

图 8-63　立面阳台效果

上一节中详细介绍了建筑立面图中雨篷和柱子的创建方法，本节主要结合别墅立面图讲授建筑立面图中阳台的创建方法。本例中的阳台形式较简单，由阳台栏板和栏杆组成，效果如图 8-63 所示。

具体操作步骤如下：

（1）执行"偏移"命令，选择如图 8-64 所示的直线向上偏移 1100，偏移后效果如图 8-65 所示。

（2）执行"剪切"命令，以阳台两边的柱子线为剪切边，修剪步骤 1 创建的直线，修剪后效果如图 8-66 所示。

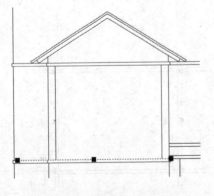

图 8-64　选择偏移直线

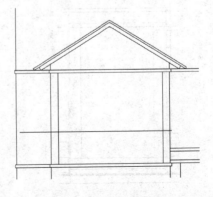

图 8-65　偏移后效果

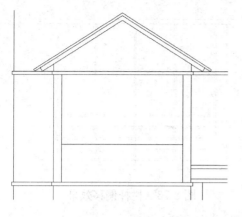

图 8-66　直线修剪效果

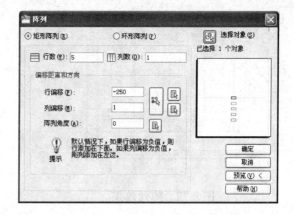

图 8-67　"矩形阵列"参数设置

（3）执行"阵列"命令，选择步骤 2 修剪后的直线为阵列对象，参数设置如图 8-67 所示，阵列效果如图 8-68 所示。

图 8-68　阵列效果

图 8-69　偏移得到的栏杆效果

（4）执行"偏移"命令，分别选择步骤 3 阵列得到的直线向下偏移 40，效果如图 8-69 所示。

（5）执行"阵列"命令，选择如图 8-70 所示的直线为阵列对象，参数设置如图 8-71 所示，阵列效果如图 8-72 所示。

图 8-70　选择阵列对象

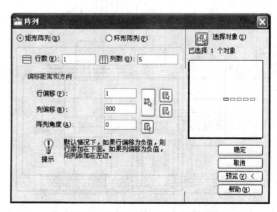

图 8-71　"矩形阵列"参数设置

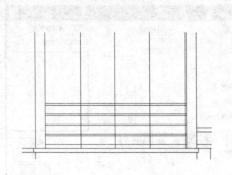

图 8-72　阵列效果

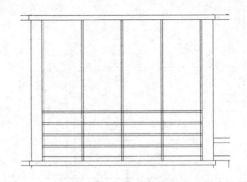

图 8-73　栏杆偏移效果

（6）执行"偏移"命令，选择步骤 5 阵列得到的直线分别向右偏移 40，效果如图 8-73 所示。

（7）执行"修剪"命令，修剪栏杆，效果如图 8-74 所示。

（8）使用同样的方法，创建另一个阳台，效果如图 8-75 所示。

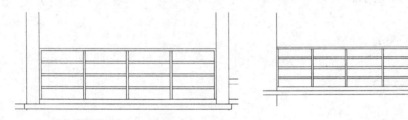

图 8-74　栏杆修剪效果　　　　　　　　　图 8-75　其余的阳台效果

8.2.4　创建门窗

上一节中详细介绍了建筑立面图中阳台的创建方法，本节主要结合别墅立面图讲授建筑立面图中门窗的创建方法。本例中的门窗形式较丰富，将分别讲解各种门窗形式的创建方法，立面门窗的效果如图 8-76 所示。

具体操作步骤如下：

（1）从平面图中的门窗位置向上引辅助线，辅助线在立面图中如图 8-77 所示。

图 8-76　立面门窗效果

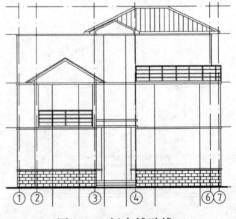

图 8-77　门窗辅助线

（2）执行"矩形"命令，命令行提示如下：

```
命令:_rectang
指定第一个角点或 [倒角(C)/标高(E)/圆角(F)/厚度(T)/宽度(W)]://捕捉如图 8-78 所示的交点
指定另一个角点或 [面积(A)/尺寸(D)/旋转(R)]:@-1800,1800//输入相对坐标值,效果如图 8-79 所示
```

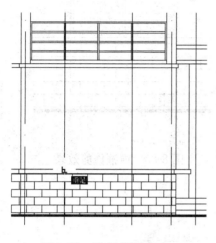

图 8-78　选择矩形起点

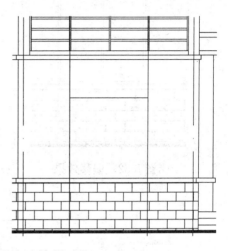

图 8-79　矩形绘制效果

（3）执行"偏移"命令，选择步骤 2 绘制的矩形为偏移对象向内偏移，偏移距离为 50，偏移效果如图 8-80 所示。

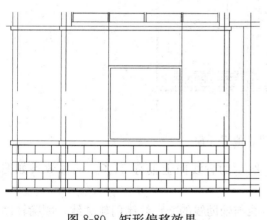

图 8-80　矩形偏移效果

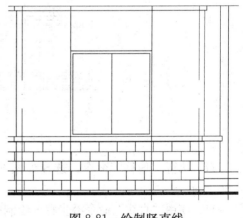

图 8-81　绘制竖直线

（4）执行"直线"命令，捕捉步骤 3 绘制的矩形中点为直线起点，绘制窗框辅助线，效果如图 8-81 所示。

（5）执行"偏移"命令，选择步骤 4 绘制的直线分别向左和向右偏移 20，删除辅助线后的效果如图 8-82 所示。

（6）执行"修剪"命令，以步骤 5 绘制的直线修剪步骤 3 偏移的矩形，效果如图 8-83 所示。

（7）使用与步骤 2、3、4、5、6 同样的方法创建其他的平开窗，效果如图 8-84 所示。

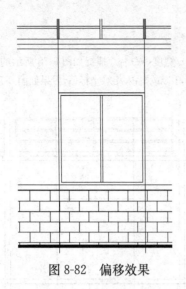

图 8-82 偏移效果

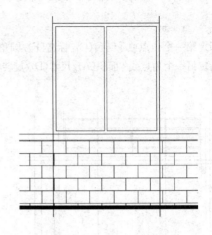

图 8-83 窗框修剪效果

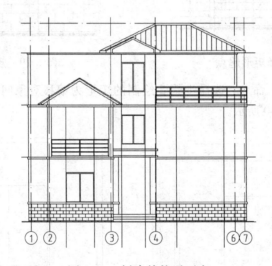

图 8-84 创建其他平开窗

（8）执行"偏移"命令，选择如图 8-85 所示的直线向上偏移 2200，偏移效果如图 8-86 所示。

（9）使用"直线"命令沿步骤 8 绘制的直线与辅助线的交点绘制门轮廓线，删除辅助线后效果如图 8-87 所示。

（10）执行"偏移"命令，将步骤 9 绘制的直线向内偏移 40，偏移效果如图 8-88 所示。

（11）执行"修剪"命令，修剪步骤 10 创建的直线，效果如图 8-89 所示。

（12）执行"直线"命令，捕捉步骤 11 修剪后得到的直线中点为起点，绘制门框辅助线，效果如图 8-90 所示。

（13）执行"偏移"命令，将步骤 12 得到的直线分别向右和向左偏移 20，删除辅助线后效果如图 8-91 所示。

（14）执行"修剪"命令，修剪步骤 11 得到的直线，效果如图 8-92 所示。

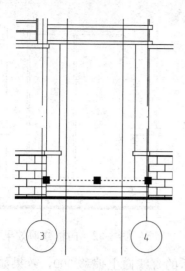

图 8-85 选择要偏移的直线

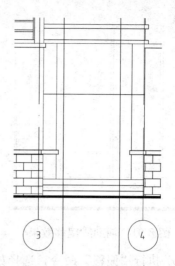

图 8-86 直线偏移效果

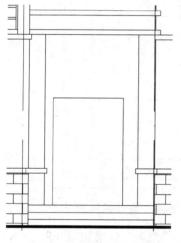

图 8-87 绘制门轮廓线

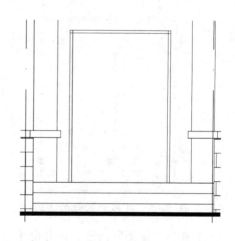

图 8-88 偏移门轮廓线

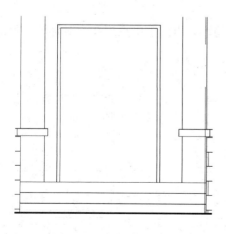

图 8-89 门框修剪效果

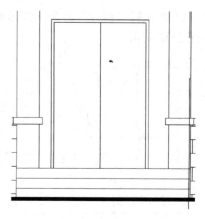

图 8-90 绘制直线

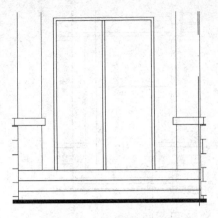

图 8-91　辅助线偏移效果

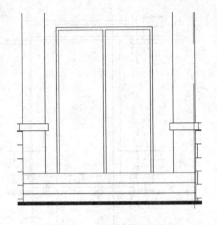

图 8-92　门框修剪效果

（15）执行"偏移"命令，选择如图 8-93 所示的直线向上偏移 900，效果如图 8-94 所示。

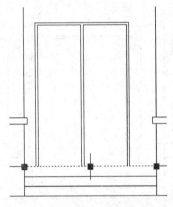

图 8-93　选择要偏移的直线

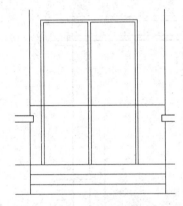

图 8-94　直线偏移效果

（16）执行"矩形"命令，矩形尺寸为 50×200，绘制门把手，效果如图 8-95 所示。

（17）执行"移动"命令，选择步骤 16 绘制的矩形向右移动 50，删除辅助线后效果如图 8-96 所示。

（18）执行"镜像"命令，选择步骤 17 绘制的矩形，以门框中点连线为对称轴，效果如图 8-97 所示。

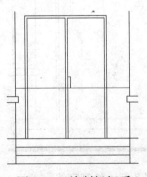

图 8-95　绘制门把手

图 8-96　矩形移动效果

图 8-97　门把手绘制效果

（19）执行"偏移"命令，选择如图8-98所示的直线向上偏移2200，绘制推拉门，效果如图8-99所示。

图 8-98 选择要偏移的直线

图 8-99 直线偏移效果

（20）使用与步骤9、10、11、12、13、14同样的方法绘制门，效果如图8-100所示。

（21）使用同样的方法绘制其他的推拉门，效果如图8-101所示。

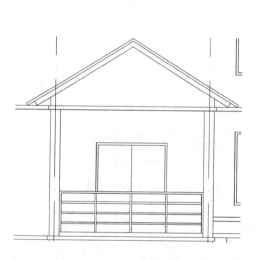

图 8-100 推拉门绘制效果

图 8-101 其他推拉门的绘制效果

（22）执行"矩形"命令，以如图8-102所示的交点为起点，绘制玻璃幕墙，效果如图8-103所示。

（23）执行"修剪"命令，修剪线脚，效果如图8-104所示。

（24）执行"偏移"命令，将步骤22绘制的矩形向内偏移40，偏移效果如图8-105所示。

（25）使用与步骤12、13、14同样的方法绘制窗框，偏移距离和效果如图8-106所示。

8.2.5 创建标注

上一小节详细介绍了建筑立面图中门窗的创建方法，至此立面图中的内容已经绘制完

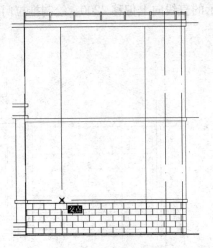

图 8-102　捕捉矩形起点

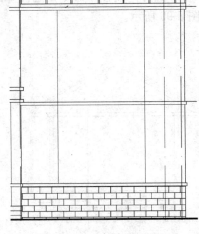

图 8-103　矩形绘制效果

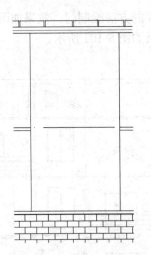

图 8-104　线脚修剪效果

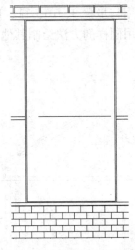

图 8-105　矩形偏移效果

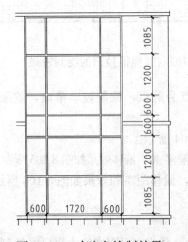

图 8-106　玻璃窗绘制效果

图 8-107　立面标注效果

成，接下来需要给立面图创建标注和标题，立面标注由立面尺寸标注和标高两部分组成，创建的方法与平面图类似，不再赘述。立面标注的效果如图 8-107 所示。

8.3 习题

上机题

1. 根据第 7 章习题 1 创建如图 8-108 所示的立面图，绘图比例 1：100。

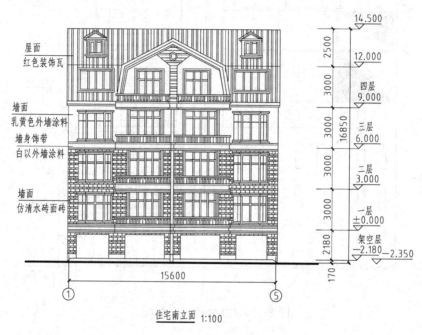

图 8-108 住宅南立面图

2. 根据第 7 章绘制的别墅平面图绘制如图 8-109 所示的⑦-①立面图，绘图比例为 1：100。

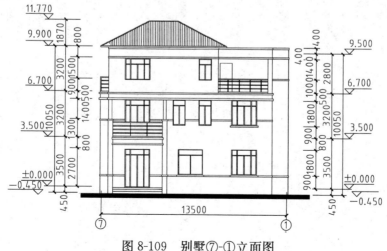

图 8-109 别墅⑦-①立面图

3. 根据第 7 章上机练习中的某办公楼底层平面图和标准层平面图创建如图 8-110 所示的办公楼正立面图，绘图比例为 1：100。

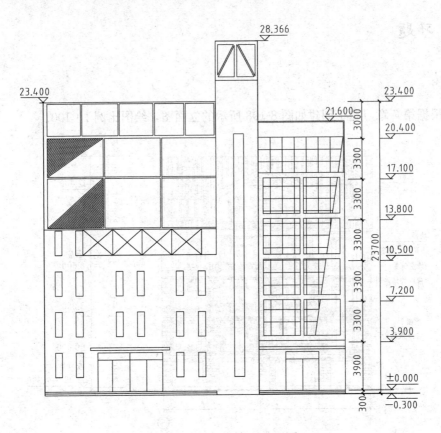

图 8-110　办公楼正立面图

第9章 建筑剖面图绘制

假想用一个铅垂剖切平面，沿建筑物的垂直方向切开，移去靠近观察者的一部分，其余部分的正投影图就叫做建筑剖面图，简称剖面图。切断部分用粗线表示，可见部分用细线表示。根据剖切方向的不同可分为横剖面图和纵剖面图。

9.1 建筑剖面图基础

在介绍建筑剖面图的绘制方法之前，首先了解一些建筑剖面图的基础内容，即建筑剖面图的组成内容和绘制步骤，为掌握立面图的绘制方法打好基础。

9.1.1 建筑剖面图内容

建筑剖面图是用来表示建筑物内部的垂直方向的结构形式、分层情况、内部构造及各部位高度的图样，例如：屋顶的形式、屋顶的坡度、檐口形式、楼板的搁置方式、楼梯的形式等。

剖面图的剖切位置，应选择在内部构造和结构比较复杂与典型的部位，并应通过门窗洞的位置。剖面图的图名应与平面图上标注的剖切位置的编号一致，如Ⅰ-Ⅰ剖面图、Ⅱ-Ⅱ剖面图等。如果用一个剖切平面不能满足要求时，允许将剖切平面转折后来绘制剖面图，以期在一张剖面图上表现更多的内容，但只允许转一次，并用剖切符号在平面图上标明。习惯上，剖面图中可不画出基础，截面上材料图例和图中的线型选择均与平面图相同。剖面图一般从室外地坪向上一直画到屋顶。通常对于一栋建筑物而言，一个剖面图是不够的，往往在几个有代表性的位置都需要绘制剖面图，才可以完整地反映楼层剖面的全貌。

建筑剖面图主要表达以下内容：

（1）剖面图的比例。剖面图的比例与平面图、立面图一致，为了图示清楚，也可用较大比例画出。

（2）剖切位置和剖视方向。将图名和轴线编号与平面图上的剖切位置和轴线编号相对应，可知剖面图的剖切位置和剖视方向。

（3）表示被剖切到的房屋各部位，如各楼层地面、内外墙、屋顶、楼梯、阳台等的构造做法。

（4）表示建筑物主要承重构件的位置及相互关系，如各层的梁、板、柱及墙体的连接关系等。

（5）房屋的内外部尺寸和标高。图上应标注房屋外部、内部的尺寸和标高，外部尺寸一般应标注出室外地坪、勒脚、窗台、门窗顶、檐口等处的标高和尺寸，应与立面图相一致，若房屋两侧对称时，可只在一边标注；内部尺寸一般应标出底层地面、各层楼面与楼梯平台面的标高，室内其余部分，如门窗洞、搁板和设备等，标注出其位置和大小的尺寸，楼梯一般另有详图。剖面图中的高度尺寸有三道：第一道尺寸靠近外墙，从室外地面开始分段标出窗台、门、窗洞口等尺寸；第二道尺寸注明房屋各层层高；第三道尺寸为房屋建筑物的总高度。另外，剖面图中的标高是相对尺寸，而大小尺寸则是绝对尺寸。

（6）坡度表示。房屋倾斜的地方，如屋面、散水、排水沟与出入口的坡道等，需用坡度来表明倾斜的程度。对于较小的坡度用百分比"n％"加箭头表示，n％表示屋面坡度的高宽比，箭头表示流水方向。较大坡度用直角三角形表示，直角三角形的斜边应与屋面坡度平行，直角边上的数字表示坡度的高宽比。

（7）材料说明。房屋的楼地面、屋面等是用多层材料构成，一般应在剖面图中加以说明。一般方法是用一引出线指向说明的部位，并按其构造的层次顺序，逐层加以文字说明。对于需要另用详图说明的部位或构件，在剖面图中可用标志符号引出索引，以便互相查阅、核对。

9.1.2 建筑剖面图绘制步骤

一般来说，剖面图绘制中需要使用的技术，大概是平面图和立面图的结合，其绘制步骤和建筑立面图的绘制步骤有很多相同之处，具体绘制步骤如下：

（1）设置绘图环境，或选用符合要求的样板图形。

（2）插入图框图块。

（3）转动平面图使需要绘制剖面的墙面朝下，在上方绘制剖面图。

（4）如果已经有了立面图，把立面图复制在拟绘剖面图一侧。

（5）从平面图上向上引出轴线和辅助线。

（6）从立面图或立面尺寸引出地平线、层高线和门窗高度线，从平面图上引出门窗位置线，插入门窗图块。

（7）绘制剖面楼梯、踏步、阳台、雨篷、水箱等建筑构件。

（8）绘制剖面屋顶和檐口建筑构件。

（9）绘制与结构、水暖电系统相关的建筑构件。

（10）标注尺寸、标高、编号、型号、索引号和文字说明。

（11）检查、核对图形和标注，填写图签。

（12）图纸存档或打印输出。

9.2 某别墅剖面图绘制

应该说，剖面图绘制中需要使用的技术，大概是平面图和立面图的结合，在剖面图中会出现墙线，也可能出现外轮廓线，有门窗的剖面图也有门窗立面图的绘制，有楼梯线的绘制，有标高的标注等等，所以在剖面图的绘制中，将会使用很多在平面图和立面图绘制中使用的绘图技术。创建如图 9-1 所示的某别墅剖面图（见光盘），具体绘制步骤如下所述。

9.2.1 创建轴线和辅助线

在绘制剖面图之前，首先要在平面图中确定剖切符号的位置，不同的剖切位置，绘制出的剖面图是不一样的。

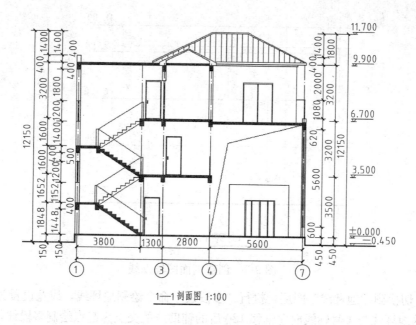

1—1 剖面图 1:100

图 9-1　别墅剖面图效果

具体操作步骤如下：

（1）选择"格式"｜"图层"命令，打开"图层特性管理器"选项板，创建剖面图绘制过程中需要的图层，如剖面墙线图层、剖面门窗图层等，效果如图 9-2 所示。

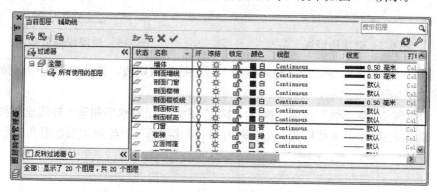

图 9-2　设置剖面图图层

（2）复制第 8 章绘制的别墅立面图在底层平面图的上方，移动复制的立面图位置使立面图中的竖向轴线位置与底层平面图中的轴线位置相对应，删除立面图中的图线，仅保留地坪线、轴线和部分尺寸标注，并修改图名为"1-1 剖面图"，同时移动第 8 章绘制的立面图到剖面图的右侧，使剖面图中的水平辅助线和立面图中的水平辅助线相对应，并将 3号轴线向左偏移 1300，第 5 条水平辅助线向上偏移 400，辅助线创建效果如图 9-3 所示。

9.2.2　墙线和楼板线

剖面图中墙线和楼面板线的绘制与平面图中墙线的绘制类似，都是用多线命令完成，具体操作步骤如下：

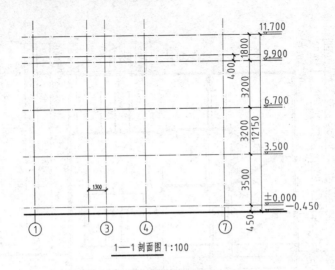

图 9-3　创建剖面图辅助线

（1）切换到"地坪线"图层，执行"多段线"命令绘制地坪线，线宽设置为50，以立面图中的地坪线与1号轴线向左偏移120后的辅助线的交点为起点绘制多段线，绘制效果如图 9-4 所示。

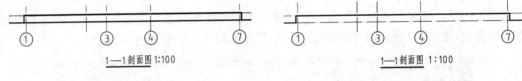

图 9-4　创建地坪线　　　　　　　　　　　　图 9-5　地坪线修剪效果

（2）执行"修剪"命令，以1号轴线和7号轴线为剪切边，修剪立面图中保留的地坪线，修剪效果如图 9-5 所示。

（3）切换到"剖面墙线"图层，执行"多线"命令，沿着水平和垂直轴线绘制剖面墙线和楼板，墙线采用 W240 多线样式，楼板采用 W120 多线样式，绘制效果如图 9-6 所示。

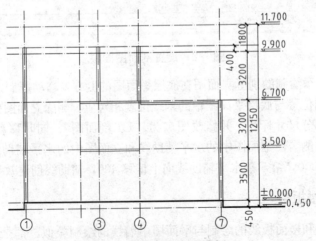

图 9-6　创建墙线和楼板

（4）继续执行"多线"命令，采用 W240 多线样式绘制梁线，梁的高度设置为 400，效果如图 9-7 所示。

（5）执行"修改"|"对象"|"多线"命令，打开"多线编辑工具"对话框，选用"T形打开"修剪多线，修剪效果如图 9-8 所示。

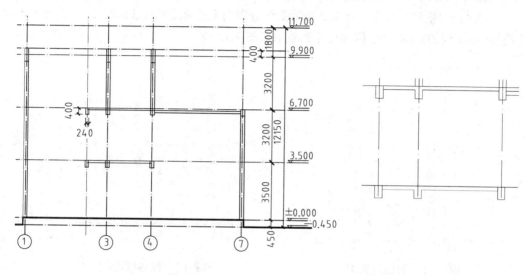

图 9-7　创建梁线效果　　　　　　　　　图 9-8　修剪多线

（6）使用"复制"命令，根据剖面图设计要求，将剖面图中与立面图相同的部分复制到剖面图中，复制效果如图 9-9 所示。

（7）根据剖切位置可知，小坡屋顶是被剖切到的地方，改为粗线，使用"多线"命令添加坡屋顶内的楼板，并进行修剪，打开"线宽"后，效果如图 9-10 所示。

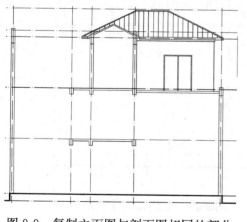

图 9-9　复制立面图与剖面图相同的部分

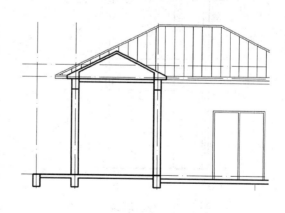

图 9-10　修剪小坡屋顶

9.2.3　创建门窗

剖面图中窗的绘制方法与平面图中窗的绘制方法类似，具体操作步骤如下：

（1）切换到"剖面门窗"图层，使用"矩形"绘制 240×5600 矩形，并分解，将左右边向内偏移 80，并创建图块，定义图块名称为"5600 剖面窗"，基点为矩形左下角点；使用同样的方法，绘制 240×1200 矩形，并分解，左右边向内偏移 80，并创建图块，图块名称为"1200 剖面窗"；再使用同样的方法，绘制 60×2200 矩形，并创建图块，图块名称为"2200 剖面门"，效果如图 9-11 所示。

（2）执行"偏移"命令，将第 2 条辅助线分别向上偏移 3000、1200、2300、1200，创建楼梯间外墙上的窗洞口，偏移尺寸和效果如图 9-12 所示。

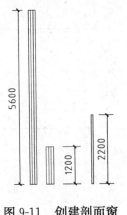

图 9-11 创建剖面窗

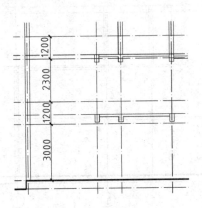

图 9-12 偏移辅助线

（3）执行"修剪"命令，以步骤 2 偏移得到的辅助线为剪切边，修剪楼梯间外墙线，创建外墙上的窗洞，效果如图 9-13 所示。

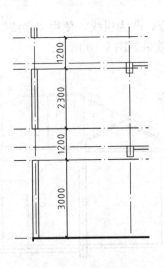

图 9-13 修剪墙线

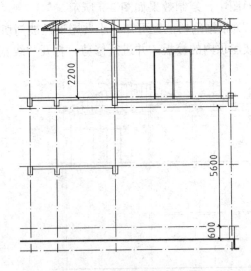

图 9-14 创建其他门窗洞

（4）使用同样的方法创建另一个外墙上的窗洞和 3 号轴线所在的内墙上的门洞，辅助线偏移尺寸和门窗洞效果如图 9-14 所示。

（5）执行"插入块"命令，将步骤 1 创建的剖面门窗图块插入到相应尺寸的门窗洞口内，插入点分别为各个洞口的左下角点，效果如图 9-15 所示。

（6）执行"移动"命令，将步骤 5 插入的剖面门图块向右移动 90，效果如图 9-16 所示。

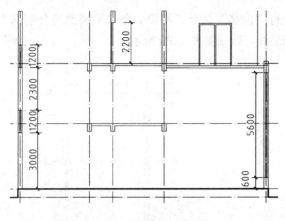

图 9-15　门窗插入效果

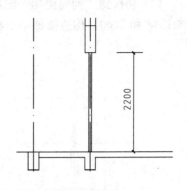

图 9-16　将剖面门向右移动 90

（7）执行"矩形"命令，绘制 900×2200 的矩形，并将矩形向内偏移 40，并分解，以偏移得到的矩形的左下角点为第一个角点绘制 50×150 的矩形，将矩形分别向上移动 1100、向右移动 50 创建门把手，然后执行"创建块"命令，定义图块名称为"900 内门"，基点为矩形左下角点，效果如图 9-17 所示。

（8）执行"插入块"命令，在平面图中根据内门所在的位置向上作辅助线构造内门的插入点，插入点为辅助线和水平楼板的交点，辅助线位置和插入效果如图 9-18 所示。

（9）使用同样的方法创建其他在剖面图中可见的门，门的尺寸和插入效果如图 9-19 所示。

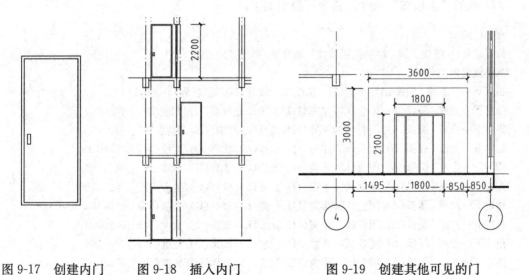

图 9-17　创建内门　　图 9-18　插入内门　　　　图 9-19　创建其他可见的门

9.2.4　创建楼梯

楼梯间的一个梯段被剖切到了，另一梯段没有被剖切到，所以读者绘制的时候需要注意，对于被剖切到的楼梯的绘制通常使用多段线完成，也可以使用栅格加直线的方法完成，本节使用多段线完成。

具体操作步骤如下：

（1）切换到"剖面楼梯"图层，执行"偏移"命令，将第2条水平辅助线分别向上偏移1848和5100，构造楼梯半平台的辅助线，效果如图9-20所示。

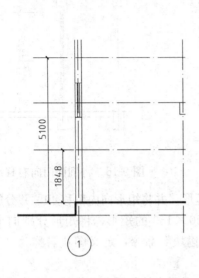

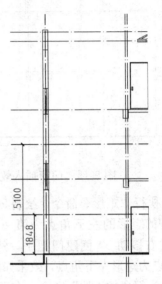

图 9-20　构造楼梯半平台辅助线　　　图 9-21　楼梯辅助线在剖面图中的显示效果

（2）从底层平面图中的第一条踏步线向上绘制辅助线，作为绘制剖面楼梯的起点，辅助线在剖面图中的显示效果如图9-21所示。

（3）执行"多段线"命令，命令行提示如下：

```
命令：_pline
指定起点://捕捉步骤2绘制的辅助线与地坪线的交点为起点
当前线宽为0.0000
指定下一个点或[圆弧(A)/半宽(H)/长度(L)/放弃(U)/宽度(W)]:@0,168
指定下一点或[圆弧(A)/闭合(C)/半宽(H)/长度(L)/放弃(U)/宽度(W)]:@260,0
指定下一点或[圆弧(A)/闭合(C)/半宽(H)/长度(L)/放弃(U)/宽度(W)]:@0,168
指定下一点或[圆弧(A)/闭合(C)/半宽(H)/长度(L)/放弃(U)/宽度(W)]:@260,0
指定下一点或[圆弧(A)/闭合(C)/半宽(H)/长度(L)/放弃(U)/宽度(W)]:@0,168
指定下一点或[圆弧(A)/闭合(C)/半宽(H)/长度(L)/放弃(U)/宽度(W)]:@260,0
指定下一点或[圆弧(A)/闭合(C)/半宽(H)/长度(L)/放弃(U)/宽度(W)]:@0,168
指定下一点或[圆弧(A)/闭合(C)/半宽(H)/长度(L)/放弃(U)/宽度(W)]:@260,0
指定下一点或[圆弧(A)/闭合(C)/半宽(H)/长度(L)/放弃(U)/宽度(W)]:@0,168
指定下一点或[圆弧(A)/闭合(C)/半宽(H)/长度(L)/放弃(U)/宽度(W)]:@260,0
指定下一点或[圆弧(A)/闭合(C)/半宽(H)/长度(L)/放弃(U)/宽度(W)]:@0,168
指定下一点或[圆弧(A)/闭合(C)/半宽(H)/长度(L)/放弃(U)/宽度(W)]:@1180,0
指定下一点或[圆弧(A)/闭合(C)/半宽(H)/长度(L)/放弃(U)/宽度(W)]://捕捉垂足
指定下一点或[圆弧(A)/闭合(C)/半宽(H)/长度(L)/放弃(U)/宽度(W)]://按回车键,效果如图
9-22 所示
```

（4）使用"构造线"命令，过图 9-22 的踏步线绘制构造线，并将构造线向下偏移 100，效果如图 9-23 所示。

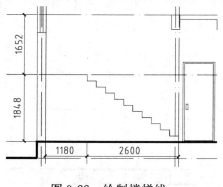

图 9-22　绘制楼梯线

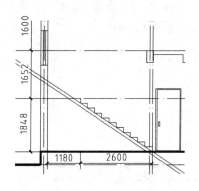

图 9-23　绘制构造线

（5）分解步骤 3 绘制的多段线，并将休息平台线向下偏移 100，删除步骤 4 绘制的过踏步线的构造线，效果如图 9-24 所示。

（6）执行"矩形"命令，以平台线和最后一级踏步线的交点为起点绘制 200×400 的矩形作为平台梁，效果如图 9-25 所示。

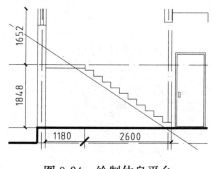

图 9-24　绘制休息平台

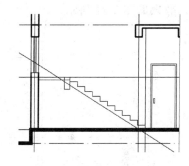

图 9-25　绘制平台梁

（7）继续执行"矩形"命令，以平台线和外墙的交点为起点绘制 240×400 的矩形作为半平台的另一个平台梁，效果如图 9-26 所示。

（8）执行"修剪"命令，以步骤 4 绘制的构造线和平台线为剪切边，修剪平台线和梯段线，效果如图 9-27 所示。

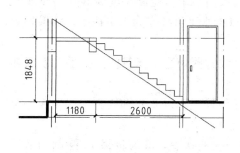

图 9-26　绘制另一个平台梁

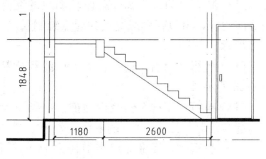

图 9-27　修剪楼梯线

（9）执行"偏移"命令，将3号轴线向左偏移1140，并以辅助线和地坪线的交点为起点绘制直线，直线长度3380，删除辅助线后的效果如图9-28所示。

（10）使用与步骤3、4、5、8同样的方法绘制另一梯段剖面图，踏步高度为165.2，效果如图9-29所示。

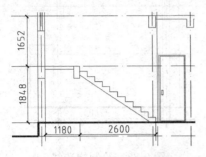

图9-28 绘制一层楼梯间墙线的看线

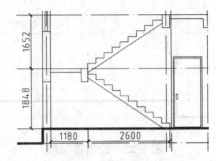

图9-29 另一梯段剖面图

（11）使用同样的方法绘制第二层楼梯剖面图，以平台梁的左上角点为起点绘制多段线，踏步高为160，效果如图9-30所示。

（12）使用"构造线"命令，过踏步线端点绘制构造线，并将构造线竖直向上移动900，效果如图9-31所示。

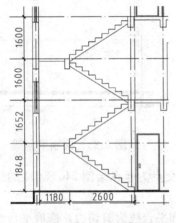

图9-30 第二层楼梯剖面图

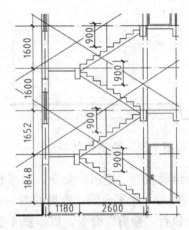

图9-31 创建楼梯扶手辅助线

（13）执行"直线"命令，以辅助线的交点为起点向下垂直绘制长度为980的直线作为竖向栏杆，再以辅助线交点为起点绘制长度为100的水平直线作为水平扶手，效果如图9-32所示。

（14）执行"修剪"命令，以辅助线和栏杆扶手线为剪切边，修剪栏杆扶手，效果如图9-33所示。

（15）执行"多线"命令绘制护栏，采用M20多线样式，以4号轴线和二层楼板的交点为起点绘制长度为1050的多线，效果如图9-34所示。

（16）执行"圆"命令绘制半径为15的圆作为护栏的扶手，圆与步骤15绘制的多线的上边线相切，绘制效果如图9-35所示。

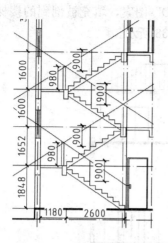

图 9-32 绘制楼梯扶手

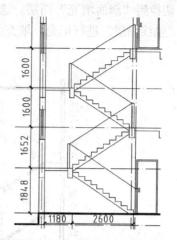

图 9-33 楼梯栏杆扶手修剪效果

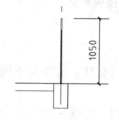

图 9-34 绘制护栏

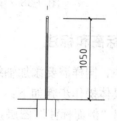

图 9-35 绘制扶手

（17）使用与步骤 15、16 同样的方法绘制 7 号轴线所在墙体上方的护栏，绘制效果如图 9-36 所示。

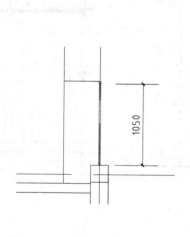

图 9-36 绘制其他栏杆扶手

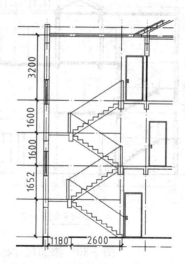

图 9-37 绘制楼梯间顶层楼板

（18）执行"多线"命令，采用 W120 多线样式沿着第 5 条水平辅助线绘制楼梯间顶层的楼板，绘制效果如图 9-37 所示。

(19) 切换到"剖面填充"图层，选择"SOLID"图案，填充被剖到的楼梯、楼板和梁，关闭"轴线图层"进行填充，填充效果如图 9-38 所示。

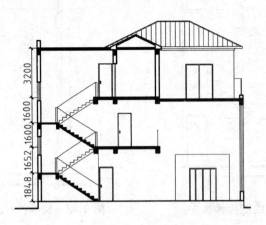

图 9-38　填充被剖切到的楼梯、楼板和梁

9.2.5　创建标高和标注

在剖面图中，同样需要添加轴线编号、标高以及尺寸标注，方法与平面图和立面图中的方法相同，具体操作步骤如下：

(1) 切换到"剖面标注"图层，执行"线性标注"和"连续标注"命令，创建剖面图尺寸标注，标注效果如图 9-39 所示。

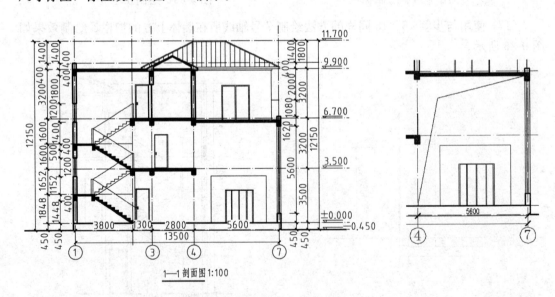

图 9-39　添加尺寸标注　　　　　　　　　　　图 9-40　添加直线

(2) 使用"直线"命令，以 4 号轴线与地坪线的交点为起点绘制直线表示客厅上空是中空的，绘制效果如图 9-40 所示。至此，别墅剖面图绘制完毕，绘制效果如图 9-1 所示。

9.3　习题

上机题

　　1. 根据第 7 章习题 1 中的平面图和剖切线，绘制如图 9-41 所示的住宅 1-1 剖面图。

　　2. 绘制如图 9-42 所示的办公楼剖面图，绘图比例为 1∶100。

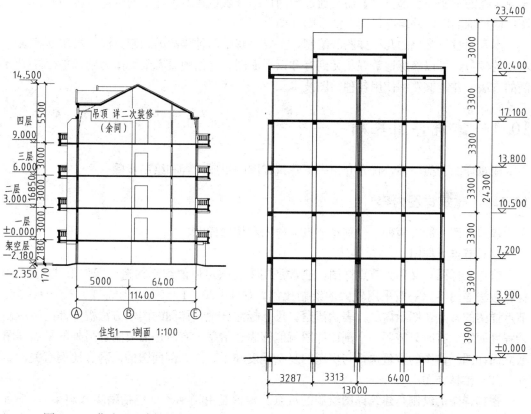

图 9-41　住宅 1-1 剖面图　　　　　　图 9-42　办公楼剖面图

第 10 章　建筑详图绘制

　　建筑平面图、立面图和剖面图虽然把房屋主体表现出来了，也把房屋基本的尺寸和位置关系表现出来了，但是由于比例比较小，没有办法把所有的内容都详细地表达清楚，对于建筑物的一些关键部位，就需要通过绘制详图来表达建筑更详尽的构造，譬如楼梯平面图、楼梯剖面图、外墙身详图、洗手间详图等。

　　本章通过对常见的几种详图的绘制，主要讲解了两种详图的绘制方法，希望读者通过本章的学习，可以熟练地掌握从无到有和以平面图、立面图或者剖面图为基础进行详图绘制的方法，并能够熟练使用各种绘图技术。

10.1　建筑详图基础

　　建筑详图种类较多，首先介绍一下建筑详图的组成内容和绘制步骤。

10.1.1　建筑详图内容

　　建筑详图一般有两种，分别是节点大样图和楼梯详图。

　　(1) 节点大样图

　　节点大样图，又称为节点详图，通常是用来反映房屋的细部构造、配件形式、大小、材料做法等内容，一般采用较大的绘制比例，如 1∶20、1∶10、1∶5、1∶2、1∶1 等。节点详图的特点：图示详尽、表达清楚；尺寸标注齐全。详图的图示方法视细部的构造复杂程度而定，有时只需要一个剖面详图就能够表达清楚，有时还需要附加另外的平面详图或立面详图。详图的数量选择与房屋的复杂程度和平、立、剖面图的内容和比例有关。

　　(2) 楼梯详图

　　楼梯详图的绘制是建筑详图绘制的重点。楼梯是由楼梯段（包括踏步和斜梁）、平台和栏杆扶手等组成。楼梯详图主要表达楼梯的类型、结构形式、各部位的尺寸及装修尺寸，是楼梯放样施工的主要依据。

　　楼梯详图一般包括平面图、剖面图及踏步、栏杆详图等等，通常都绘制在同一张图纸中，单独出图。平面和剖面的比例要一致，以便对照阅读。踏步和栏杆扶手的详图的比例应该大一些，以便详细表达该部分的构造情况。楼梯详图包含建筑详图和结构详图，分别绘制在建筑施工图和结构施工图中。对一些比较简单的楼梯，可以考虑将楼梯的建筑详图和结构详图绘制在同一张图纸上。

　　楼梯平面图和房屋平面图一样，要绘制出底层平面图、中间层平面图（标准层平面图）和顶层平面图。楼梯平面图的剖切位置在该层往上走第一梯段休息平台下的任意位置。各层被剖切的梯段按照制图标准要求，用一条 45°的折断线表示，并用上下行线表示楼梯的行走方向。

　　楼梯平面图中，要注明楼梯间的开间和进深尺寸、楼地面的标高、休息平台的标高和尺寸以及各细部的详细尺寸。通常将梯段长度和踏面数、踏面宽度尺寸合并写在一起，如采用 $11 \times 260 = 2860$，表示该梯段有 11 个踏步面，踏步面宽度为 260mm，梯段总长为 2860mm。

楼梯平面图的图层也可以使用"建筑-墙体"、"建筑-轴线"、"建筑-尺寸标注"、"建筑-其他"四个图层。一般的，"建筑-墙体"采用粗实线，建议线宽 0.7mm；"建筑-其他"采用细实线，线宽 0.35mm；其他和建筑平面图绘制中的设置类似。具体绘制中，用户可以选择"绘图"|"点"|"定数等分"命令，来划分踏面，然后用"直线"命令和"偏移"命令来实现。

楼梯剖面图是用假想的铅垂面将各层通过某一梯段和门窗洞切开，向未被切到的梯段投影。剖面图能够完整清晰地表达各梯段、平台、栏板的构造及相互间的空间关系。一般说来，楼梯间的屋面无特别之处，就无需绘制出来。在多层或高层房屋中，若中间各层楼梯的构造相同，则楼梯剖面图只需要绘制出底层、中间层和顶层剖面图，中间用 45°折断线分开。楼梯剖面图还应表达出房屋的层数、楼梯梯段数、踏步级数以及楼梯类型和结构形式。剖面图中应注明地面、平台面、楼面等的标高和梯段、栏板的高度尺寸。

楼梯剖面图的图层设置与建筑剖面图的设置类似。但值得注意的是，当绘图比例大于等于 1：50 时，规范规定要绘制出材料图例。楼梯剖面图中除了断面轮廓线用粗实线外，其余的图形绘制均用细实线。

10.1.2　建筑详图绘制步骤

一般来说，建筑详图的绘制步骤如下：
(1) 设置绘图环境，或选用符合要求的样板图形。
(2) 插入图框图块。
(3) 复制平面图或剖面图中的详图部分图形，并根据需要将图形放大。
(4) 删除图形中不需要的图线。
(5) 添加详图中需要的图形。
(6) 添加详图中需要的文字说明。
(7) 添加尺寸标注。
(8) 添加标高。
(9) 添加轴线编号。
(10) 添加图名。
(11) 检查、核对图形和标注，填写图签。
(12) 图纸存档或打印输出。

10.2　建筑详图绘制方法

建筑详图的绘制一般情况下有两种方法：一种是直接绘制法，即用户根据详图的要求从无到有绘制图形，如本章中 10.3 节创建外墙身详图即是使用这种方法进行绘制的；另一种方法是利用平面图、剖面图或者立面图中已经有的图形部分，对图形进行细化，进行编辑和修剪，从而创建新的图形，如 10.4 节中楼梯详图即是使用这种方法进行绘制的。

这两种方法在建筑制图中都经常使用，读者都要掌握。

10.3 外墙身详图绘制

建筑外墙身详图主要反映外墙的构造做法，包括外墙的主体材料及其厚度、外饰面材

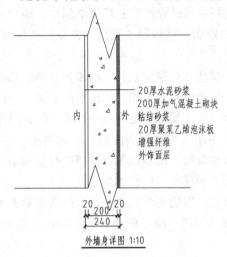

料及其厚度和保温层的厚度和做法，本例将采用直接法绘制如图 10-1 所示的某别墅外墙身详图（见光盘），绘图比例为 1：10，具体操作步骤如下所述。

具体操作步骤如下：

（1）打开第 4 章创建的样板图，作为绘制详图的绘图环境，创建"外墙身详图"图层。

（2）执行"格式"|"标注样式"命令，创建详图绘制过程中需要的标注样式，以 S1-100 为基础样式创建 S1-10，如图 10-2 所示在"主单位"选项中将比例因子改为 0.1，其余设置与基础样式一样。

20厚水泥砂浆
200厚加气混凝土砌块
粘结砂浆
20厚聚苯乙烯泡沫板
增强纤维
外饰面层

外墙身详图 1:10

图 10-1 外墙身详图

图 10-2 S1-10 标注样式参数设置

（3）执行"多线"命令，命令行提示如下：

命令：MLINE
当前设置：对正＝无，比例＝1.00，样式＝W120//默认设置
指定起点或[对正(J)/比例(S)/样式(ST)]：st//选择设置多线样式

输入多线样式名或[?]：w240//采用第 7 章创建的 W240 多线样式
当前设置：对正＝无，比例＝1.00，样式＝W240
指定起点或[对正(J)/比例(S)/样式(ST)]：s//选择设置比例
输入多线比例＜1.00＞：10//设置当前比例为 10
当前设置：对正＝无，比例＝10.00，样式＝W240//当前设置
指定起点或[对正(J)/比例(S)/样式(ST)]：//在绘图区内任选一点作为多线起点
指定下一点：10000//输入多线长度 10000
指定下一点或[放弃(U)]：//按回车键完成绘制，绘制效果如图 10-3 所示

（4）执行"插入块"命令，插入第 5 章创建的"折断线"图块，插入点为步骤 3 绘制的多线的上下边线的中点，插入比例设置为 5，插入效果如图 10-4 所示。

（5）将多线分解并删除上下边线，执行"偏移"命令，将多线的左右边线分别向内偏移 200，偏移效果如图 10-5 所示。

（6）切换到"填充"图层，单击"图案填充"按钮 ⊞ ，弹出"图案填充和渐变色"对话框，参数设置如图 10-6 所示，对内墙饰面进行填充，填充效果如图 10-7 所示。

（7）使用与步骤 6 同样的方法对墙体材料进行填充，填充参数设置如图 10-8 所示，填充效果如图 10-9 所示。

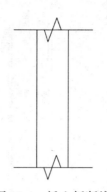

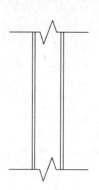

图 10-3 绘制多线　　　图 10-4 插入折断线　　　图 10-5 左右边线向内偏移 200

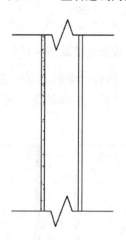

图 10-6 设置内墙饰面填充参数　　　图 10-7 内墙饰面填充效果

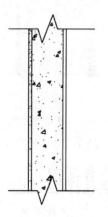

图 10-8 设置墙体填充参数　　　图 10-9 墙体填充效果

（8）使用与步骤 6 同样的方法对外墙饰面进行填充，填充参数设置如图 10-10 所示，填充效果如图 10-11 所示。

（9）切换到"尺寸标注"图层，执行"线性标注"和"连续标注"命令，使用 S1-10 标注样式创建详图标注，标注效果如图 10-12 所示。

（10）执行 qleader 命令，创建效果如图 10-13 所示的快速引线标注，引线标注多行文字的文字样式为 A500。

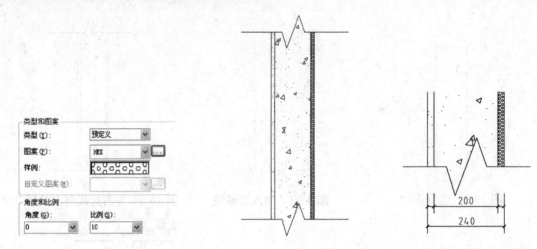

图 10-10 设置外墙饰面填充参数   图 10-11 外墙饰面填充效果   图 10-12 创建尺寸标注

（11）执行"单行文字"命令，采用 A700 文字样式，分别在墙体两侧创建文字说明"内"和"外"，创建效果如图 10-14 所示。

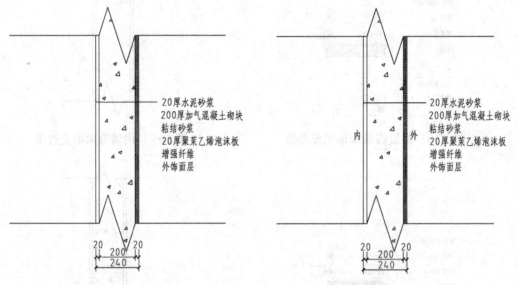

图 10-13 创建文字说明   图 10-14 创建文字"内、外"

外墙身详图 1:10

图 10-15 创建图名

（12）使用与第 7 章创建图名同样的方法创建外墙详图图名，采用 A700 文字样式，创建效果如图 10-15 所示。至此，外墙身详图绘制完毕，绘制效果如图 10-1 所示。

10.4 楼梯详图绘制

在平面图中，但凡二层以上的建筑都会出现楼梯间图形的绘制，在平面图中绘制后，通常为了更好地说明构造情况或者实际做法，会单独给出楼梯间的详图。与楼梯间详图类似，建筑图纸中还会给出卫生间详图、厨房详图等等，本节通过某别墅楼梯间详图的绘制，为读者讲解利用已有的建筑平、立、剖面图绘制楼梯间详图的方法。

10.4.1 楼梯平面详图

楼梯平面详图与各层平面图中的楼梯平面图的区别主要是详图绘制比例较大，内部构造和尺寸标注更为详尽，一般是在平面图的基础上绘制楼梯详图。

下面以第 7 章绘制完成的别墅二层平面图为基础，利用建筑平、立、剖面图绘制楼梯平面详图，详图的绘制比例为 1：50，绘制效果如图 10-16 所示（见光盘）。

具体操作步骤如下：

（1）创建"楼梯详图"图层，打开第 7 章创建的别墅二层平面图，使用交叉窗口法选择如图 10-17 所示的图形对象，执行右键快捷菜单"带基点复制"命令，拾取交叉窗口内一点为基点，具体位置不作严格要求。

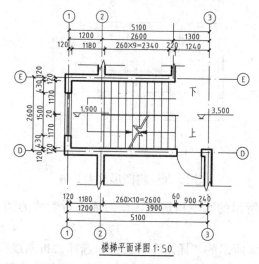

图 10-16　二层楼梯平面详图

图 10-17　选择需要复制的对象

（2）执行右键快捷菜单"粘贴"命令，在绘制外墙身详图的图框内任选一点作为插入点粘贴步骤 1 复制的图形，效果如图 10-18 所示。

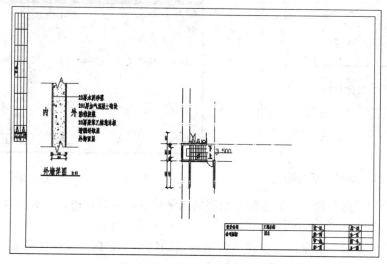

图 10-18　复制对象粘贴效果

（3）执行"删除"命令，删除图形中不需要的图线，效果如图 10-19 所示。

（4）单击"缩放"按钮，命令行提示如下：

命令:_scale
选择对象:指定对角点:找到 58 个//使用交叉窗口法选择图 10-19 中所有的对象
选择对象://按回车键,完成选择
指定基点://任意拾取一点为基点
指定比例因子或[复制(C)/参照(R)]<1.000>:2//输入 2,表示放大两倍,按回车键,放大效果如图
10-20 所示,从图 10-19 和 10-20 所显示的轴线可以看出两个图的区别

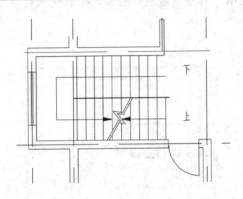

图 10-19　删除尺寸标注和部分图块图线　　　　图 10-20　将图形放大 2 倍

（5）执行"构造线"命令绘制如图 10-21 所示的水平构造线，作为插入折断线的辅助线。

（6）执行"插入块"命令，弹出如图 10-22 所示的"插入"对话框，选择"折断线"图块，以轴线和构造线的交点为插入点，插入到 240 厚墙体上的折断线图块"比例"设置为 2，插入到 120 厚墙体上的折断线图块"比例"设置为 1，插入效果如图 10-23 所示。

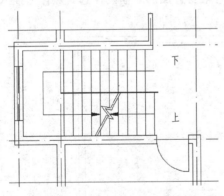

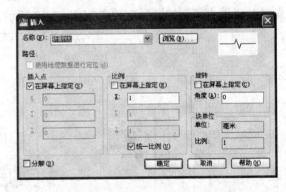

图 10-21　绘制水平构造线　　　　　图 10-22　"插入"对话框参数设置

（7）执行"修剪"命令，以步骤 5 绘制的水平构造线为剪切边，修剪墙线，效果如图 10-24 所示。

（8）执行"移动"命令，将步骤 5 绘制的辅助线中上边的一条向上移动 3000，下边的一条向下移动 3000，效果如图 10-25 所示。

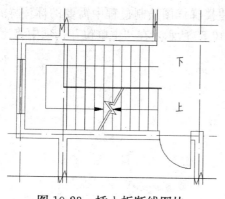

图 10-23　插入折断线图块

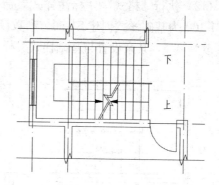

图 10-24　修剪墙线

（9）执行"修剪"命令，以步骤 8 移动得到的构造线为剪切边修剪竖直轴线，删除构造线后的效果如图 10-26 所示。

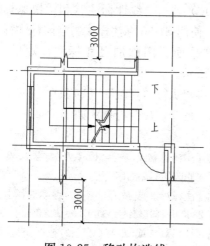

图 10-25　移动构造线

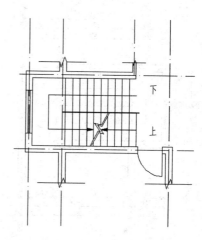

图 10-26　修剪竖直轴线

（10）使用"构造线"命令绘制如图 10-27 所示的两条竖直方向的辅助线，并以这两条辅助线为剪切边修剪水平轴线，删除构造线后的效果如图 10-28 所示。

（11）单击状态栏的"线宽"按钮，则详图中显示线宽，效果如图 10-29 所示。

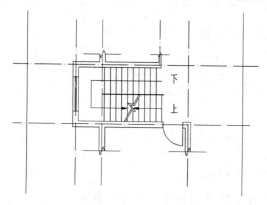

图 10-27　绘制竖直方向的辅助线

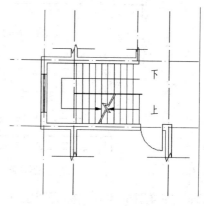

图 10-28　修剪水平轴线

（12）执行"格式"|"标注样式"命令，创建楼梯详图绘制过程中需要的标注样式，以 S1-100 为基础样式创建 S1-50，参数设置如图 10-30 所示，在"主单位"选项中将比例因子改为 0.5，其余设置与基础样式一样。

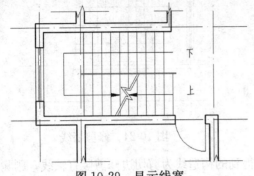

图 10-29　显示线宽

图 10-30　S1-50 标注样式参数设置

（13）执行"线性标注"和"快速标注"命令，使用 S1-50 标注样式为当前标注样式，为楼梯平面详图添加尺寸标注，效果如图 10-31 所示。

（14）执行"修改"|"对象"|"文字"|"编辑"命令，命令行提示如下：

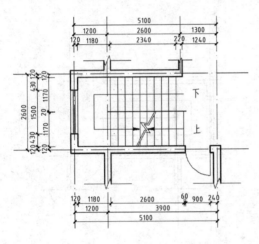

图 10-31　添加尺寸标注

命令：_ddedit

　　选择注释对象或[放弃(U)]://如图 10-32 所示选择需要修改的标注文字

　　选择注释对象或[放弃(U)]://继续选择上方标注文字 2340 并将其修改为 260×9=2340

　　选择注释对象或[放弃(U)]://按回车键，完成标注编辑，效果如图 10-33 所示

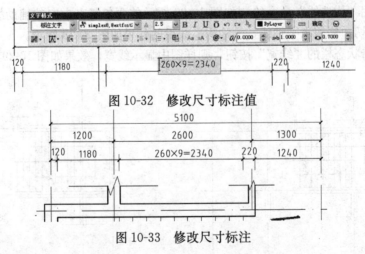

图 10-32　修改尺寸标注值

图 10-33　修改尺寸标注

（15）在详图中插入"标高"图块，设置标高值分别为 1.900 和 3.500，效果如图 10-34 所示。

（16）执行"复制"命令，将平面图中相应的"横向轴号"和"竖向轴号"图块，复制到楼梯平面详图中，复制效果如图 10-35 所示。

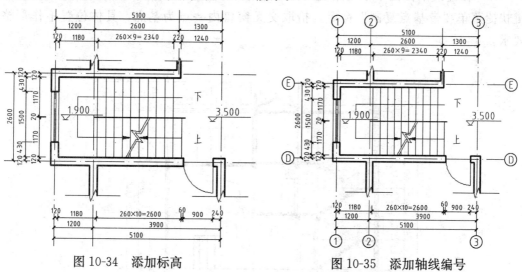

图 10-34　添加标高　　　　　　　　　　图 10-35　添加轴线编号

（17）使用与第 7 章创建图名同样的方法创建楼梯平面详图图名，创建效果如图 10-36 所示。至此，楼梯平面详图绘制完毕，绘制效果如图 10-16 所示。

楼梯平面详图 1:50

图 10-36　创建图名

10.4.2　楼梯剖面详图

在上一小节中主要向读者介绍了楼梯平面详图的绘制方法，本节将在此基础上为读者介绍利用建筑平、立、剖面图绘制楼梯剖面详图的方法。绘制如图 10-37 所示的楼梯剖面

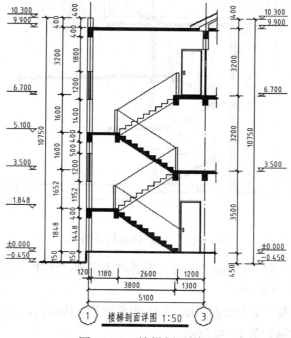

图 10-37　楼梯剖面详图

详图，具体操作步骤如下所述：

（1）在建筑剖面图中，使用交叉窗口法选择如图10-38所示的图形对象，执行右键快捷菜单"带基点复制"命令，拾取交叉窗口内一点为基点，具体位置不作严格要求。

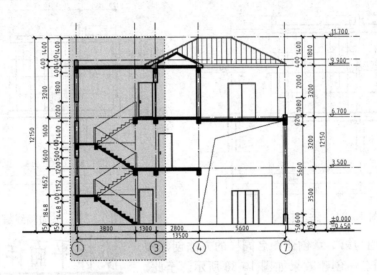

图10-38　选择需要复制的对象

（2）执行右键快捷菜单"粘贴"命令，在图框内任选一点作为插入点粘贴步骤1复制的图形，效果如图10-39所示。

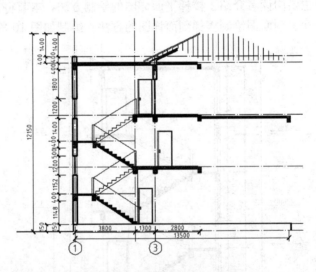

图10-39　复制对象粘贴效果

（3）执行"删除"命令，删除图形中的标注和不需要的图块、图线，关闭"线宽"选项后的显示效果如图10-40所示。

（4）执行"构造线"命令绘制如图10-41所示的竖直构造线，并以此为剪切边修剪楼板和地坪线，修剪效果如图10-42所示。

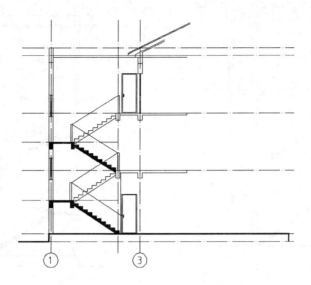

图 10-40　删除不需要的图块、图线

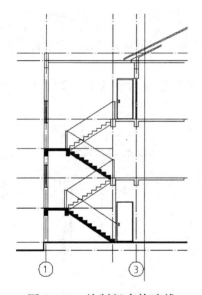

图 10-41　绘制竖直构造线

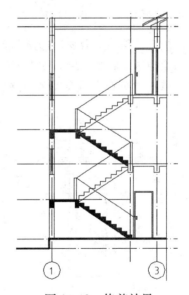

图 10-42　修剪效果

（5）单击"缩放"按钮 ，命令行提示如下：

命令:_scale
选择对象:找到 111 个//选择所有图形
选择对象://按回车键,完成选择
指定基点://任意拾取一点为基点
指定比例因子或[复制(C)/参照(R)]<2.000>:2//输入比例因子 2,按回车键,效果如图 10-43 所示

　（6）执行"插入块"命令，弹出"插入"对话框，选择"折断线"图块，旋转角度设置为 90°，以水平辅助线和竖直构造线的交点为插入点，插入后的效果如图 10-44 所示。

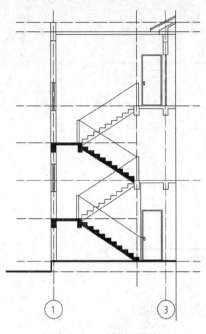

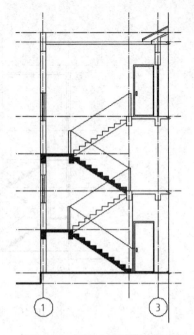

图 10-43 缩放图形　　　　　　　　　　图 10-44 插入折断线效果

(7) 执行"移动"命令，选择上面三个折断线图块，向下移动 120，使之位于楼板的中间，删除构造线后的效果如图 10-45 所示。

(8) 单击"分解"命令，分解楼板多线，并删除多线右侧边线，效果如图 10-46 所示。

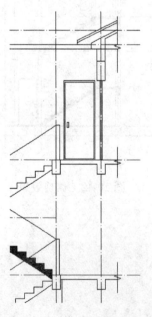

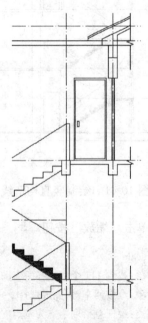

图 10-45 移动折断线图块　　　　　　　图 10-46 分解多线

(9) 切换到"详图填充"图层，关闭"轴线"图层，执行"图案填充"命令，选用"SOLID"图案进行填充，效果如图 10-47 所示。

（10）切换到"详图标注"图层，执行"线性标注"和"快速标注"命令，使用 S1-50 标注样式，为详图添加尺寸标注，效果如图 10-48 所示。

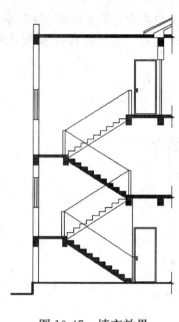

图 10-47 填充效果

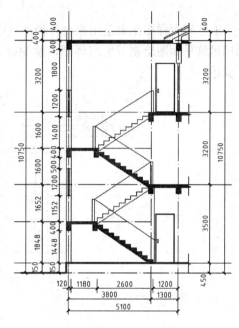

图 10-48 添加尺寸标注

（11）执行"插入块"命令，在详图中插入"标高"图块，设置标高值分别为 -0.450、±0.000、1.848、3.500、5.100、6.700 和 9.500，插入点为轴线端点，效果如图 10-49 所示。

（12）使用与第 7 章创建图名同样的方法创建楼梯剖面详图图名，创建效果如图 10-50 所示。至此，楼梯剖面详图绘制完毕，效果如图 10-37 所示。

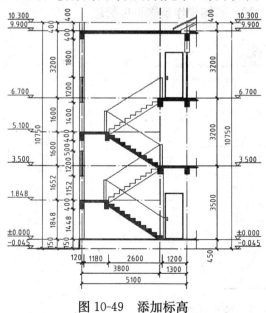

图 10-49 添加标高

楼梯剖面详图 1:50

图 10-50 创建图名

10.5　卫生间大样图绘制

卫生间大样图主要是用来对各种洁具进行定位以及说明构造做法和预留洞口等，本例利用建筑平面图绘制卫生间详图，绘制效果如图 10-51 所示（见光盘），具体操作步骤不再赘述。

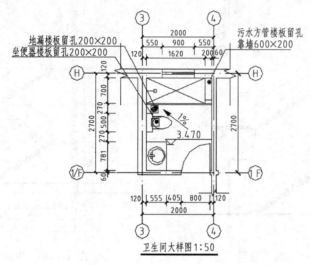

图 10-51　卫生间详图效果

10.6　窗台详图绘制

窗台详图主要用来反映窗台的尺寸和细部构造，本例将采用直接法绘制如图 10-52 所示的窗台详图（见光盘），绘图比例为 1∶10，具体操作步骤不再赘述。

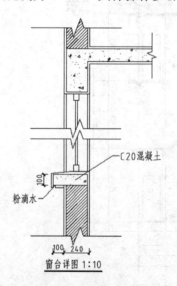

图 10-52　窗台详图

10.7 习题

上机题

1. 按照图 10-53 所示的尺寸绘制楼梯详图。

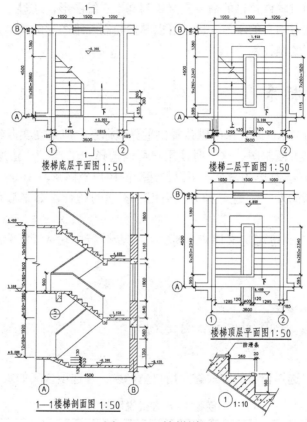

图 10-53　楼梯详图

2. 绘制如图 10-54 所示的厨房详图。

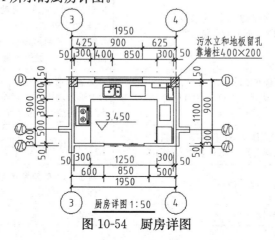

图 10-54　厨房详图

第 11 章 建筑三维制图基本技术

AutoCAD 除了有非常强大的二维图形绘制功能外，还提供了比较强大的三维图形绘制功能。用户可以通过软件提供的命令直接绘制基本三维图形，通过三维编辑命令，对三维图形进行编辑。通过本章的学习，读者可以掌握绘制三维图形的基本方法，掌握建筑制图中相关的三维图形绘制技术。

11.1 用户坐标系

在用户打开 AutoCAD 时，系统默认提供世界坐标系，但是在实际绘图的时候，用户需要调整坐标系，以方便制图。这个时候用户可以选择"工具"|"新建 UCS"命令，弹出 UCS 子菜单，通过子菜单的命令，可以创建新的用户坐标系。AutoCAD 2010 提供了 9 种方法供用户创建新的 UCS，这 9 种方法适用于不同的场合，都非常有用，希望读者能够熟练掌握。

用户通过 UCS 命令也可定义用户坐标系，在命令行中输入 UCS 命令，命令行提示如下：

> 命令:ucs
> 当前 UCS 名称: * 俯视 *
> 指定 UCS 的原点或[面（F）/命名（NA）/对象（OB）/上一个（P）/视图（V）/世界（W）/X/Y/Z/Z 轴（ZA）]＜世界＞:

命令行提示用户选择合适的方式建立用户坐标系，各选项含义如表 11-1 所示。

创建 UCS 方式说明表　　　　　　　　　　　　　　　　表 11-1

键盘输入	后续命令行提示	说　　明
无	指定 X 轴上的点或＜接受＞: 指定 XY 平面上的点或＜接受＞:	使用一点、两点或三点定义一个新的 UCS。如果指定一个点，则原点移动而 X、Y 和 Z 轴的方向不改变；若指定第二点，UCS 将绕先前指定的原点旋转，X 轴正半轴通过该点；若指定第三点，UCS 将绕 X 轴旋转，XY 平面的 Y 轴正半轴包含该点
F	选择实体对象的面: 输入选项[下一个（N）/X 轴反向（X）/Y 轴反向（Y）]＜接受＞:x	UCS 与选定面对齐。在要选择的面边界内或面的边上单击，被选中的面将亮显，X 轴将与找到的第一个面上的最近的边对齐
NA	输入选项[恢复（R）/保存（S）/删除（D）/?]:s 输入保存当前 UCS 的名称或[?]:	按名称保存并恢复通常使用的 UCS 方向
OB	选择对齐 UCS 的对象:	新建 UCS 的拉伸方向（Z 轴正方向）与选定对象的拉伸方向相同
P	无后续提示	恢复上一个 UCS

续表

键盘输入	后续命令行提示	说　明
V	无后续提示	以垂直于观察方向(平行于屏幕)的平面为 XY 平面,建立新的坐标系,UCS 原点保持不变
W	无后续提示	将当前用户坐标系设置为世界坐标系
X/Y/Z	指定绕 X 轴的旋转角度<90>: 指定绕 Y 轴的旋转角度<90>: 指定绕 Z 轴的旋转角度<90>:	绕指定轴旋转当前 UCS
ZA	指定新原点或[对象(O)]<0,0,0>: 在正 Z 轴范围上指定点<－1184.8939,0.0000,－1688.7989>:	用指定的 Z 轴正半轴定义 UCS

11.2　视图视口操作

所谓视图就是观察位置和观察角度的特征总和。所谓视口就是指显示图形的某个区域,一个图形可以有多个视口,在不同的视口中可以设置不同的视图。下面分别给读者介绍常用的与视图相关的一些功能。

11.2.1　视觉样式

在 AutoCAD 中,视觉样式是用来控制视口中边和着色的显示。一旦应用了视觉样式或更改了其设置,就可以在视口中查看效果。

用户选择"视图"|"视觉样式"菜单中的子菜单命令可以观察各种三维图形的视觉样式,选择"视觉样式管理器"子菜单命令,打开视觉样式管理器,如图 11-1 所示。

AutoCAD 提供了以下五种默认视觉样式:
- 二维线框:显示用直线和曲线表示边界的对象。光栅和 OLE 对象、线型和线宽均可见,如图 11-2 所示。
- 三维线框:显示用直线和曲线表示边界的对象,如图 11-3 所示。

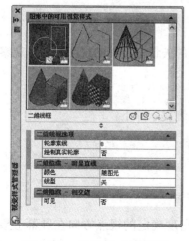

图 11-1　视觉样式管理器

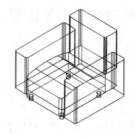

图 11-2　二维线框

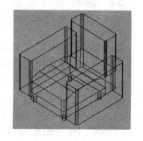

图 11-3　三维线框

- 三维隐藏：显示用三维线框表示的对象，并隐藏表示后向面的直线，如图 11-4 所示。
- 真实：着色多边形平面间的对象，并使对象的边平滑化，显示已附着到对象的材质，如图 11-5 所示。
- 概念：着色多边形平面间的对象，并使对象的边平滑化。着色使用古氏面样式，即一种冷色和暖色之间的过渡，而不是从深色到浅色的过渡。效果缺乏真实感，但是可以更方便地查看模型的细节，如图 11-6 所示。

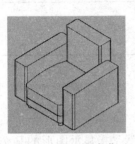

图 11-4　三维隐藏

图 11-5　真实

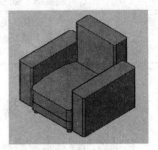

图 11-6　概念

11. 2. 2　视点

在三维空间观察图形的方向叫做视点。如果视点为（1，1，1），则观察图形的方向就是此点与原点构成的直线。在模型空间中，可以以任意点作为视点来观察图形。利用 AutoCAD 的视点功能，可以很方便地从各个角度观察三维模型。

1. 利用 VPOINT 命令设置视点

在命令提示符下输入 VPOINT 命令，或选择"视图"|"三维视图"|"视点"命令，激活 VPOINT 命令，系统提示如下：

```
命令：_vpoint
当前视图方向：VIEWDIR=0.0000,0.0000,1.0000
指定视点或[旋转(R)]<显示坐标球和三轴架>：
```

命令行中各选项的含义如下：

（1）指定视点

使用输入的 X、Y 和 Z 坐标，创建定义观察视图方向的矢量。定义的视图好像是观察者在该点向原点（0，0，0）方向观察。

（2）旋转（R）

使用两个角度指定新的观察方向。执行该选项后，系统提示如下：

```
输入 XY 平面中与 X 轴的夹角<328>：
//第一个角度指定在 XY 平面中与 X 轴的夹角
输入与 XY 平面的夹角<0>：
//第二个角度指定与 XY 平面的夹角，位于 XY 平面的上方或下方
```

根据上面的提示依次确定角度后，AutoCAD 将根据角度确定的视点方向在屏幕上显示出图形的相应投影。

2. 利用对话框设置视点

选择"视图"|"三维视图"|"视点预设"命令,弹出"视点预设"对话框,如图11-7所示。

在该对话框中,"绝对于 UCS"单选按钮表示相对于当前 UCS 设置查看方向,"相对于 WCS"单选按钮表示相对于 WCS 设置查看方向。在对话框的图形框中,左边的图形表示确定原点和视点之间的连线在 XY 平面的投影和 X 轴正方向的夹角,右边的图形表示确定连线与投影线之间的夹角。用户可以通过在"自 X 轴"和"自 XY 平面"文本框中输入不同数值来设定不同的视点。

在"视点预置"对话框中,"设置为平面视图"按钮用来设置查看角度,以相对于选定坐标系显示平面视图。

3. 特殊视点

选择"视图"|"三维视图"命令,弹出三维视图子菜单,菜单提供了 10 种特殊的视点,分别为俯视、仰视、左视、右视、主视、后视、西南等轴测、东南等轴测、东北等轴测和西北等轴测等视图,如图 11-8 所示。

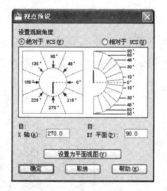

图 11-7　"视点预置"对话框

图 11-8　预置三维视图

AutoCAD 2010 版本提供了一个名叫 ViewCube 的工具,它是启用三维图形系统时,显示的三维导航工具。通过 ViewCube,用户可以在标准视图和等轴测视图间切换。

ViewCube 显示后,将以不活动状态显示在其中一角(位于模型上方的图形窗口中)。ViewCube 处于不活动状态时,将显示基于当前 UCS 和通过模型的 WCS 定义北向的模型的当前视口。将光标悬停在 ViewCube 上方时,ViewCube 将变为活动状态。用户可以切换至可用预设视图之一、滚动当前视图或更改为模型的主视图。图 11-9 和 11-10 分别是将图切换到东南等轴测图和主视图的效果。

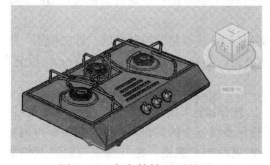

图 11-9　东南等轴测图效果

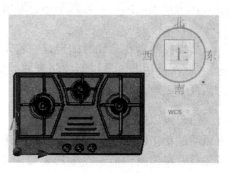

图 11-10　主视图效果

11.2.3 动态观察

AutoCAD 2010 提供了 3 种动态观察方式：受约束的动态观察、自由动态观察和连续观察。选择"视图"|"动态观察"命令的子菜单，可以执行其中的一种动态观察方式。

（1）受约束的动态观察

使用受约束的动态观察时，视图目标位置不动，观察点围绕目标移动。默认情况下，观察点受约束，沿 XY 平面或 Z 轴约束移动。使用受约束的动态观察时，光标图形为 ⚛️ ，如图 11-11 所示。

（2）自由动态观察

与受约束的动态观察不同的是，自由动态观察的观察点不参照平面，可以在任意方向上进行动态观察。沿 XY 平面和 Z 轴进行动态观察时，观察点不受约束。自由动态观察时效果如图 11-12 所示。

（3）连续动态观察

使用连续动态观察，可以连续地进行动态观察。在需要连续动态观察移动的方向上单击并拖动鼠标，然后释放鼠标，对象将在指定的方向上沿着轨道连续旋转。旋转的速度由光标移动的速度决定，观察图标如图 11-13 所示。

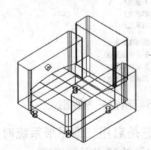 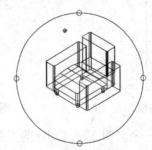 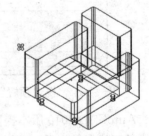

图 11-11　受约束的动态观察说明　图 11-12　自由动态观察说明　图 11-13　连续动态观察说明

11.2.4 控制盘

SteeringWheels（控制盘）是 AutoCAD 2009 版本新提供的功能，它将多个常用导航工具结合到一个单一界面中，从而为用户节省了时间。控制盘上的每个按钮代表一种导航工具，用户可以以不同方式平移、缩放或操作模型的当前视图，控制盘上各按钮功能如图 11-14 所示。

如果控制盘在启动时固定，它将不跟随光标移动，还会显示控制盘的"首次使用"气泡。"首次使用"气泡说明控制盘的用途和使用方法，用户可以在"SteeringWheels 设置"对话框中更改启动行为。

用户可以通过单击状态栏的 SteeringWheels 按钮 ⊗ 来显示控制盘。显示控制盘后，可以通过单击控制盘上的一个按钮或单击并按住定点设备上的按钮来激活其中一种可用导航工具。按住按钮后，在图形窗口上拖动，可以更改当前视图，松开按钮可返回至控制盘。控制盘上的八个工具功能如下：

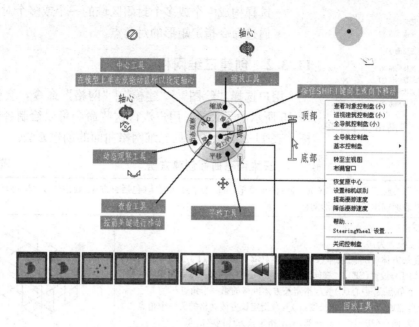

图 11-14　控制盘各导航工具

- "中心"工具用于在模型上指定一个点作为当前视图的中心。该工具也可以更改某些导航工具的目标点。
- "查看"工具用于绕固定点水平和垂直旋转视图。
- "动态观察"工具用于基于固定的轴心点绕模型旋转当前视图。
- "平移"工具用于通过平移来重新放置模型的当前视图。
- "回放"工具用于恢复上一视图。用户也可以在先前视图中向后或向前查看。
- "向上/向下"工具沿屏幕的 Y 轴滑动模型的当前视图。
- "漫游"工具模拟在模型中的漫游。
- "缩放"工具用于调整模型当前视图的比例。

11.3　绘制三维表面图形

三维图形有三类组成，分别为三维线框、三维面和三维实体。三维线框主要由三维空间的点和线组成，使用二维绘图命令在三维空间绘制即可。本节将给读者讲解三维面图形的创建方法。

11.3.1　创建平面曲面

选择"绘图"|"建模"|"平面曲面"命令，或者在命令行中输入 PLANESURF，命令行提示如下：

命令：PLANESURF
指定第一个角点或[对象(O)]<对象>：//指定角点或者输入 o，选择对象

使用 PLANESURF 命令，用户可以通过以下任一方式创建平面曲面：

图 11-15 "网格"子菜单

- 选择构成一个或多个封闭区域的一个或多个对象。
- 通过命令指定矩形的对角点。

11.3.2　创建三维网格

用户选择"绘图"|"建模"|"网格"命令，会弹出如图 11-15 所示的子菜单，用户执行这些命令可以绘制各种三维网格，表 11-2 演示了常见三维网格曲面的创建方法。

三维网格曲面创建方法　　　　　　　　　　　　表 11-2

选择"绘图"|"建模"|"网格"|"图元"命令的子菜单，可以沿常见几何体(包括长方体、圆锥体、球体、圆环体、楔体和棱锥体)的外表面创建三维多边形网格	
命令：_MESH 当前平滑度设置为：0 输入选项[长方体(B)/圆锥体(C)/圆柱体(CY)/棱锥体(P)/球体(S)/楔体(W)/圆环体(T)/设置(SE)]<楔体>：_BOX//可以绘制多种基本图元的网格 指定第一个角点或[中心(C)]：//指定长方体网格的第一个角点 指定其他角点或[立方体(C)/长度(L)]：//指定长方体网格的另一个角点 指定高度或[两点(2P)]<103.1425>：//指定长方体网格的高	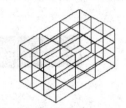
选择"绘图"|"建模"|"网格"|"平滑网格"命令，可以将实体、曲面和传统网格类型转换为网格对象	
命令：_MESHSMOOTH 选择要转换的对象：找到 1 个//选择长方体 选择要转换的对象：//按回车，长方体志换为网格对象	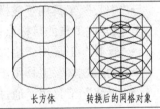 长方体　　　转换后的网格对象
选择"绘图"|"建模"|"网格"|"三维面"命令，或者在命令行输入 3dface 命令，用户可以创建具有三边或四边的平面网格	
3DFACE 指定第一点或[不可见(I)]：//输入坐标或者拾取一点确定网格第一点 指定第二点或[不可见(I)]：//输入坐标或者拾取一点确定网格第二点 指定第三点或[不可见(I)]<退出>：//输入坐标或者拾取一点确定网格第三点 指定第四点或[不可见(I)]<创建三侧面>：//按回车创建三边网格或者输入或拾取第四点 指定第三点或[不可见(I)]<退出>：//按回车键退出，或以最后创建的边为始边，输入或拾取网格第三点 指定第四点或[不可见(I)]<创建三侧面>：//按回车创建三边网格或者输入或拾取第四点	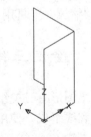
选择"绘图"|"建模"|"网格"|"旋转网格"命令，或者在命令行输入 revsurf 命令，用户可以通过将路径曲线或轮廓(直线、圆、圆弧、椭圆、椭圆弧、闭合多段线、多边形、闭合样条曲线或圆环)绕指定的轴旋转创建一个近似于旋转曲面的多边形网格	
命令：_revsurf 当前线框密度：SURFTAB1＝6　SURFTAB2＝6 选择要旋转的对象：//光标在绘图区拾取需要进行旋转的对象 选择定义旋转同的对象：//光标在绘图区拾取旋转轴 指定起点角度<0>：//输入旋转的起始角度 指定包含角(＋＝逆时针，－＝顺时针)<360>：//输入旋转包含的角度	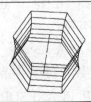

续表

选择"绘图"|"建模"|"网格"|"平移网格"命令，或者在命令行输入 tabsurf 命令，可以创建多边形网格，该网格表示通过指定的方向和距离（称为方向矢量）拉伸直线或曲线（称为路径曲线）定义的常规平移曲面

命令：_tabsurf
当前线框密度：SURFTAB1＝20
选择用作轮廓曲线的对象：//在绘图区拾取需要拉伸的曲线
选择用作方向矢量的对象：//在绘图区拾取作为方向矢量的曲线

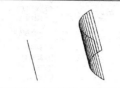

选择"绘图"|"建模"|"网格"|"直纹网格"命令，或者在命令行输入 rulesurf 命令，可以在两条直线或曲线之间创建一个表示直纹曲面的多边形网格

命令：_rulesurf
当前线框密度：SURFTAB1＝20
选择第一条定义曲线：//在绘图区拾取网格第一条曲线边
选择第二条定义曲线：//在绘图区拾取网格第二条曲线边

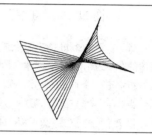

选择"绘图"|"建模"|"网格"|"边界网格"命令，或者在命令行输入 edgesurf 命令，可以创建一个边界网格。这类多边形网格近似于一个由四条邻接边定义的孔斯曲面片网格。孔斯曲面片网格是一个在四条邻接边（这些边可以是普通的空间曲线）之间插入的双三次曲面

命令：_edgesurf
当前线框密度：SURFTAB1＝20　　SURFTAB2＝20
选择用作曲面边界的对象 1：//在绘图区拾取第一条边界
选择用作曲面边界的对象 2：//在绘图区拾取第二条边界
选择用作曲面边界的对象 3：//在绘图区拾取第三条边界
选择用作曲面边界的对象 4：//在绘图区拾取第四条边界

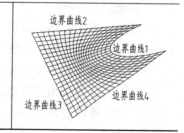

11.4　绘制实体三维图形

建筑物三维模型中，几乎所有的墙体、门窗、屋顶等等都是三维体。本节将要介绍 AutoCAD 提供的各种绘制三维体的命令，从而为下一章绘制三维模型打下基础。

11.4.1　绘制基本实体图形

利用 AutoCAD 的"绘图"|"建模"子菜单（如图 11-16 所示）或者"建模"工具栏（如图 11-17 所示），均可以绘制各种基本的实体图形。用户可以选择其中的选项绘制一些基本的三维实体图形，例如长方体、圆锥体、圆柱体、球体、圆环体和楔体等等。

1. 多段体

选择"绘图"|"建模"|"多段体"命令，可以执行 POLYSOLID 命令，用户可以将现有直线、二维多线段、圆弧或圆转换为具有矩形轮廓的实体，也可以像绘制多线段一样绘制实体。执行后，命令行提示如下：

图 11-16 "建模"子菜单   图 11-17 "建模"工具栏

命令：_Polysolid 指定起点或[对象(O)/高度(H)/宽度(W)/对正(J)]<对象>://输入参数,定义多段体的宽度、高度,设定创建多段体的方式
指定下一个点或[圆弧(A)/放弃(U)]://指定多段体的第 2 个点
指定下一个点或[圆弧(A)/放弃(U)]://指定多段体的第 3 个点
指定下一个点或[圆弧(A)/闭合(C)/放弃(U)]://

其中几个参数的含义如下：

- 对象：指定要转换为实体的对象,可以转换的对象包括直线、圆弧、二维多段线和圆。
- 高度：指定实体的高度。
- 宽度：指定实体的宽度。
- 对正：使用命令定义轮廓时,可以将实体的宽度和高度设置为左对正、右对正或居中。对正方式由轮廓的第一条线段的起始方向决定。

图 11-18 是以边长为 2000 的矩形为对象,高度为 2000,宽度为 200,对正为居中,创建的多段体。

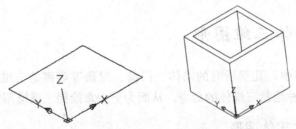

图 11-18 柱状多段体

2. 长方体

选择"绘图"|"建模"|"长方体"命令,可以执行 BOX 命令,命令行提示如下：

命令：_box
指定第一个角点或[中心(C)]://输入长方体的一个角点坐标或者输入 c 采用中心法绘制长方体
指定其他角点或[立方体(C)/长度(L)]://指定长方体的另一角点或输入选项,如果长方体的另一角点指定的 Z 值与第一个角点的 Z 值不同,将不显示高度提示。
指定高度或[两点(2P)]://指定高度或输入 2P 以选择两点选项

如图 11-19 所示，是角点为（0，0，0）、（100，200，0），高度为 50 的长方体。

3. 楔体

选择"绘图"|"建模"|"楔体"命令，可以执行 WEDGE 命令，命令行提示如下：

命令：_wedge
指定第一个角点或[中心(C)]：
指定其他角点或[立方体(C)/长度(L)]：
指定高度或[两点(2P)]：

楔体可以看成是长方体沿对角线切成两半的结构，因此整个绘制方法与长方体大同小异，图 11-20 即是角点为（0，0，0）、（100，200，0），高度为 50 的楔体。

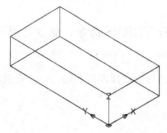
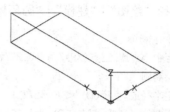

图 11-19　绘制长方体　　　　　　　图 11-20　绘制楔体

4. 圆柱体

选择"绘图"|"建模"|"圆柱体"命令，可以执行 CYLINDER 命令，命令行提示如下：

命令：_cylinder
指定底面的中心点或[三点(3P)/两点(2P)/相切、相切、半径(T)/椭圆(E)]：//指定圆柱体底面中心的坐标或者输入其他选项绘制底面圆或者椭圆
指定底面半径或[直径(D)]：//指定底面圆的半径或者直径
指定高度或[两点(2P)/轴端点(A)]<50.0000>：//指定圆柱体的高度

如图 11-21 所示，是底面中心为（0，0，0），半径为 50，高度为 200 的圆柱体。

5. 圆锥体

选择"绘图"|"建模"|"圆锥体"命令，可以执行 CONE 命令，命令行提示如下：

命令：_cone
指定底面的中心点或[三点(3P)/两点(2P)/相切、相切、半径(T)/椭圆(E)]：
指定底面半径或[直径(D)]<49.6309>：
指定高度或[两点(2P)/轴端点(A)/顶面半径(T)]<104.7250>：

圆锥体与圆柱体的绘制也大同小异，仅存在是否定义顶面半径的问题，图 11-22 所示为底面中心为（0，0，0），半径为 50，高度为 200，顶面半径为 20 的圆锥体。

6. 球体

选择"绘图"|"建模"|"球体"命令，可以执行 SPHERE 命令，命令行提示如下：

命令：_sphere
指定中心点或[三点(3P)/两点(2P)/相切、相切、半径(T)]：//指定球体的中心点或者使用类似于绘制圆的其他方式绘制球体
指定半径或[直径(D)]<50.0000>：//指定球体的半径或者直径

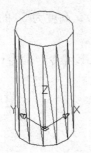

图 11-21　绘制圆柱体

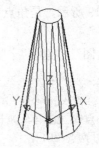

图 11-22　绘制圆锥体

如图 11-23 所示，为中心点为（0，0，0），半径为 100 的球体。

7. 圆环体

选择"绘图"|"建模"|"圆环体"命令，可以执行 TORUS 命令，命令行提示如下：

> 命令:_torus
> 指定中心点或[三点(3P)/两点(2P)/相切、相切、半径(T)]: //指定圆环所在圆的中心点或者使用其他方式绘制圆
> 指定半径或[直径(D)]<90.4277>: //指定圆环的半径或者直径
> 指定圆管半径或[两点(2P)/直径(D)]: //指定圆管的半径或者直径

图 11-24 所示，为中心点为（0，0，0），圆环半径为 100，圆管半径为 20 的圆环体。

8. 棱锥体

选择"绘图"|"建模"|"棱锥体"命令，可以执行 PYRAMID 命令，命令行提示如下：

> 命令:_pyramid
> 4 个侧面　外切
> 指定底面的中心点或[边(E)/侧面(S)]: // 指定点或输入选项
> 指定底面半径或[内接(I)]<100.0000>: //指定底面半径、输入 i 将棱锥面更改为内接或按 ENTER 键指定默认的底面半径值
> 指定高度或[两点(2P)/轴端点(A)/顶面半径(T)]<200.0000>: //指定高度、输入选项或按 ENTER 键指定默认高度值

图 11-25 所示，为中心点为（0，0，0），侧面数为 6，外切半径为 100，高度为 100 的棱锥体。

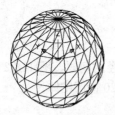

图 11-23　绘制球体

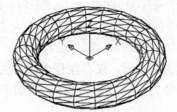

图 11-24　绘制圆环体

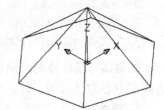

图 11-25　绘制棱锥体

11.4.2　二维图形绘制三维体

在 AutoCAD 2010 版本中，用户可以通过拉伸、放样、旋转、扫掠等方法由二维图形生成三维实体。

1. 拉伸

选择"绘图"|"建模"|"拉伸"命令，可以执行 EXTRUDE 命令，将一些二维对象拉伸成三维实体。

EXTRUDE 命令可以拉伸多段线、多边形、矩形、圆、椭圆、闭合的样条曲线、圆环和面域，不能拉伸三维对象、包含在块中的对象、有交叉或横断部分的多段线和非闭合多段线。拉伸过程中不但可以指定高度，而且还可以使对象截面沿着拉伸方向变化。

将图 11-26 所示图形拉伸成图 11-27 所示台阶实体，命令行提示如下：

```
命令:_extrude
当前线框密度:ISOLINES=4
选择要拉伸的对象:找到 1 个//拾取图 11-26 所示的封闭二维曲线
选择要拉伸的对象://按回车键,完成拾取
指定拉伸的高度或[方向(D)/路径(P)/倾斜角(T)]<100.0000>:100//输入拉伸高度
```

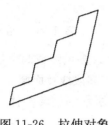

图 11-26 拉伸对象

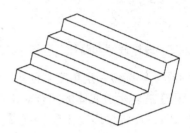

图 11-27 拉伸实体

2. 放样

选择"绘图"|"建模"|"放样"命令，可以执行 LOFT 命令，可以通过对包含两条或两条以上横截面曲线的一组曲线进行放样（绘制实体或曲面）来创建三维实体或曲面。

LOFT 命令在横截面之间的空间内绘制实体或曲面，横截面定义了结果实体或曲面的轮廓（形状）。横截面（通常为曲线或直线），可以是开放的（例如圆弧），也可以是闭合的（例如圆）。如果对一组闭合的横截面曲线进行放样，则生成实体。如果对一组开放的横截面曲线进行放样，则生成曲面。

如图 11-28 所示，将圆 1，2，3 沿路径 4 放样，放样形成的实体如图 11-29 和 11-30所示，命令行提示如下：

```
命令:_loft
按放样次序选择横截面:找到 1 个//拾取圆 1
按放样次序选择横截面:找到 1 个,总计 2 个//拾取圆 2
按放样次序选择横截面:找到 1 个,总计 3 个//拾取圆 3
按放样次序选择横截面://按回车键,完成截面拾取
输入选项[导向(G)/路径(P)/仅横截面(C)]<仅横截面>:p//输入 p,按路径放样
选择路径曲线://拾取多段线路径 4,按回车键生成放样实体
```

3. 旋转

选择"绘图"|"建模"|"旋转"命令，可以执行 REVOLVE 命令，将一些二维图形绕指定的轴旋转形成三维实体。REVOLVE 命令，可以通过将一个闭合对象围绕当前 UCS

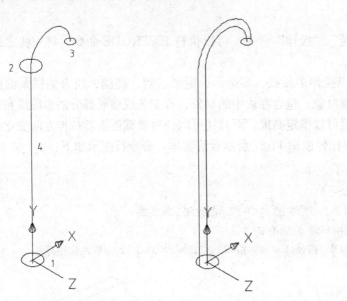

图 11-28　放样截面和路径　　　图 11-29　放样二维线框显示　　　图 11-30　放样消隐显示

的 X 轴或 Y 轴旋转一定角度来创建实体，也可以围绕直线、多段线或两个指定的点旋转对象。用于旋转生成实体的闭合对象可以是圆、椭圆、二维多段线及面域。

　　如图 11-31 将多段线 1 绕轴线 2 旋转，形成图 11-32 所示的旋转实体，命令行提示如下：

```
命令:_revolve
当前线框密度:ISOLINES=4
选择要旋转的对象:找到 1 个//拾取旋转对象 1
选择要旋转的对象://按回车键,完成拾取
指定轴起点或根据以下选项之一定义轴[对象(O)/X/Y/Z]<对象>:o//输入 o,以对象为轴
选择对象://拾取直线 2 为旋转轴
指定旋转角度或[起点角度(ST)]<360>://按回车键,默认旋转角度为 360 度
```

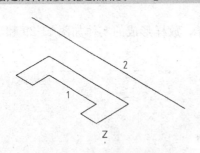
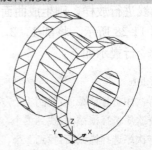

图 11-31　旋转对象和轴　　　　　　图 11-32　旋转形成的实体

4. 扫掠

　　选择"绘图"|"建模"|"扫掠"命令，可以执行 SWEEP 命令，可以通过沿开放或闭合的二维或三维路径扫掠开放或闭合的平面曲线（轮廓）来创建新实体或曲面。

　　SWEEP 命令用于沿指定路径以指定轮廓的形状（扫掠对象）绘制实体或曲面，可以扫掠多个对象，但是这些对象必须位于同一平面中。如果沿一条路径扫掠闭合的曲线，则

生成实体。如果沿一条路径扫掠开放的曲线，则生成曲面。

如图 11-33 所示，将圆对象沿直线扫掠，形成图 11-34 所示的实体，命令行提示如下：

```
命令:_sweep
当前线框密度:ISOLINES=4
选择要扫掠的对象:找到 1 个//拾取面域对象
选择要扫掠的对象://按回车键,完成扫掠对象拾取
选择扫掠路径或[对齐(A)/基点(B)/比例(S)/扭曲(T)]://拾取直线扫掠路径
```

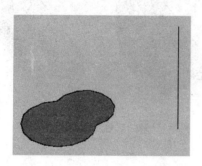

图 11-33　扫掠对象和路径

图 11-34　扫掠实体

11.4.3　布尔运算

对于绘制完成的基本实体和其他实体，用户可以使用并运算、差运算和交运算来创建比较复杂的组合实体。

1. 并运算

并运算用于将两个或多个相重叠的实体组合成一个新的实体。在进行"并"操作后，多个实体相重叠的部分合并为一个，因此复合体的体积只会等于或小于原对象的体积。Union 命令用于完成"并"运算。

选择"修改"|"实体编辑"|"并集"命令，或者单击"建模"或"实体编辑"工具栏中的并集按钮 ，或者在命令提示符下输入 Union 命令，即可激活此命令，此时命令行提示如下：

```
命令:_union
选择对象:找到 1 个//拾取第一个合并对象
选择对象:找到 1 个,总计 2 个//拾取第二个合并对象
选择对象:                //按 Enter 键
```

执行并运算后的图形如图 11-35 所示。

2. 差运算

差运算用于从选定的实体中删除与另一个实体的公共部分。选择"修改"|"实体编辑"|"差集"命令，或者单击"建模"或"实体编辑"工具栏中的差集按钮 ，或者在命令提示符下输入 Subtract 命令，即可激活此命令，命令行提示如下：

命令:_subtract 选择要从中减去的实体或面域...

选择对象:找到 1 个//拾取要从中减去的实体

选择对象: //按 Enter 键

选择要减去的实体或面域...

选择对象:找到 1 个//拾取要被减去的实体

选择对象: //按 Enter 键

执行差运算后的图形如图 11-36 所示。

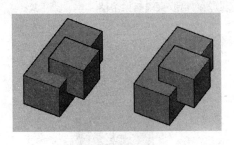
图 11-35　并运算

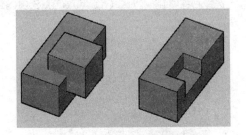
图 11-36　差运算

3. 交运算

交运算用于绘制两个实体的共同部分。要调用交运算命令,选择"修改"|"实体编辑"|"交集"命令,或者单击"建模"或"实体编辑"工具栏中的交集按钮 ⊙⊙ ,或者在命令提示符下输入 Intersect 命令,即可激活此命令,此时命令行提示如下:

命令:_intersect

选择对象:找到 1 个//拾取第一个对象

选择对象:找到 1 个,总计 2 个//拾取第二个对象

选择对象: //按 Enter 键

执行交运算后的图形如图 11-37 所示。

11.4.4　编辑三维对象

对于三维实体,用户也可以进行移动、阵列、镜像、旋转、剖切、圆角和倒角等操作,与二维对象不同的是,这些操作将在三维空间进行,这些操作都在"修改"|"三维操作"子菜单下。

1. 三维移动

选择"修改"|"三维操作"|"三维移动"命令,可以执行 3DMOVE 命令,将三维对象移动。命令行提示如下:

命令:_3dmove

选择对象:找到 1 个//拾取要移动的三维实体

选择对象://按回车键,完成对象选择

指定基点或[位移(D)]<位移>://拾取移动的基点

指定第二个点或<使用第一个点作为位移>:正在重生成模型。//拾取第二点,三维实体沿基点和第二点的连线移动

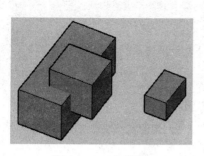

图 11-37　交运算

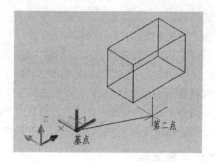

图 11-38　移动三维实体

如图 11-38 所示，是将长方体在三维空间中移动的情形。

2. 三维阵列

选择"修改"|"三维操作"|"三维阵列"命令，可以执行 3DARRAY 命令，可以在三维空间中创建对象的矩形阵列或环形阵列。三维阵列除了指定列数（X 方向）和行数（Y 方向）以外，还要指定层数（Z 方向）。

将图 11-39 所示的圆柱矩形阵列，命令行提示如下：

```
命令:_3darray
选择对象:找到 1 个//拾取需要阵列的圆柱体对象
选择对象://按回车键,完成选择
输入阵列类型[矩形(R)/环形(P)]<矩形>:r//输入 r,执行矩形阵列
输入行数(—)<1>://指定行数
输入列数(|||)<1>:4//指定列数
输入层数(...)<1>://指定层数
指定列间距(|||):40//指定列之间的间距,效果如图 11-40 所示
```

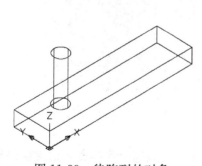

图 11-39　待阵列的对象

图 11-40　矩形阵列效果

3. 三维镜像

选择"修改"|"三维操作"|"三维镜像"命令，可以执行 MIRROR3D 命令，可以通过指定镜像平面来镜像三维对象。镜像平面可以是平面对象所在的平面、通过指定点且与当前 UCS 的 XY、YZ 或 XZ 平面平行的平面、由三个指定点定义的平面。

将图 11-40 所示的柱阵列效果镜像，命令行提示如下：

```
命令:_mirror3d
选择对象:指定对角点:找到 5 个//选择需要镜像的所有对象
```

选择对象：//按回车键，完成选择

指定镜像平面（三点）的第一个点或

［对象（O）/最近的（L）/Z 轴（Z）/视图（V）./XY 平面（XY）/YZ 平面（YZ）/ZX 平面（ZX）/三点（3）］＜三点＞：//拾取圆柱体上顶面一点

在镜像平面上指定第二点：//拾取圆柱体上顶面另一点

在镜像平面上指定第三点：//拾取另一个圆柱体上顶面圆心

是否删除源对象？［是（Y）/否（N）］＜否＞：//按回车键，不删除源对象，效果如图 11-41 所示

4. 三维旋转

选择"修改"|"三维操作"|"三维旋转"命令，可以执行 3DROTATE 命令，可以操作三维对象在三维空间绕指定的 X 轴、Y 轴、Z 轴、视图、对象或两点旋转。

将图 11-41 所示的镜像效果绕 Z 轴旋转，命令行提示如下：

命令：_3drotate

UCS 当前的正角方向：ANGDIR＝逆时针 ANGBASE＝0

选择对象：指定对角点：找到 10 个//拾取需要旋转的对象

选择对象：//按回车键，完成选择

指定基点：//指定旋转的基点

拾取旋转轴：//拾取旋转轴 Z 轴

指定角的起点：//指定旋转角的起点

指定角的端点：正在重生成模型。//指定旋转角的另一个端点，效果如图 11-42 所示

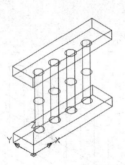

图 11-41　三维镜像效果

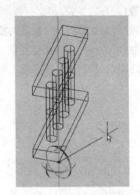

图 11-42　三维旋转效果

5. 剖切

使用剖切命令，可以用平面或曲面剖切实体，用户可以通过多种方式定义剪切平面，包括指定点或者选择曲面或平面对象。使用该命令剖切实体时，可以保留剖切实体的一半或全部，剖切实体保留原实体的图层和颜色特性。

选择"修改"|"三维操作"|"剖切"命令，或者在命令行中输入 SLICE，可执行剖切命令，命令行提示如下：

命令：_slice

选择要剖切的对象：找到 1 个//选择剖切对象

选择要剖切的对象：//按回车键，完成对象选择

指定切面的起点或[平面对象(O)/曲面(S)/Z轴(Z)/视图(V)/XY/YZ/ZX/三点(3)]＜三点＞：//选

择剖切面指定方法

指定平面上的第二个点：//指定剖切面上的点

在所需的侧面上指定点或[保留两个侧面（B）]＜保留两个侧面＞：//指定保留侧面上的点

在剖切面的指定选项中，命令行提示了 8 个选项，各选项含义如下：

- "平面对象"：该选项将剪切面与圆、椭圆、圆弧、椭圆弧、二维样条曲线或二维多段线对齐。
- "曲面"：该选项将剪切平面与曲面对齐。
- "Z 轴"：该选项通过平面上指定一点和在平面的 Z 轴（法向）上指定另一点来定义剪切平面。
- "视图"：该选项将剪切平面与当前视口的视图平面对齐，指定一点定义剪切平面的位置。
- "XY"：该选项将剪切平面与当前用户坐标系（UCS）的 XY 平面对齐，指定一点定义剪切平面的位置
- "YZ"：该选项将剪切平面与当前 UCS 的 YZ 平面对齐，指定一点定义剪切平面的位置。
- "ZX"：该选项将剪切平面与当前 UCS 的 ZX 平面对齐，指定一点定义剪切平面的位置。
- "三点"：该选项用三点定义剪切平面。

图 11-43 显示了将底座空腔剖开的效果。

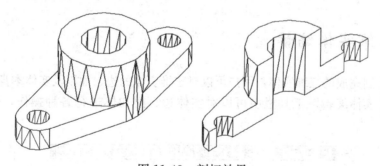

图 11-43　剖切效果

6. 三维圆角

使用圆角命令可以对三维实体的边进行圆角，但必须分别选择这些边。执行"圆角"命令后，命令行提示如下：

```
命令：_fillet
当前设置：模式＝修剪,半径＝0
选择第一个对象或[放弃(U)/多段线(P)/半径(R)/修剪(T)/多个(M)]://选择需要圆角的对象
输入圆角半径：3//输入圆角半径
选择边或[链(C)/半径(R)]://选择需要圆角的边
已选定 1 个边用于圆角
```

图 11-44 显示了对圆柱体上边进行圆角，圆角半径为 3 的圆角效果。

7. 三维倒角

使用倒角命令，可以对基准面上的边进行倒角操作。执行倒角命令，命令行提示如下：

> 命令：_chamfer
> ("修剪"模式)当前倒角距离 1＝0,距离 2＝0
> 选择第一条直线或[放弃(U)/多段线(P)/距离(D)/角度(A)/修剪(T)/方式(E)/多个(M)]://指定倒角对象
> 基面选择 …
> 输入曲面选择选项[下一个(N)/当前(OK)]＜当前(OK)＞://输入曲面的选项
> 指定基面的倒角距离：3//输入倒角距离
> 指定其他曲面的倒角距离＜3＞：//输入倒角距离
> 选择边或[环(L)]：选择边或[环(L)]://选择倒角边

图 11-45 显示了对圆柱体顶面的边进行倒角的效果。

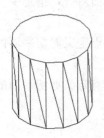  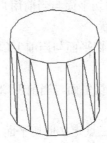 

图 11-44　三维圆角效果　　　　　图 11-45　三维倒角效果

11.5　三维实体编辑

对已经绘制完成的三维实体，用户可以对三维实体的边、面以及实体本身进行各种编辑操作，在"实体编辑"工具栏中可以对实体边、面和体进行各种操作，工具栏如图 11-46所示。

图 11-46　"实体编辑"工具

11.5.1　编辑边

AutoCAD 提供了压印边、复制边和着色边三种编辑边的方法。

（1）压印边

压印边命令可以将对象压印到选定的实体上，为了使压印操作成功，被压印的对象必须与选定对象的一个或多个面相交。"压印"选项仅限于以下对象执行：圆弧、圆、直线、二维和三维多段线、椭圆、样条曲线、面域、体和三维实体。

选择"修改"|"实体编辑"|"压印边"命令，或单击"压印边"按钮 来执行该命令，命令行提示如下：

命令:_imprint
选择三维实体://选择需要进行压印操作的三维实体为长方体
选择要压印的对象://选择需要压印的对象为圆
是否删除源对象[是(Y)/否(N)]<N>://输入 n,删除源对象,输入 y,保留源对象
选择要压印的对象://按回车键,显示压印边效果如图 11-47 所示

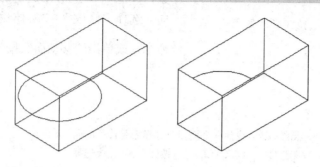

图 11-47　压印边效果

（2）复制边

用户可以将三维实体的边复制为独立的直线、圆弧、圆、椭圆或样条曲线等对象。如果指定两个点，AutoCAD 将使用第一个点作为基点，并相对于基点放置一个副本。如果只指定一个点，然后按 Enter 键，AutoCAD 将使用原始选择点作为基点，下一点作为位移点。

用户可以通过选择“修改”|“实体编辑”|“复制边”命令，或单击“复制边”按钮来执行该命令。

（3）着色边

可以为三维实体对象的独立边指定颜色。用户可以通过选择“修改”|“实体编辑”|“着色边”命令，或单击“着色边”按钮来执行该命令。选择需要着色的边之后，弹出“选择颜色”对话框，该对话框的用法不再赘述。

11.5.2　编辑面

对于已经存在的三维实体的面，用户可以通过拉伸、移动、旋转、偏移、倾斜、删除或复制实体对象等命令来对其进行编辑，或改变面的颜色。

（1）拉伸

用户可以沿一条路径拉伸平面，或者通过指定一个高度值和倾斜角来对平面进行拉伸，该命令与“拉伸”命令类似，各参数含义不再赘述。选择“修改”|“实体编辑”|“拉伸面”命令，或单击“拉伸面”按钮，命令行提示如下：

...

_extrude
选择面或[放弃(U)/删除(R)]:找到一个面。//选择需要拉伸的面
选择面或[放弃(U)/删除(R)/全部(ALL)]://按回车键,完成面选择
指定拉伸高度或[路径(P)]:10//输入拉伸高度
指定拉伸的倾斜角度<0>:10//输入拉伸角度

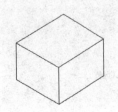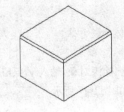

图 11-48　拉伸面的效果

图 11-48 演示了使用拉伸面拉伸长方体上表面的效果。

（2）移动

用户可以通过移动面来编辑三维实体对象，AutoCAD 只移动选定的面而不改变其方向。选择"修改"|"实体编辑"|"移动面"命令，或单击"移动面"按钮，命令行提示如下：

…

_move
选择面或[放弃(U)/删除(R)]:找到一个面。//选择需要移动的面
选择面或[放弃(U)/删除(R)/全部(ALL)]://按回车键,完成选择
指定基点或位移://拾取或者输入基点坐标
指定位移的第二点://输入位移的第二点,按回车键,完成面移动
已开始实体校验。
已完成实体校验。

图 11-49 演示了移动长方体侧面的效果。

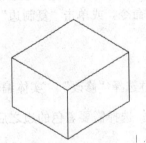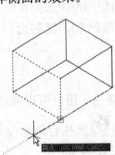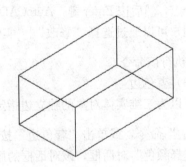

图 11-49　移动面效果

（3）旋转

通过选择一个基点和相对（或绝对）旋转角度，可以旋转选定实体上的面或特征集合。所有三维面都可绕指定的轴旋转，当前的 UCS 和 ANGDIR 系统变量的设置决定了旋转的方向。

用户可以通过指定两点、一个对象、X 轴、Y 轴、Z 轴或相对于当前视图视线的 Z 轴方向来确定旋转轴。

用户可以通过选择"修改"|"实体编辑"|"旋转面"命令，或单击"旋转面"按钮来执行该命令。

该命令与 ROTATE3D 命令类似，只是一个用于三维面旋转，一个用于三维体旋转，这里不再赘述。

图 11-50 演示了绕图示轴旋转长方体侧面 30°的效果。

（4）偏移

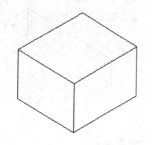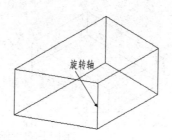

图 11-50 旋转面效果

在一个三维实体上，可以按指定的距离均匀地偏移面。通过将现有的面从原始位置向内或向外偏移指定的距离可以创建新的面（在面的法线方向上偏移，或向曲面或面的正侧偏移）。例如，可以偏移实体对象上较大的孔或较小的孔，指定正值将增大实体的尺寸或体积，指定负值将减少实体的尺寸或体积。

选择"修改"|"实体编辑"|"偏移面"命令，或单击"偏移面"按钮，可执行此命令，该命令与二维制图中的偏移命令类似，对命令行不再赘述。

图 11-51 演示了偏移圆锥体锥体面的效果。

（5）倾斜

用户可以沿矢量方向以绘图角度倾斜面，以正角度倾斜选定的面将向内倾斜面，以负角度倾斜选定的面将向外倾斜面。

选择"修改"|"实体编辑"|"倾斜面"

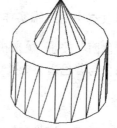

图 11-51 偏移面效果

命令，或单击"倾斜面"按钮，命令行提示如下：

...

_taper
选择面或［放弃(U)/删除(R)］:找到一个面。//选择需要倾斜的面
选择面或［放弃(U)/删除(R)/全部(ALL)］://按回车键，完成选择
指定基点://拾取基点
指定沿倾斜轴的另一个点://拾取倾斜轴的另外一个点
指定倾斜角度:30//输入倾斜角度
已开始实体校验。
已完成实体校验。

图 11-52 演示了沿图示基点和另一个点倾斜长方体侧面 30°的效果。

（6）删除

在 AutoCAD 三维操作中，用户可以从三维实体对象上删除面、倒角或圆角。只有当所选的面删除后不影响实体的存在时，才能删除所选的面。

选择"修改"|"实体编辑"|"删除面"命令，或单击"删除面"按钮来执行该命令。

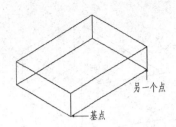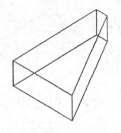

另一个点

基点

图 11-52　倾斜面效果

（7）复制

用户可以复制三维实体对象上的面，AutoCAD 将选定的面复制为面域或体。如果指定了两个点，AutoCAD 将使用第一点作为基点，并相对于基点放置一个副本。如果只指定一个点，然后按 Enter 键，AutoCAD 将使用原始选择点作为基点，下一点作为位移点。

选择"修改"｜"实体编辑"｜"复制面"命令，或单击"复制面"按钮 来执行该命令。

（8）着色

着色面命令可以修改选中的三维实体面的颜色。选择"修改"｜"实体编辑"｜"着色面"命令，或单击"着色面"按钮 来执行该命令。选择需要着色的面之后，弹出"选择颜色"对话框，该命令与着色边命令类似，不再赘述。

11.5.3　编辑体

用户可以使用分割、抽壳、清除和检查等命令，直接对三维实体本身进行修改。

（1）分割

用户可以利用分割实体的功能，将组合实体分割成独立的零件。在将三维实体分割后，独立的实体保留其图层和原始颜色，所有嵌套的三维实体对象都将被分割成最简单的结构。

选择"修改"｜"实体编辑"｜"分割"命令，或单击"分割"按钮 来执行该命令。

（2）抽壳

用户可以从三维实体对象中以指定的厚度创建壳体或中空的墙体。AutoCAD 通过将现有的面向原位置的内部或外部偏移来创建新的面。偏移时，AutoCAD 将连续相切的面看作单一的面。

选择"修改"｜"实体编辑"｜"抽壳"命令，或单击"抽壳"按钮 来执行该命令。

（3）清除

如果三维实体的边的两侧或顶点共享相同的曲面或顶点，那么可以删除这些边或顶点。AutoCAD 将检查实体对象的体、面或边，并且合并共享相同曲面的相邻面，三维实体对象所有多余的、压印的，以及未使用的边都将被删除。

选择"修改"｜"实体编辑"｜"清除"命令，或单击"清除"按钮 来执行该命令。

（4）检查

检查实体的功能可以检查实体对象是否为有效的三维实体对象。对于有效的三维实体，对其进行修改不会导致 ACIS 失败的错误信息。如果三维实体无效，则不能编辑对象。

选择"修改"|"实体编辑"|"检查"命令，或单击"检查"按钮  来执行该命令。

11.6 渲染

在绘制效果图的时候，经常需要将已绘制的三维模型染色，或者给三维模型设置场景，或是给模型增加光照效果，使三维模型更加逼真。本节将向读者介绍如何使用 Auto-CAD 提供的渲染，实现对已绘制的三维图形润色。用户可以使用如图 11-53 所示的"视图"|"渲染"子菜单的命令或者如图 11-54 所示的"渲染"工具栏中的按钮进行各种渲染操作。由于篇幅所限，本节仅介绍经常用到的渲染命令。

图 11-53 "渲染"子菜单   图 11-54 "渲染"工具栏

11.6.1 光源

在 AutoCAD 中，系统为用户提供点光源、聚光灯、平行光三种光源，用户在"视图"|"渲染"|"光源"子菜单中可以分别创建这些光源。选择"视图"|"渲染"|"光源"|"光源列表"命令，弹出如图 11-55 所示的"模型中的光源"动态选项板，选项板中按照名称和类型，列出了每个添加到图形的光源（LIGHTLIST），其中不包括阳光、默认光源以及块和外部参照中的光源。

在列表中选定一个光源时，将在图形中选定该光源，反之亦然。列表中光源的特性按其所属图形保存。在图形中选定一个光源时，可以使用夹点工具来移动或旋转该光源，并更改光源的其他某些特性（例如聚光灯中的聚光锥角和衰减锥角），更改光源特性后，可以在模型上看到更改的效果。

选择"视图"|"渲染"|"光源"子菜单中的"地理位置"和"阳光特性"两个命令，可以分别设置太阳光受地理位置的影响，以及不同的日期、时间等各种状态下阳光的特性。

11.6.2 材质

选择"视图"|"渲染"|"材质"命令，弹出"材质"选项板，如图 11-56 所示，在选项板中可以为对象选择各种材质，并将材质附加到对象上。

在"图形中可用的材质"选项组中，显示图形中可用材质的样例。单击样例可以选择材质，该材质的设置显示在"材质编辑器"选项组中，样例轮廓为黄色表明已选择。样例

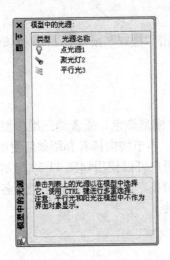

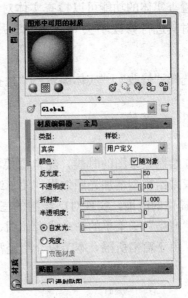

11-55 "模型中的光源"动态选项板　　　　图 11-56 "材质"动态选项板

上方的一个按钮和位于其下方的两组按钮可以提供以下选项：

- "切换显示模式"按钮：切换样例的显示（从一个样例切换为多行样例）。

- "样例几何体"按钮：控制选定样例显示的几何体类型，如长方体、圆柱体或球体。在其他样例中选择几何体时，其中的几何体将会改变。

- "关闭/打开交错参考底图"按钮：显示彩色交错参考底图，以帮助用户查看材质的不透明度。

- "创建新材质"按钮：弹出"创建新材质"对话框，输入材质名称后，将在当前样例的右侧创建并选择新样例。

- "从图形中清除"按钮：从图形中删除选定的材质，无法删除全局材质和任何正在使用的材质。

- "表明材质正在使用"按钮：更新正在使用的图标的显示。图形中当前正在使用的材质在样例的右下角显示图形图标。

- "将材质应用到对象"按钮：将当前材质应用到选定的对象和面。

- "从选定的对象中删除材质"按钮：从选定的对象和面中拆离材质。

在"材质编辑器"选项组中，可以编辑"图形中可用的材质"选项组中选定的材质。选定材质的名称显示在"材质编辑器"中。材质编辑器的配置根据选定的样板而更改。

"样板"下拉列表框指定材质类型，系统提供了各种材质供用户选择。"真实"和"真实金属"样板用于基于物理质量的材质。"高级"和"高级金属"样板用于具有更多选项的材质，包括用于创建特殊效果的特性（例如模拟反射）。

对"真实"样板和"真实金属"样板而言，选择"随对象"复选框则根据材质附着的对象的颜色设置材质的颜色。否则，单击"漫射颜色"按钮████，弹出"选择颜色"对话框，从中可以指定显示材质的颜色。

"反光度"平衡器设置材质的反光度，极其有光泽的实体面上的亮显区域较小但显示较亮，较暗的面可将光线反射到较多方向，从而可创建区域较大且显示较柔和的亮显。"折射率"平衡器设置材质的折射率，控制通过附着部分透明材质的对象时如何折射光。"半透明度"平衡器设置材质的半透明度，不适用于真实金属材质类型。"自发光"平衡器设置为大于 0 的值时，可以使对象自身显示为发光而不依赖于图形中的光源。

选择"漫射贴图"复选框，将使漫射贴图在材质上处于活动状态并可被渲染，贴图类型包括纹理贴图、木材或大理石程序材质。单击"选择图像"按钮，弹出"选择图像文件"对话框，选定文件后，将显示文件名称。

对于 AutoCAD 2010 来说，系统为用户提供了大量的已经设定好的常见材质库，用户只需要在如图 11-57 所示的"工具选项板"的右键快捷菜单中选择合适的材质库就可以显示各种材质并使用了，如图 11-58 所示。

图 11-57　"工具选项板"的右键快捷菜单

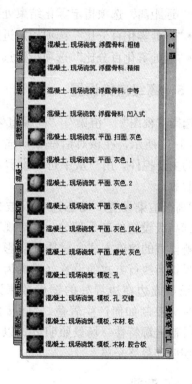

图 11-58　系统默认的材质库

11.6.3　贴图

选择"视图"│"渲染"│"贴图"子菜单下的命令，可以为对象添加各种已经定义好的材质，贴图类型包括平面贴图、长方体贴图、柱面贴图和球面贴图等。

11.6.4　渲染环境

选择"视图"|"渲染"|"渲染环境"命令，弹出"渲染环境"对话框，如图11-59所示，在该对话框中，用户可以对雾化和深度的一些参数进行设置。

图11-59　"渲染环境"对话框

雾化和深度设置是同一效果的两个极端：雾化为白色，而传统的深度设置为黑色，可以使用其间的任意一种颜色。各参数含义如下：

- "启用雾化"选项设置启用雾化或关闭雾化，而不影响对话框中的其他设置。
- "颜色"选项指定雾化颜色。单击"选择颜色"打开"选择颜色"对话框，来进行雾化颜色的定义。
- "雾化背景"选项设置可以对背景进行雾化，也可以对几何图形进行雾化。
- "近距离"选项指定雾化开始处到相机的距离。
- "远距离"选项指定雾化结束处到相机的距离。
- "近处雾化百分比"选项指定近距离处雾化的不透明度。
- "远处雾化百分比"选项指定远距离处雾化的不透明度。

11.6.5　高级渲染设置

选择"视图"|"渲染"|"高级渲染设置"命令，弹出"高级渲染设置"动态选项板，如图11-60所示，在该对话框中，选项板包含渲染器的主要控件，用户从中可以设置渲染的各种具体参数。

"高级渲染设置"动态选项板被分为从基本设置到高级设置的若干部分。"常规"部分包含了影响模型的渲染方式、材质和阴影的处理方式以及反锯齿执行方式的设置（反锯齿可以削弱曲线式线条或边在边界处的锯齿效果）。"光线跟踪"部分控制如何产生着色。"间接发光"部分用于控制光源特性、场景照明方式以及是否进行全局照明和最终采集。

图11-60　"高级渲染设置"动态选项板

11.6.6　渲染

选择"视图"|"渲染"|"渲染"命令，弹出"渲染"对话框，会在光源、材质、贴图以及渲染参数设定的情况下，对对象进行快速渲染。如图11-61所示，为快速渲染一个室内场景的效果。

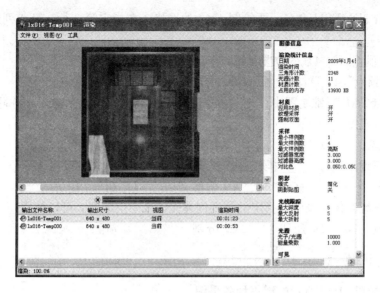

图 11-61　"渲染"对话框

11.7　习题

11.7.1　填空题

（1）三维阵列可以在三维空间中创建对象的矩形阵列或环形阵列。与二维阵列不同，用户除了指定列数和行数之外，还要指定_____。

（2）压印对象必须与选定实体上的面_____，这样才能压印成功。

（3）布尔操作用于两个或两个以上的实心体，包括____、____、____运算。

（4）在 AutoCAD 中，有很多命令既适用于二维图形绘制的各种情况，也适用于三维空间的任意平面图形、所有线框、表面和实体模型，这样的命令有_____和_____等。

（5）用户在放置好相机之后，将显示"相机预览"对话框，"视觉样式"下拉列表框中指定应用于预览的视觉样式，系统提供了_____、_____、_____和_____ 4 种视觉样式。

（6）创建路径动画，主要是要确定_____和_____的设置。

（7）在渲染过程中光线是十分重要的部分，AutoCAD 2010 提供了三种常用光源，分别是_____、_____和_____。

（8）在 AutoCAD 2010 中，材质被映射后，用户可以调整材质以适应对象的形状，系统提供了 4 种纹理贴图形状_____、_____、_____和_____。

11.7.2　选择题

（1）设定新的 UCS 时，需要通过绕指定轴旋转一定的角度来指定新的 UCS，使用_____创建方式。

A. 对象　　　　　B. 面　　　　　C. 三点　　　　　D. *X/Y/Z*

（2）执行 3DMESH 命令，要绘制 4×4 的网格，在指定第 3 行、第 4 列的坐标点时，命令行提示_____。

A. 指定顶点（3，4）的位置　　B. 指定顶点（3，3）的位置

C. 指定顶点（4，4）的位置　　D. 指定顶点（2，3）的位置

（3）AutoCAD 三维制图中_____命令使用三维线框表示显示对象，并隐藏表示对象后面各个面的直线。

A. 重生成　　　B. 重画　　　C. 消隐　　　D. 着色

（4）对三维面进行_____操作后，三维体不会发生形状上的改变。

A. 拉伸　　　B. 移动　　　C. 偏移　　　D. 删除

（5）从三维实体对象中以指定的厚度创建壳体或中空的墙，可以使用_____命令。

A. 抽壳　　　B. 压印　　　C. 分割　　　D. 清除

11.7.3　上机题

1. 创建如图 11-62 所示的燃气灶效果图。

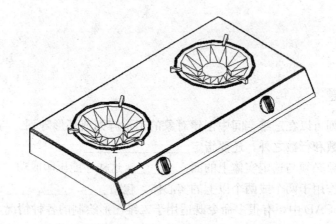

图 11-62　燃气灶三维效果图

2. 创建如图 11-63 所示的烟灰缸效果图。

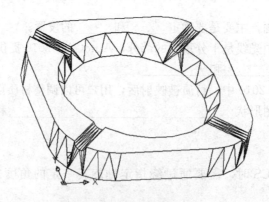

图 11-63　烟灰缸效果图

3. 打开 AutoCAD 安装路径下的 ":\Program Files\AutoCAD 2010\Sample\3dhome" 文件，效果如图 11-64 所示，使用本章所学到的知识，创建相机、创建路径动画，添加点光源观察效果。

图 11-64 AutoCAD 2010 自带三维房屋效果

第12章　建筑制图三维效果图的创建

设计人员要很好地表现所设计建筑的外部形式和内部空间，以及建筑群中间的空间关系，通常借助于建筑效果图来表达。在过去通常使用手工绘制建筑效果图，要准确地表达是一个非常复杂的工作。AutoCAD提供了大量的三维绘图工具，即使设计人员不具备绘制透视图方面的知识，也能够快速地建立建筑模型，然后选择视点，AutoCAD自动完成透视图的绘制。

本章将要给读者讲解建筑制图中三维单体、三维室内和三维小区三类效果图的绘制，通过本章的学习，希望读者能够熟练掌握使用三维实体和编辑工具创建三维模型、使用视图工具更有效地观察图形的方法。

12.1　建筑制图中三维单体的创建

在绘制三维效果图时，通常需要绘制一些常见的家具，如沙发、茶几、床等来增加效果图的表现。

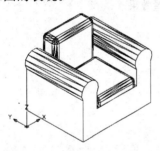

图 12-1　单人沙发效果图

本节通过运用实体建模的方法来创建家具模型。通过沙发、门的创建来向读者详细介绍三维操作和三维实体编辑工具的运用。

12.1.1　创建单人沙发

下面通过一个单人沙发的完整绘制过程，学习各种三维实体创建和修改的方法，创建完成的单人沙发效果图如图 12-1 所示。

具体操作步骤如下：

（1）绘制沙发扶手。切换到俯视图，单击"建模"工具栏上的"长方体"按钮 ⬜，命令行提示如下：

```
命令：_box
指定第一个角点或 [中心(C)]：<200,200>//指定点(200,200)为长方体的第一个角点
指定其他角点或 [立方体(C)/长度(L)] 1//选择输入长度
指定长度<200.0000>：<正交 开>200//输入长方体长度
指定宽度<200.0000>：770//输入长方体宽度
指定高度或 [两点(2P)]<200.0000>：560//输入长方体高度
```

长方体创建完成，如图 12-2 所示。

（2）切换到主视图，单击"圆柱体"按钮 ⬜，以（300，560，-970）为底面圆心，底面半径为 120，高度为 770 绘制圆柱体，效果如图 12-3 所示。

图12-2 绘制200×770×560长方体

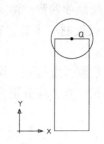

图12-3 创建圆柱体图

（3）执行"并集"命令，将图12-3中所示的长方体与圆柱体合并，消隐后效果如图12-4所示。

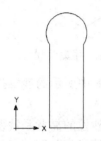

图12-4 并集效果

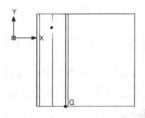

图12-5 绘制550×770×300长方体

（4）绘制沙发垫。执行"长方体"命令，以坐标为（400，200）的点（如图12-5中a点）为起点绘制一个长、宽、高分别为550mm、770mm、300mm的长方体，效果如图12-5所示。

（5）绘制另一个沙发扶手。切换到西南等轴测视图，选择"修改"│"三维操作"│"三维镜像"命令，命令行提示如下：

命令：minor3d
选择对象：找到1个//选择步骤3绘制的三维对象
选择对象：//按回车键，完成选择
指定镜像平面（三点）的第一个点或［对象(O)/最近的(L)/Z轴(Z)/视图(V)XV平面(YZ)/ZX平面(ZX)/三点(3)］<三点>：//捕捉步骤2绘制的长方体长为550一条边的中点
在镜像平面上指定第二点：//捕捉步骤2绘制的长方体长为550第二条边的中点
在镜像平面上指定第三点：//捕捉步骤2绘制的长方体长为550第三条边的中点
是否删除源对象？［是(Y)/否(N)］<否>：//按回车键，完成镜像，消隐后效果如图12-6所示

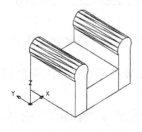

图12-6 镜像长方体

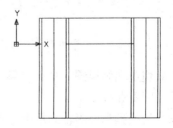

图12-7 绘制550×200×520长方体

（6）绘制沙发背。切换到俯视图，执行"长方体"命令，以坐标为（400，970，300）的点为起点绘制一个长、宽、高分别为 550mm、200mm、520mm 的长方体，效果如图 12-7 所示。

（7）绘制沙发座垫。执行"长方体"命令，以坐标为（400，770，300）的点为起点绘制一个长、宽、高分别为 550mm、570mm、100mm 的长方体，效果如图 12-8 所示。

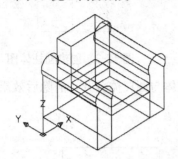

图 12-8　绘制 550×570×100 长方体

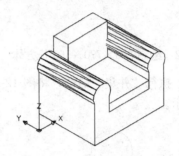

图 12-9　并集效果

（8）切换到西南等轴测视图，执行"并集"命令，将图 12-8 中所示的沙发扶手和沙发垫合并，消隐后效果如图 12-9 所示。

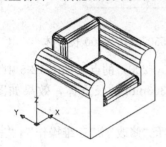

图 12-10　圆角长方体

（9）执行"圆角"命令，对沙发的靠背和沙发座垫进行圆角操作，圆角半径为 50，消隐效果如图 12-10 所示。

12.1.2　创建多人沙发

以上介绍了完全使用叠加的方法创建单人沙发的过程，下面将讲解在单人沙发的基础上创建三人沙发的方法，阐述了如何由现有的三维实体创建目标实体的方法。下面将讲解创建三人沙发的方法。

具体操作步骤如下：

（1）打开 12.1.1 节"绘制沙发"中的三维对象，如图 12-11 所示。在此基础上继续绘制，完成三人沙发。

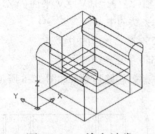

图 12-11　单人沙发

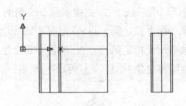

图 12-12　移动沙发扶手

（2）切换到俯视图，执行"移动"命令，将右侧沙发扶手沿 X 轴移动 1100mm，效果如图 12-12 所示。

（3）切换到东南等轴测视图，选择"修改"｜"三维编辑"｜"拉伸面"命令，拉伸如图 12-13 所示虚线部分所在的面，拉伸高度 1100，拉伸后的效果如图 12-14 所示。

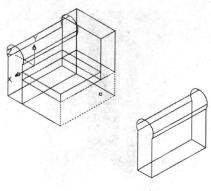

图 12-13 选择要拉伸的面

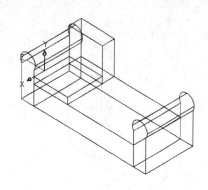

图 12-14 拉伸面

（4）执行"圆角"命令 ⌐，对沙发背和沙发座垫进行圆角操作，圆角半径为 50，消隐后效果如图 12-15 所示。

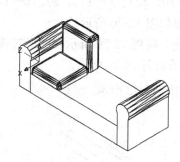

图 12-15 圆角长方体

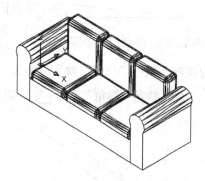

图 12-16 阵列圆角长方体

（5）执行"并集"命令 ◫，将图 12-15 中除沙发座垫和沙发背以外的三维对象合并。

（6）选择"修改"│"三维操作"│"三维阵列"命令，对沙发背和沙发座垫进行阵列，列数为 3，列间距为 550，效果如图 12-16 所示。

（7）执行"并集"命令 ◫，将图 12-16 所有实体合并。

12.1.3 创建门

本小节通过创建门模型，学习三维实体的创建及修改，其中应注意用户坐标系在创建过程中的使用。创建完成的门模型效果图如图 12-17 所示。

（1）切换到主视图，执行"长方体"命令 ▱，分别以点（0，0，0）、（143，1927，-22）为起点绘制两个长、宽、高分别为 900mm、2000mm、50mm 和 200mm、1800mm、100mm 的长方体。切换到西南等轴测图观察，效果如图 12-18 所示。

（2）执行"差集"命令 ◫，对长方体进行修剪，效

图 12-17 门创建完成效果

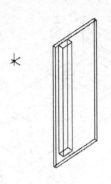

图 12-18　创建长方体

图 12-19　修剪长方体

果如图 12-19 所示。

　　(3) 切换到俯视图，执行"多段线"命令 ，绘制多段线，指定起点（0，0），以下点依次为（0，12）、（-10，12）、（-144，3）、（-144，0），最后输入 c 闭合，效果如图 12-20 所示。

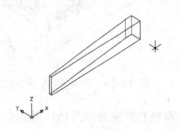

图 12-20　绘制门把手多段线

　　(4) 执行"面域"命令，将图 12-20 所示的图形转换成为面域。执行"拉伸"命令，将该面域向上拉伸 24，效果如图 12-21 所示。

　　(5) 执行"圆角"命令 ，圆角半径为 50，效果如图 12-22 所示。

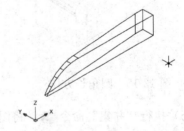

图 12-21　拉伸面域

图 12-22　圆角门把手

　　(6) 在命令行输入 UCS 命令，命令行提示如下：

命令：ucs
当前 UCS 名称：＊世界＊
指定 UCS 的原点或［面(F)/命名(NA)/对象(OB)/上一个(P)/视图(V)/世界(W)/X/Y/Z/Z 轴(ZA)]＜世界＞：from//输入 from,使用相对点法确定新的用户坐标系的原点
基点：//捕捉图 12-23 所示的点为基点
＜偏移＞：-12,0,-12//输入相对偏移距离
指定 X 轴上的点或＜接受＞：//按回车键,完成用户坐标系原点的移动,效果如图 12-23 所示

　　(7) 在命令行输入 UCS 命令，将坐标系统 X 轴旋转 90°，效果如图 12-24 所示。

　　(8) 激活俯视图，执行"圆柱体"命令 ，以图 12-25 所示点 a 为圆心，半径为 12，高为 60 绘制圆柱体，如图 12-25 所示。

　　(9) 执行"并集"命令，消隐效果如图 12-26 所示。

　　(10) 在命令行中输入 UCS，输入 w，回到世界坐标系。

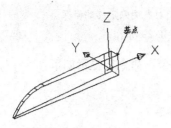

图 12-23　创建新用户坐标系

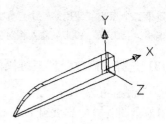

图 12-24　旋转用户坐标系

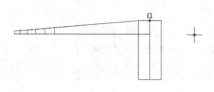

图 12-25　绘制圆柱体

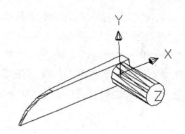

图 12-26　消隐结果

（11）切换到西南等轴测图，选择"修改"|"三维操作"|"三维旋转"命令，命令行提示如下：

命令:_3drotate
UCS 当前的正角方向:ANGDIR=逆时针　ANGBASE=0
选择对象:找到 1 个//选择图 12-27 所示的门把手
选择对象://按回车键,完成对象选择
指定基点://捕捉图 12-27 所示圆心为基点
拾取旋转轴://旋转轴如图 12-27 所示
指定角的起点:180//输入旋转角度,效果如图 12-28 所示

正在重生成模型。

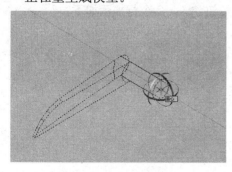

图 12-27　旋转门把手

图 12-28　旋转效果

（12）执行"移动"命令，命令行提示如下：

命令:_move
选择对象:指定对角点:找到 1 个//选择图 12-28 所示的门把手
选择对象://按回车键,完成选择
指定基点或 [位移(D)]<位移>://捕捉门把手圆柱体底面圆心为基点

指定第二个点或<使用第一个点作为位移>:from///使用相对点法确定移动目标点

<偏移>:50,0,-1000//输入相对偏移距离,移动效果如图 12-29 所示

(13) 选择"修改"|"三维操作"|"三维镜像"命令,命令行提示如下:

命令:_mirror3d

选择对象:指定对角点:找到 1 个//选择图 12-29 图中的门把手

选择对象://按回车键,完成选择

指定镜像平面(三点)的第一个点或

[对象(O)/最近的(L)/Z 轴(Z)/视图(V)/XY 平面(XY)/YZ 平面(YZ)/ZX 平面(ZX)/三点(3)]<三点>://拾取图 12-29 中长方体长为 50 边的中点

在镜像平面上指定第二点://拾取图 12-29 中长方体长为 50 的第二条边的中点

在镜像平面上指定第三点:// 拾取图 12-29 中长方体长为 50 的第三条边的中点

是否删除源对象? [是(Y)/否(N)]<否>://按回车键,完成门把手镜像,效果如图 12-30 所示

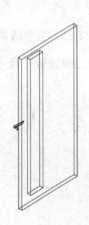

图 12-29 移动门把手

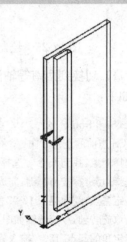

图 12-30 镜像门把手

(14) 单击"建模"工具栏中的"平面曲面"按钮 ⬚,命令行提示如下:

命令:_Planesurf

指定第一个角点或[对象(O)]<对象>://单击视口中门框模型下端点

指定其他角点://按住鼠标左键不妨,拖动到窗框模型上端端点。创建面如图 12-31 所示

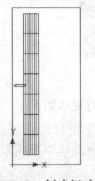

图 12-31 创建门玻璃

(15) 使用"并集"命令，将门和门把手合并。

至此，门创建完毕，选择"概念"样式观察，效果如图 12-17 所示。

12.2　建筑制图中三维室内效果图的创建

用户在绘制房间效果图时，通常是在已经绘制完成的平面图的基础上来进行的，在 X 和 Y 方向的尺寸，都可以通过平面图来确定，绘制房间三维效果图的主要工作就是绘制墙体、楼面板、屋面板以及门和窗，所以三维房间的绘制对于技术的使用比较单一，墙体、楼面板和屋面都可以使用拉伸法来绘制，门和窗的绘制也比其他三维家具的绘制要简单。自 AutoCAD 2007 推出后，增加了多段体功能，利用多段体功能可以绘制墙体。本节就给读者讲解两种绘制三维房间效果图的方法。

12.2.1　拉伸法创建墙体

在图 12-32 所示的基础上，主要通过拉伸法创建三维房间效果图，对于建筑物来说，读者知道了某一层房屋的三维模型创建方法，其他层房屋的创建方法是类似的。

使用拉伸方法绘制三维房间的具体步骤如下：

(1) 打开"图层特性管理器"对话框，将"门"、"窗"、"梁"层隐藏，再次激活"墙体"层，并将该层置为当前层，如图 12-33 所示。

(2) 单击"合并"按钮 ，合并被截断的墙线，合并效果如图 12-34 所示。

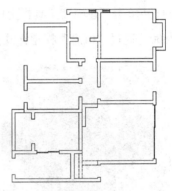

图 12-32　三维房间效果图源图

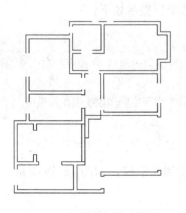

图 12-33　隐藏门窗等图层

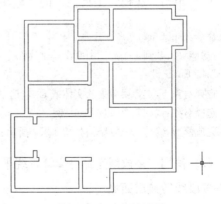

图 12-34　合并墙线

(3) 使用"多段线"命令 ，首先沿墙的外轮廓线绘制封闭的多段线，然后绘制内部空间的多段线，如图 12-35 所示。

(4) 将绘制的封闭多段线转变成面域。选择"绘图"|"面域"命令，将步骤 3 绘制的封闭多段线转变成面域。

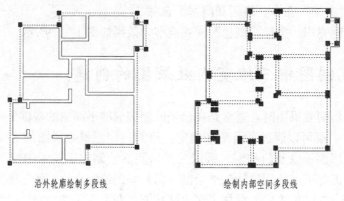

沿外轮廓绘制多段线   绘制内部空间多段线

图 12-35　绘制多段线

（5）单击"建模"工具栏上的"拉伸"按钮，将所有面域拉伸为实体，拉伸高度为 2800，通过"概念"视觉样式观察视图，效果如图 12-36 所示。

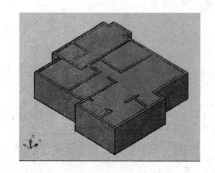

图 12-36　创建的三维模型

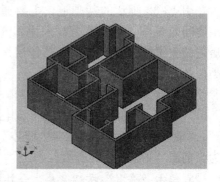

图 12-37　修剪的三维结构

（6）单击"建模"工具栏上的"差集"按钮，命令行提示如下：

```
命令：_subtract
选择对象：找到 1 个//选中西南等轴测图上由墙体外轮廓多段线创建的模型，在命令行里出现"找到一个"，按 Enter 键
选择对象：//选择要减去的实体或面域，选中西南轴测图上由各个内部空间多段线创建的模型
选择对象：找到 5 个//按 Enter 键
完成修剪，修剪的三维结构如图 12-37 所示
```

（7）使用"多段线"命令，绕平面图的外轮廓绘制轮廓线，如图 12-38 所示，然后将多段线转换成面域。

（8）执行"拉伸"命令，拉伸步骤 7 创建的面域形成楼面板，拉伸高度 100。

到此，用拉伸法创建墙体已经全部完毕，如图 12-39 所示。

12.2.2　多段体法创建墙体

多段体功能是 AutoCAD 2007 推出的新功能，它的推出为用户绘制墙体创造了方便，它的功能就和平面制图中的多线功能类似，读者通过本节可以学习多段体的使用方法，图

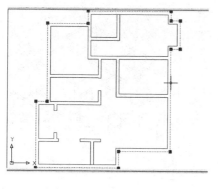

图 12-38　绘制多段线

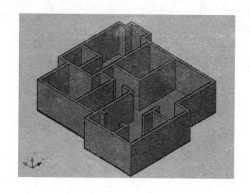

图 12-39　墙体创建完成

12-40 是 12.2.1 节中已经处理好的平面轮廓图，本节绘制的三维房间效果图在该图所示轮廓图的基础上创建。

具体操作步骤如下：

（1）切换到"墙体"图层，单击"多段体"按钮 ，命令行提示如下：

命令：_Polysolid
指定起点或［对象(O)/高度(H)/宽度(W)/对正(J)］＜对象＞：w//输入 w,设置多段体宽度
指定宽度＜0＞：240//输入宽度为 240
指定起点或［对象(O)/高度(H)/宽度(W)/对正(J)］＜对象＞：h//输入 h,设置多段体高度
指定高度＜4＞：2800//输入多段体高度
指定起点或［对象(O)/高度(H)/宽度(W)/对正(J)］＜对象＞：j//输入 j,设置多段体对正方式
输入对正方式［左对正(L)/居中(C)/右对正(R)］＜居中＞：l//输入 l,表示左对正
指定起点或［对象(O)/高度(H)/宽度(W)/对正(J)］＜对象＞：//指定如图 12-41 所示捕捉起点
指定下一个点或［圆弧(A)/放弃(U)］：//指定如图 12-41 所示捕捉第二点
指定下一个点或［圆弧(A)/放弃(U)］：//按回车键,完成绘制,效果如图 12-42 所示

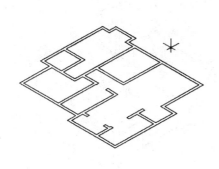

图 12-40　平面轮廓图

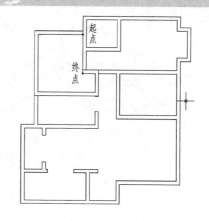

图 12-41　多段线法创建墙体

（2）继续执行"多段体"命令，创建其他墙体，效果如图 12-43 所示。

（3）关于地板，与 12.2.1 节中使用拉伸法创建三维空间模型的方法是一致的，这里不再赘述。

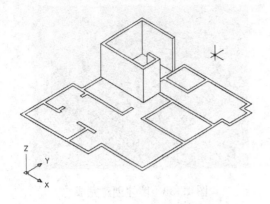

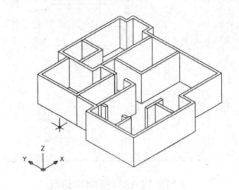

图 12-42　墙体创建结果　　　　　　　　图 12-43　创建其余墙体

12.2.3　布尔运算创建门和窗

在这一节中，我们继续上一节中的操作，在制作好的墙体上，首先利用布尔运算创建门洞和窗洞。

（1）打开"图层特性管理器"对话框，将"门"，"窗"，"梁"层激活，隐藏"墙体"。

（2）单击"建模"工具栏上"长方体"按钮，命令行提示如下：

```
命令:_box
指定第一个角点或 [中心(C)]:<25248,10109,0>//捕捉平面图中的门角点
指定其他角点或 [立方体(C)/长度(L)]:l//选择长度
指定长度:900//输入长方体长度,按回车键,结束选择
指定宽度:240//输入长方体宽度,按回车键,结束选择
指定高度[两点(2P)]2000://输入长方体高度,按回车键,结束选择
创建出如图 12-44 所示的长方体
```

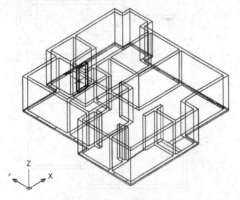

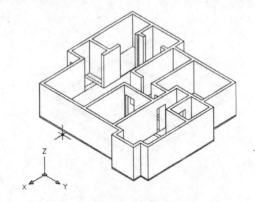

图 12-44　创建长方体　　　　　　　　　图 12-45　修剪门

（3）使用同样方法在剩下的门的位置创建长方体，门的宽度和厚度由平面图中的尺寸决定，门的高度为 2000。

（4）切换到东北等轴测图，使用"建模"工具栏上的"差集"工具，修剪墙体上

的门，如图 12-45 所示。

（5）切换到主视图，执行"长方体"命令，以点（20218，900，─1468）为起点，创建一个长 240、宽 1500、高 1200 的长方体，如图 12-46 所示。

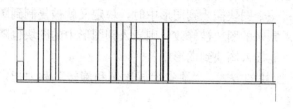

图 12-46 创建长方体

图 12-47 创建长方体

（6）使用同样方法，在俯视图中，分别以（20218，2328，900）、（21118，5503，900）、（21118，8254，900）、（24398，11288，900）、（262068，11938，900）、（27168，11938，900）、（31698，9754，900）、（30948，6248，900）为长方体第一个角点，创建出长和高都为 240 和 1500，宽分别为 2100、860、1770、560、560、560、1140、1480 的 8 个长方体，如图 12-47 所示。

（7）激活西南等轴测图，使用"建模"工具栏上的"差集"工具 ⦿，修剪墙体上的窗户，如图 12-48 所示。

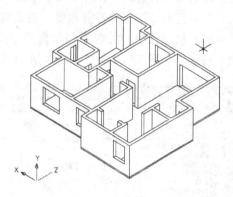

图 12-48 修剪窗户

在创建完成的门洞和窗洞的基础上，用户可以继续添加门框、门、窗框、窗以及玻璃等，绘制的方法与 12.1 节绘制三维单体的方法类似，这里不再赘述，创建的门窗效果如图 12-49 所示，最终的墙体加门窗效果如图 12-50 所示。

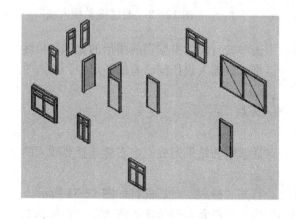

图 12-49 创建门和窗

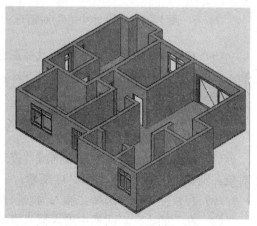

图 12-50 添加了门窗的房间效果

12.2.4 插入家具

通过 AutoCAD 设计中心，可以从内容显示框或查找结果列表中直接添加内容到打开的图形文件，或者将内容复制到剪贴板上，然后将内容粘贴到图形中。

插入块可以将图块插入到图形中，将一个图块插入到图形中时，块定义就被复制到图形数据库中。图块被插入图形之后，如果原来的图块被修改，则插入到图形中的图块也随之改变。注意当其他命令正在执行时，不能插入图块到图形中。

AutoCAD 设计中心提供了两种插入图块的方式："缺省缩放比例和旋转"和"指定坐标、比例和旋转。"

1. 采用"缺省缩放比例和旋转"方式插入图块

利用此方式插入图块时，将对图块进行自动缩放。采用此方法，AutoCAD 比较图和插入图块的单位，根据二者之间的比例插入图块。当插入图块时，AutoCAD 根据"单位"对话框中设置的"设计中心块的图形单位"对其进行换算。

（1）打开"图层特性管理器"对话框，将"家具"层置为当前层。

（2）从设计中心的内容显示框或"搜索"对话框中的图块列表框中选择要插入的图块—餐桌，如图 12-51 所示，将其拖动到打开的图形中。

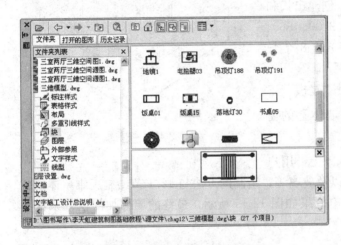
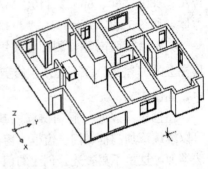

图 12-51 "设计中心"对话框　　　　　　图 12-52 通过拖动插入块

（3）在要插入对象的地方松开鼠标左键，则选中的对象就根据当前图形的比例和角度插入到图形中。利用当前设置的捕捉方式，可以将对象插入到任何已有的图形中。插入效果如图 12-52 所示。

2. 采用"指定坐标、比例和旋转"方式插入图块

采用该方法插入图块的步骤如下：

（1）从设计中心的内容显示框或"搜索"对话框中的结果列表框中右键选择要插入的对象，则弹出快捷菜单如图 12-53 所示。

（2）在快捷菜单中选择"插入为块"选项，打开"插入"对话框，如图 12-54 所示。

（3）在"插入"对话框中输入插入点的坐标值、比例和旋转角度，或选择"在屏幕上指定"复选框。如果要将图块分解，则选择"分解"复选框。

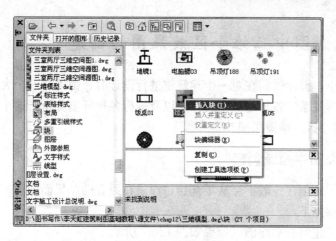

图 12-53 快捷菜单

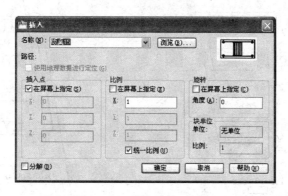

图 12-54 "插入"对话框

（4）单击"插入"对话框的"确定"按钮，则被选择的对象根据指定的参数插入到图形中。

（5）切换到东南等轴测图观察插入的图块，如图 12-55 所示。

使用以上方法，完成其他家具的插入，效果如图 12-56 所示。

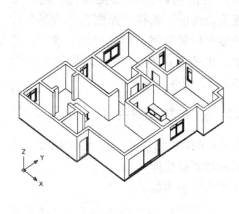

图 12-55 插入块效果

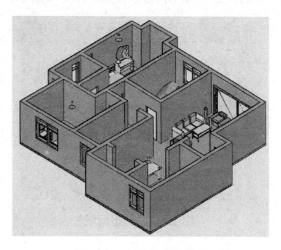

图 12-56 插入家具效果

12.3 建筑制图中三维小区效果图的创建

在建筑制图中，设计师们在对一个建筑物进行设计时，都需要一个大概的建筑模型来分析建筑物的总体关系、各种建筑物的布置以及进行各种环境分析，这个时候就需要使用 AutoCAD 来创建小区三维效果图。

12.3.1 总平面图中面域创建

这样的效果图的创建一般不会从零开始，而是在原有的总平面图的基础上进行创建。具体操作步骤如下：

（1）打开小区建筑总平面图，效果如图 12-57 所示。

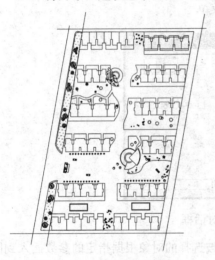

图 12-57 小区三维效果图

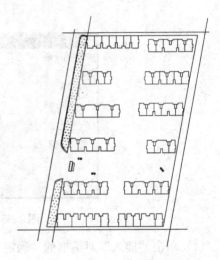

图 12-58 关闭部分图层

（2）选择"格式"|"图层"命令，打开"图层特性管理器"选项板，仅保留楼体、地线等图层，其余图层关闭，如图 12-58 所示。

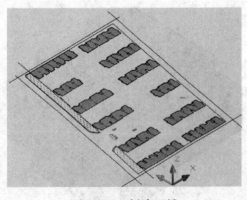

图 12-59 创建面域

（3）切换到西南等轴测视图，将"面域"置为当前层。选择"绘图"|"面域"命令，拾取房屋轮廓线，创建面域。使用同样的方法，将所有的房屋轮廓线都转换成面域，如图 12-59 所示。

12.3.2 拉伸方法使用

AutoCAD 来创建小区三维效果图，主要用到的技术是拉伸。

具体操作步骤如下：

（1）执行"拉伸"命令 ⬜，对前五排楼进行拉伸，向上拉伸 15000mm，效果如图 12-60 所示。

（2）使用同样的方法，对最后一排楼进行拉伸，拉伸高度 18000mm，效果如图 12-61 所示。

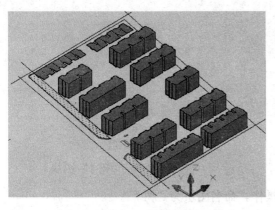

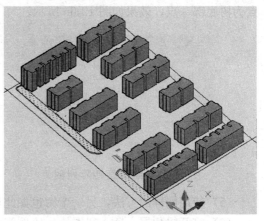

图 12-60　拉伸面域　　　　　　　　　　图 12-61　拉伸后侧面域

12.3.3　绿色植物

（1）从一些常见的建筑制图图块文件中复制两个树的立面图图块，调用时注意设置插入比例，或者复制到文件中，再使用"缩放"命令进行缩放，图案效果如图 12-62 所示。

（2）由于步骤 1 创建的图形原来都在 XY 平面内，所以需要旋转到与 XY 平面垂直的平面，使用"三维旋转"命令，旋转轴如图 12-63 所示，旋转 90 度，旋转效果如图 12-64 所示。

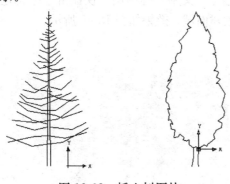

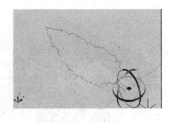

图 12-62　插入树图块　　　　　　　　　　图 12-63　指定旋转轴

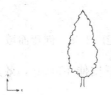

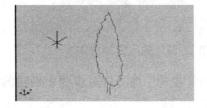

图 12-64　旋转效果

（3）使用"构造线"命令绘制过树顶部的平行于 Z 轴的构造线，效果如图 12-65 所示。

（4）使用"三维阵列"命令，设置为环形阵列，阵列数为 8，当然如果读者需要更逼真的效果，可以将阵列数增大，旋转轴为步骤 3 绘制的构造线，保存为图块"树 1"，基点为树底部一点，效果如图 12-66 所示。

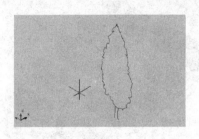

图 12-65　绘制旋转阵列轴

图 12-66　"树 1"图块

（5）使用同样的方法，另一个树也如此操作，命名图块为"树 2"。

（6）打开绿化层，插入树图块，比例为 2，为了看清树的效果，关闭了一些图层，效果如图 12-67 所示。

12.3.4　其他附属物创建

这里我们进行绿地和道路以及花坛这些附属物的创建，使室外效果图更加完整。创建方法与创建建筑物的方法一样，都是使用拉伸法。

创建步骤如下：

（1）选择"格式"|"图层"命令，打开"图层特性管理器"对话框，关闭"楼层"、"花坛"、"尺寸标注"、"轴线"、"红线"、"绿化"、"文字"等图层，仅保留"绿化地"、"道路"、"花坛"图层，切换到西南等轴测图，创建面域，效果如图 12-68 所示。

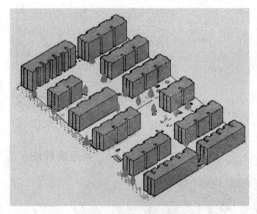

图 12-67　插入三维树木

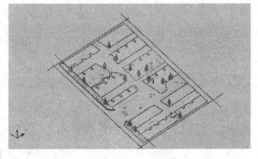

图 12-68　创建面域

（2）执行"拉伸"命令，对步骤 1 创建的面域，向下拉伸 100mm，效果如图 12-69 所示。

12.3.5　创建日光

在本节中，将为场景设置光源，由于是室外场景，所以将以阳光为主光源。在软件中

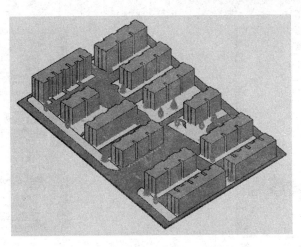

图 12-69　拉伸创建楼体室外效果

设置的光源与实际的光源效果是有差别的，所以还需要补充两盏泛光灯作为辅助光源，辅助光源设有阴影效果，并且设置了光源的衰减范围，以使其更接近真实的情况。

（1）单击"光源"工具栏上的"点光源"按钮 ，命令行提示如下：

命令：_pointlight
指定源位置＜0,0,0＞60000,175000,0://指定点光源位置
输入要更改的选项［名称(N)/强度(I)/状态(S)/阴影(W)/衰减(A)/颜色(C)/退出(X)］＜退出＞：
X//输入回车键，结束点光源的创建

（2）使用同样的方法，在点（40000，80000，0）创建另一点光源，效果如图 12-70 所示。

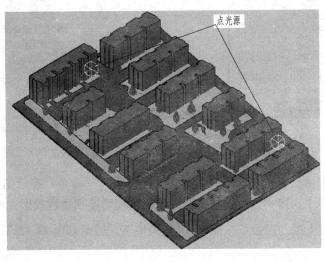

图 12-70　创建"点光源"

（3）选择"视图"|"渲染"|"光源"|"光源列表"命令，打开"模型中的光源"选项板，效果如图 12-71 所示，双击"光源 1"选项，打开"特性"面板，依照图 12-72 所示的参数设置光源 1。

图 12-71 "特性"面板

图 12-72 设置光源 1

（4）在"模型中的光源"面板内，选择"光源 2"，打开"特性"面板，依照图 12-73 所示的参数设置光源 2。单击"关闭"按钮关闭"特性"面板。

（5）切换到"三维建模"工作空间，单击功能区"可视化"选项卡下的"阳光特性"面板上的"阳光状态"按钮，使阳光状态变为开，再单击"阳光特性"按钮，弹出"阳光特性"选项板，依照图 12-74 所示的参数设置阳光。

图 12-73 设置光源 2

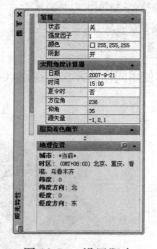

图 12-74 设置阳光

（6）关闭所有面板，完成光源的设置，执行"平移"命令，在绘图区单击鼠标右键，在弹出的快捷菜单中选择"透视模式"命令，将模型切换到透视投影。单击"输出"选项卡的"渲染"面板上的"渲染"按钮，渲染模型，效果如图 12-75 所示。

12.3.6 创建巡游动画

本节就给读者讲解在室外效果图的基础上创建相机和巡游动画的方法。

具体操作步骤如下：

（1）切换到俯视图，放置相机，命令行提示如下：

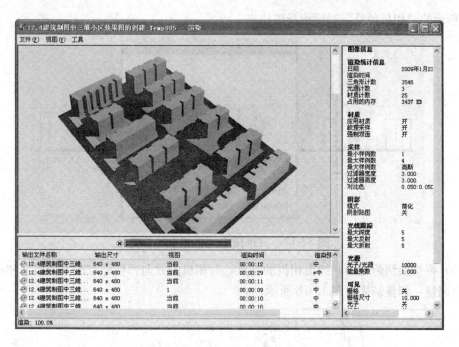

图 12-75　渲染模型

命令:_camera
当前相机设置:高度＝－403 镜头长度＝50 毫米
指定相机位置://在俯视图中指定相机的位置
指定目标位置://在俯视图中指定目标的位置
输入选项 [?/名称(N)/位置(LO)/高度(H)/目标(T)/镜头(LE)/剪裁(C)/视图(V)/退出(X)]＜退出＞://按 Enter 键,相机放置如图 12-76 所示

（2）切换到右视图，调整相机的位置，调整位置及调整相机的结果都会通过如图

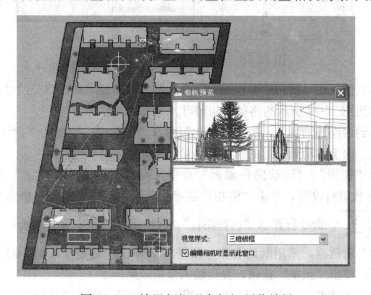

图 12-76　放置相机观察相机预览效果

12-77所示的"相机预览"对话框反映出来。

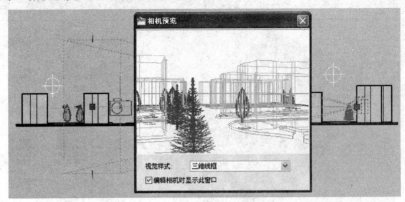

图 12-77　右视图中调整相机的位置

　　（3）再切换到俯视图，捕捉相机的夹点，对相机的方向和目标点的方向以及相机的位置进行调整，调整结果如图 12-78 所示。

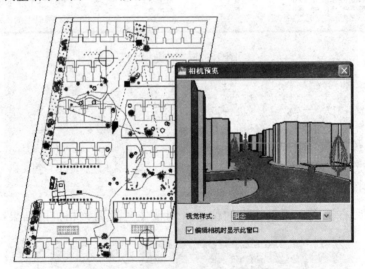

图 12-78　俯视图中调整相机的位置

　　（4）切换到俯视图，使用"多段线"命令绘制动画路径，动画路径的绘制没有具体的位置要求，参照图 12-79 所示的路径绘制即可。

　　（5）切换到西南等轴测图，执行"移动"命令，以步骤 4 绘制的多段线为移动对象，基点为任意点，向上移动到合适的位置，移动效果如图 12-80 所示。

　　（6）选择"视图"|"运动路径动画"命令，弹出"运动路径动画"对话框，如图12-81所示的参数进行设置，单击"将相机链接至"选项组中"路径"单选按钮后的"选择路径"按钮[图]，命令行提示"选择路径"，在绘图区选择步骤 5 移动后的多段线，弹出"路径名称"对话框，采用默认名称"路径 1"，单击"确定"按钮，回到"运动路径动画"对话框，单击"预览"按钮，显示动画预览效果。

　　（7）单击"运动路径动画"对话框的"确定"按钮，弹出"另存为"对话框，如图

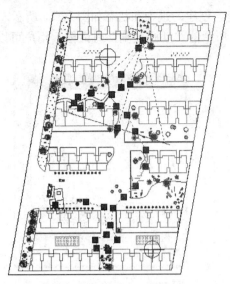

图 12-79 绘制动画路径

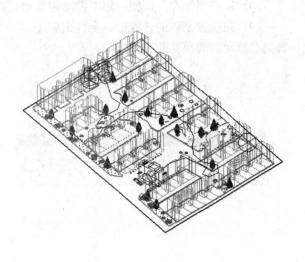

图 12-80 移动动画路径

图 12-81 设置"运动路径动画"对话框

12-82 所示，选择动画的保存路径，并设置名称。

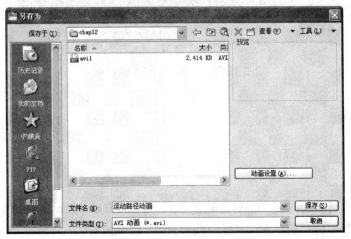

图 12-82 保存巡游动画

（8）单击"保存"按钮，则巡游动画开始创建，创建的进程和状态如图 12-83 所示。

（9）在视频创建的过程中，会弹出如图 12-84 所示的"动画预览"对话框，用户可以看到巡游动画的预览效果。

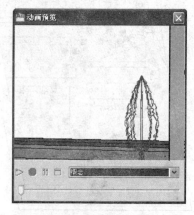

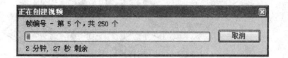

图 12-83　显示创建视频状态　　　　　　　　图 12-84　巡游动画预览效果

（10）图 12-85 显示了输出的动画视频的播放效果，视频创建成功。

图 12-85　视频输出播放效果

12.4　习题

上机题

1. 结合本章所学的内容，绘制类似于图 12-86 所示的茶几。

2. 打开光盘中的"三室两厅三维空间源图"，效果如图 12-87 所示，在此基础上创建如图 12-88 所示的室内三维效果图。

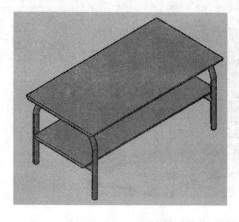
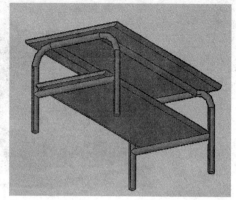

图 12-86　茶几

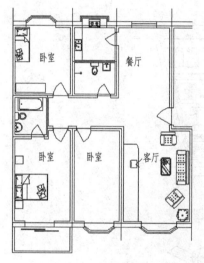

图 12-87　三室两厅平面布置图

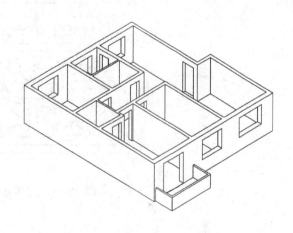

图 12-88　三室两厅三维效果图

3. 创建如图 12-89 所示的别墅模型图，图 12-90 为添加材质后的渲染效果。

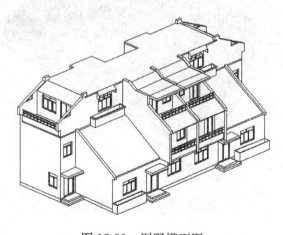

图 12-89　别墅模型图

图 12-90　设置光源后的别墅模型

4. 打开光盘中如图 12-91 所示的图形，绘制如图 12-92 所示三维小区效果图。

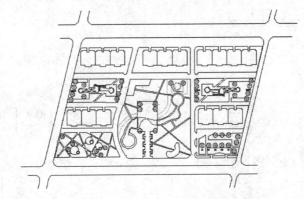

图 12-91　三维小区平面图

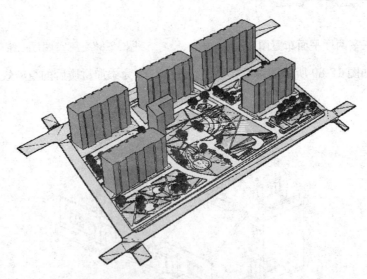

图 12-92　三维小区效果图

尊敬的读者:

感谢您选购我社图书!建工版图书按图书销售分类在卖场上架,共设22个一级分类及43个二级分类,根据图书销售分类选购建筑类图书会节省您的大量时间。现将建工版图书销售分类及与我社联系方式介绍给您,欢迎随时与我们联系。

★建工版图书销售分类表(详见下表)。

★欢迎登陆中国建筑工业出版社网站www.cabp.com.cn,本网站为您提供建工版图书信息查询,网上留言、购书服务,并邀请您加入网上读者俱乐部。

★中国建筑工业出版社总编室　电　话:010—58934845

　　　　　　　　　　　　　　　传　真:010—68321361

★中国建筑工业出版社发行部　电　话:010—58933865

　　　　　　　　　　　　　　　传　真:010—68325420

　　　　　　　　　　　　　　　E-mail:hbw@cabp.com.cn

建工版图书销售分类表

一级分类名称（代码）	二级分类名称（代码）	一级分类名称（代码）	二级分类名称（代码）
建筑学 （A）	建筑历史与理论（A10）	园林景观 （G）	园林史与园林景观理论（G10）
	建筑设计（A20）		园林景观规划与设计（G20）
	建筑技术（A30）		环境艺术设计（G30）
	建筑表现·建筑制图（A40）		园林景观施工（G40）
	建筑艺术（A50）		园林植物与应用（G50）
建筑设备·建筑材料 （F）	暖通空调（F10）	城乡建设·市政工程· 环境工程 （B）	城镇与乡（村）建设（B10）
	建筑给水排水（F20）		道路桥梁工程（B20）
	建筑电气与建筑智能化技术（F30）		市政给水排水工程（B30）
	建筑节能·建筑防火（F40）		市政供热、供燃气工程（B40）
	建筑材料（F50）		环境工程（B50）
城市规划·城市设计 （P）	城市史与城市规划理论（P10）	建筑结构与岩土工程 （S）	建筑结构（S10）
	城市规划与城市设计（P20）		岩土工程（S20）
室内设计·装饰装修 （D）	室内设计与表现（D10）	建筑施工·设备安装技 术（C）	施工技术（C10）
	家具与装饰（D20）		设备安装技术（C20）
	装修材料与施工（D30）		工程质量与安全（C30）
建筑工程经济与管理 （M）	施工管理（M10）	房地产开发管理（E）	房地产开发与经营（E10）
	工程管理（M20）		物业管理（E20）
	工程监理（M30）	辞典·连续出版物 （Z）	辞典（Z10）
	工程经济与造价（M40）		连续出版物（Z20）
艺术·设计 （K）	艺术（K10）	旅游·其他 （Q）	旅游（Q10）
	工业设计（K20）		其他（Q20）
	平面设计（K30）	土木建筑计算机应用系列（J）	
执业资格考试用书（R）		法律法规与标准规范单行本（T）	
高校教材（V）		法律法规与标准规范汇编/大全（U）	
高职高专教材（X）		培训教材（Y）	
中职中专教材（W）		电子出版物（H）	

注：建工版图书销售分类已标注于图书封底。